海绵城市建设与雨水资源综合利用

全红 著

重庆大学出版社

内容提要

本书以我国试点海绵城市为主要研究对象,首先对海绵城市理论和设计方法予以介绍,并对地区海绵城市的相关理论及方法予以研究。并通过对城市的自然条件和暴雨内涝成因进行分析,提出地区发展海绵城市的限制条件并给出建议,并结合海绵城市建设指南提出低影响开发(Low Impact Development, LID)设施的地方适用性。其中,针对海绵城市建设予以分析,从规划体系、总体路线、空间格局、海绵创新点、管控分区、道路系统、景观系统等方面详细论述了地区海绵城市建设的具体设计方法。

图书在版编目(CIP)数据

海绵城市建设与雨水资源综合利用 / 全红著. -- 重庆:重庆大学出版社,2020.6
ISBN 978-7-5689-2143-5

Ⅰ. ①海… Ⅱ. ①全… Ⅲ. ①城市建设—研究②雨水资源—综合利用—研究 Ⅳ. ①TU984②TV21

中国版本图书馆 CIP 数据核字(2020)第 076989 号

海绵城市建设与雨水资源综合利用
HAIMIAN CHENGSHI JIANSHE YU YUSHUI ZIYUAN ZONGHE LIYONG
全 红 著
策划编辑:鲁 黎

责任编辑:陈 力 版式设计:鲁 黎
责任校对:王 倩 责任印制:张 策
*
重庆大学出版社出版发行
出版人:饶帮华
社址:重庆市沙坪坝区大学城西路 21 号
邮编:401331
电话:(023) 88617190 88617185(中小学)
传真:(023) 88617186 88617166
网址:http://www.cqup.com.cn
邮箱:fxk@ cqup.com.cn(营销中心)
全国新华书店经销
重庆华林天美印务有限公司印刷
*
开本:787mm×1092mm 1/16 印张:16 字数:372 千
2020 年 6 月第 1 版 2020 年 6 月第 1 次印刷
ISBN 978-7-5689-2143-5 定价:68.00 元

前　言

　　近年来,全球气候变化以变暖为主要特征,世界气象组织的报告显示这种情况在未来20年还将越演越烈,温度每十年将升高0.2℃。研究表明,气候变暖必然引起自然水文循环的变化,将增加极端降雨事件的发生频率和强度,洪涝灾害将显著增多。中国是气候变暖最明显的国家之一,干旱和洪涝灾害并发,形势十分严峻。2007年重庆遭受暴雨袭击,517万人受灾,同年济南特大暴雨;2010年广州遭遇罕见特大暴雨;2011年6月北京遭遇暴雨侵袭,造成了严重城市内涝;2012年7月21日北京遭遇60多年来最严重的一次强降雨,城市积水严重,直接经济损失高达116.4亿元。频发的城市洪涝灾害给城市安全和人们的正常生产生活带来了巨大损失,城市雨洪已成为不容忽视的问题。

　　本书从海绵城市的理论建设和城市与景观设计项目来探讨水元素在城市空间规划中所扮演的角色和管理方式,从公园、公共空间、生态区和商业设施等4个方面的雨水管理策略和方法入手,针对雨水管理提出了相应的设计构思和解决方法。所收录的设计方案不仅回应了建筑和景观设计在功能上的需求,更积极地从空间与景观的角度介入项目,在提升环境质量的同时,也兼顾了生态发展、生物多样性等在城市建设问题上的解决。本书大致可分为4个部分:第一部分讲述的是海绵城市的理论基础以及调查分析方法(第一、二章);第二部分讲述的是海绵城市建设的技术研发与应用(第三至五章);第三部分讲述的是城市雨水管理与海绵城市道路系统规划(第六章);最后讲述的是城市雨洪资源开发利用理论与计算方法(第八章)。

　　由于学术观点、资料代表性以及作者学科、文化水平的局限性,书中难免存在不足之处,敬请广大读者、学术研究者批评指正。

著　者

2019年11月

目　录

第一章 海绵城市理论及设计方法

第一节 海绵城市的时代背景

近年来,全国部分城市出现了一遇暴雨就是域内"看海"的情况,这一情况使城市内涝排水问题成了困扰我国的城市难题,也似乎成了城市无法摆脱的"魔咒"。由于全球气候变暖,动辄几十年一遇、百年一遇的特大暴雨给城市带来了巨大经济损失,并对人民的生产生活造成了巨大困扰。

2006—2016 年,城市内涝严重的年份有 2007 年、2011 年、2012 年、2013 年、2014 年、2015 年、2016 年 7 个,占比为 63.64%。目前我国处于高速发展时期,城市越建越大,城市人口越来越多,而我国城市雨污排放系统设施发展严重滞后将导致我国城市内涝问题在未来相当长的一段时间内越发严重。

2012 年我国有 184 座城市发生内涝,2013 年有 234 座城市发生内涝,2014 年有 125 座城市发生内涝。内涝灾害最具有代表性的就是 2012 年的"7·21"特大暴雨洪涝灾害事件。2012 年 7 月 21 日至 22 日 8 时左右,全国大部分地区遭遇暴雨,其中北京及周边地区遭遇 61 年来最强暴雨及洪涝灾害。根据北京市政府举行的灾情通报会的数据,此次暴雨造成房屋倒塌 10 660 间,160.2 万人受灾,经济损失高达 116.4 亿元。北京有 79 人因此次暴雨死亡,同期河北省发布"7·21"特大暴雨洪涝灾害遇难者达到 25 人。

2017 年,我国暴雨过程频繁、重叠度高、极端性强,汛期共出现 36 次暴雨过程。其中,6 月 22 日至 7 月 2 日,南方大部连续遭受 2 次大范围强降水过程,湖北的金沙、咸宁,贵州的从江等多地降水量突破当地日降水量历史极值;7 月中旬,吉林中部出现 2 次暴雨过程,降雨中心均出现在永吉,永吉日降水量两连破历史纪录,持续强降水造成永吉和吉林市城区重复内涝。7 月 26 日,陕西省爆发特大水灾,受灾人口达 10.47 万人,死亡 4 人;农作物受灾面积 29 385 亩,死亡牲畜 2 853 头(只);房屋倒塌损坏 1 300 多间;损毁桥梁 41 座、大坝 38 座、道路 213 处,造成经济损失达 16.7 亿元。

城市内涝的原因是我国在城市化快速发展的过程中,城市的排水系统、地下管廊系统建设严重滞后于城市的发展速度。因此在城市化进程中,特大城市、大城市甚至中小城市出现了暴雨内涝问题,主要原因是城市土地的大量开发利用,地面硬化率过高、下垫面不足、城市雨水蓄滞能力严重不足,排涝设置不健全等。随着城市的发展,更生态、更安全、更有效的海绵城市建设成为城市基础设施建设的重要理论基础。

20 世纪 80 年代我国才开始真正意义上的城市雨洪管理,并于 90 年代开始发展。2011 年住房和城乡建设部将深圳的光明新区列为全国低冲击开发雨水综合利用示范区,在规划、建设、管理方面积累了宝贵的经验,为我国海绵城市建设打下一定的基础。以深圳所处的珠江三角洲为例,在全球气候变暖的影响下,珠江口海平面上升趋势明显,导致河口水位抬高、潮流顶托作用加强,河道排水不畅,沿海城市泄洪和排涝难度加大,加重了台风暴潮致灾影响;与此同时,珠三角地区快速而高度的城镇化,使河口地区大量土地被开发利用,地面硬化,对雨水的蓄滞能力大大降低,同时城市排涝设施配套不健全,应对措施不及时,致使水淹全域的内涝问题突出。城市建设地区迫切需要更多、更安全、更生态的雨洪蓄海公共基础设施。

2014 年,住房和城乡建设部为贯彻落实中央城镇化工作会议精神,大力推进建设自然积存、自然渗透、自然净化的"海绵城市",节约水资源,保护和改善城市生态环境,促进生态文明建设,依据国家法规政策,并与国家标准规范有效衔接,组织编制了《海绵城市建设技术指南——低影响开发雨水系统构建(试行)》(建城函〔2014〕275 号,以下简称《海绵城市建设技术指南》),并于 2014 年 10 月正式发布。该指南中明确了"海绵城市"的概念、建设路径和基本原则,并进一步细化了地方城市开展"海绵城市"的建设技术方法。

2014 年 12 月,财政部、住房和城乡建设部及水利部联合下发开展海绵城市试点工作的通知并共同组成评审专家组进行评审。对海绵试点城市,中央财政将给予专项资金补助,一定三年,具体补助数额按城市规模分档确定,直辖市每年 6 亿元,省会城市每年 5 亿元,其他城市每年 4 亿元。

2015 年 4 月,确定首批 16 个海绵试点城市和地区有:迁安、白城、镇江、嘉兴、池州、厦门、萍乡、济南、鹤壁、武汉、常德、南宁、重庆、遂宁、贵安新区和西咸新区。

2015 年 8 月,为进一步指导和推进海绵城市建设水利工作,水利部印发《水利部关于推进海绵城市建设水利工作的指导意见》,提出要充分发挥水利在海绵城市建设中的重要作用。

2015 年 10 月 11 日,国务院办公厅印发《关于推进海绵城市建设的指导意见》(以下简称《指导意见》),部署推进海绵城市建设工作。《指导意见》明确指出,通过海绵城市建设,综合采取"渗、滞、蓄、净、用、排"等措施,最大限度地减少城市开发建设对生态环境的影响,将 70% 的降雨就地消纳和利用。到 2020 年,城市建成区 20% 以上的面积达到目标要求;到 2030 年,城市建成区 80% 以上的面积达到目标要求。从 2015 年起,全国各城市新区、各类园区、成片开发区要全面落实海绵城市建设要求。《指导意见》指出,建设海绵城市,统筹发挥自然生态功能和人工干预功能,有效控制雨水径流,实现自然积存、自然渗透、自然净化的城市发展方式,有利于修复城市水生态、涵养水资源,增强城市防涝能力,扩大公共产品有效投资,提高新型城镇化质量,促进人与自然和谐发展。

2016 年确定第二批 14 个海绵试点城市是:北京、天津、大连、上海、宁波、福州、青岛、珠海、深圳、三亚、玉溪、庆阳、西宁和固原。

海绵城市从概念提出到技术指南的出台,从试点工作的开展到《指导意见》的印发,相关政策的落实推进速度正在加快,而全国相关的科研院所、高校平台、研发单位、施工企业、政府部门也都对海绵城市的发展建设投入更多的力量。

第二节　海绵城市的社会意义

海绵城市是指通过加强城市规划建设管理,充分发挥建筑、道路和绿地、水系等生态系统对雨水的吸纳、蓄渗和缓释作用,有效控制雨水径流,实现自然积存、自然渗透、自然净化的城市发展方式。

海绵城市理论的提出正是处于对我国城市发展过程中雨水、排水、地表水、地下水等一系列问题出现的阶段。只是由于雨水漫城、城市观海、雨涝灾害的问题,将暴雨排水问题放到了台面上,但海绵城市实际需要解决的是一个更大尺度的城市与生态的水问题。

我国今天面临的水问题多种多样,主要有四大问题。一是洪涝灾害频繁,对经济发展和社会稳定的威胁大,目前仍是我国主要的自然灾害。二是水资源的短缺。我国淡水资源总量为 28 000 亿 m^3,占全球水资源的 6%,仅次于巴西、俄罗斯和加拿大,居世界第四位,但人均只有 2 200 m^3,仅为世界平均水平的 1/4,在世界上名列第 121 位,是全球 13 个人均水资源最贫乏的国家之一。并且我国的水资源分布不均匀,西部地区和北方地区水资源匮乏,南方则比较充沛。在全国 600 多座城市中,有 400 多个城市存在供水不足问题,其中比较严重的缺水城市达到 110 个,全国城市缺水总量为 60 亿 m^3。三是水环境恶化。近年我国水体水质总体呈恶化趋势,全国约 10 万 km 河长中,受污染的河长占 46.5%。全国 90% 以上的城市水域受到不同程度的污染,水质变差,缺水问题严重。四是水土流失和生态环境丧失等。根据水利部的资料,我国是世界上水土流失严重的国家之一。据第一次全国水利普查成果,我国现有水土流失面积 294.91 万 km^2,占国土总面积的 30.72%。大规模开发建设导致的人为水土流失问题十分突出,威胁国家生态安全、饮水安全、防洪安全和粮食安全,制约山丘地区经济社会发展,影响全面小康社会建设进程。

目前出现的这些问题不是单纯依靠水利部门或者住房和城乡建设部出台几个政策文件就可以解决的,而是需要一个国家层面的系统方案,通过各个部门之间的协作,从宏观到中观再到微观同步进行的一个过程,并且需要系统的持续性和执行性。

海绵城市理论正是在此情形下提出的,其不仅是微观层面的下凹绿地、雨水花园、植草沟等具体的景观措施,也不仅是中观层面的城市雨水排放、暴雨内涝的减少、绿色排水替代灰色的基础设施,更是宏观层面的水安全的保障、水资源的保持、水环境的恢复、水生态的复原。作为一种生态理论的提出,社会意义在于通过生态系统的恢复打造,通过多尺度的水生态结合,将微观的生态基础设施和中观的海绵规划结合,从源头控制、多元联系、系统打造等方面解决更宏观的生态水问题。

目前,在我国城市频频暴雨淹城和综合管廊造价居高不下的矛盾下,海绵城市将成为解决我国目前不同尺度城市水问题的最好出路。

第三节　国外海绵城市相关的理论及方法

一、海绵城市的理论来源及本质目标

雨洪管理(Stormwater Management)指的是对洪水和雨水的管理,是人们从对水的恐惧到以水为友的转变,从单纯以工程方式解决向以工程和非工程相结合的方式转变。它主要包括城市的防洪排涝、降雨径流面源污染控制和雨水资源化利用等几个方面。

雨洪管理体系是从建设以防洪为目的的管渠工程将雨水直接排入河流,到修建大量的处理设施集中对雨水进行处理,最后到分散式处理、尽量将雨水就地解决和处理的过程。我国城市面临的洪涝灾害和水资源紧缺状况,需要通过整体的、系统的、综合的、多目标的解决途径,而非单一目标或工程的方式可以解决。

海绵城市(Eco-sponge City),是我国新一代城市雨洪管理概念。所谓"海绵城市",是希望城市像"海绵"一样,具有良好的弹性或韧性,将雨水留住,将水循环利用起来,能够更加灵活地适应自然环境变化以及应对雨水带来的自然灾害。通过在城市中建设大量的海绵体,如雨水花园、屋顶绿化、雨水收集箱、干塘、湿塘等,做到"小雨不积水,大雨不内涝,水体不黑臭",同时缓解城市的"热岛效应"。

海绵城市的本质是将城市与生态相结合,改变原有的城市建设理念,实现人与自然环境协调发展的目的。在人类城市文明高速发展的今天,人们已经习惯以凌驾自然之上的心态去建设城市,钢筋混凝土的城市森林目前已经形成了严重的城市病和生态危机。传统城市采用粗放式、高强度的土地开发模式,是为了榨取土地的每一份价值,但是却改变了城市的

生态环境和城市下垫面,地表径流大幅增加,将原有的水生态系统彻底破坏。海绵城市是遵循顺应自然、与自然和谐共处的低影响发展模式。海绵城市为实现人与自然、土地利用、水环境、水循环的和谐共处,则尽可能恢复原有的水生态环境体系,将城市对环境的影响降到最低,因此海绵城市建设又被称为低影响设计和低影响开发策略。

二、国外相关的理论研究

欧美发达国家在20世纪70年代开始对于城市内涝、雨水污染等问题进行研究,从最初的单纯土木工程建设,到关注受纳水体的生态,再到审美、景观、规划、社会等目标的融合,经过数十年的系统研究和工程实践,目前已形成比较系统的城市雨洪管理体系,图1-1展示了城市雨洪管理对象的发展历程。当前城市雨洪管理的内容包活防洪治理、休闲美观、水质保护、流态恢复、雨洪资源、生态系统健康、城市弹性和微气候构建等。

1960年   2013年至今

防洪治理	防洪治理	防洪治理	防洪治理	防洪治理	防洪治理	防洪治理
	休闲美观	休闲美观	休闲美观	休闲美观	休闲美观	休闲美观
		水质保护	水质保护	水质保护	水质保护	水质保护
			流态恢复	流态恢复	流态恢复	流态恢复
				雨洪资源	雨洪资源	雨洪资源
					受纳水体生态	受纳水体生态
						弹性与微气候

图1-1 国际城市雨洪管理目标与内容的演变

雨洪管理体系中最具有代表性的有美国的最佳管理措施(Best Management Practices,BMPs)和低影响开发策略(Low Impact Development,LID)、澳大利亚的水敏城市设计(Water Sensitive Urban Design,WSUD),英国的可持续排水系统(Sustainable Urban Drainage Systems,SUDS)、新西兰的低影响城市设计与开发(Low Impact Urban Designand Development,LIUDD)。

(一)美国的海绵城市——最佳管理措施和低影响开发策略

1.最佳管理措施

最佳管理措施(BMPs)是由美国环境保护局(United States Environmental Protection Agency,USEPA)提出的一种控制面源污染的技术与法规体系。该措施初期主要针对农业污染,经过几十年逐渐发展成针对任何可以减少或者预防水资源污染的方法。

20世纪70年代,美国很多城市的雨洪问题非常严重,联邦政府通过建设深层隧道等方式,延缓雨水进入受纳水体,缓解雨洪问题。例如早期芝加哥的建设,以深层隧道和调蓄池为主要代表,形成了城市雨洪管理的第一代概念——最佳管理措施(BMPs)。BMPs初期的主要作用是控制非点源污染,目前 BMPs 已经发展到利用综合措施来解决水量、水质以及生态等问题。

BMPs 一般分为两大类:工程性措施(主要指用于减污、减沙、洪水排控等具有一定物理结构的措施,主要包括雨水湿地、雨水池、雨水塘、渗透设施、生物滞留和过滤设施等)和非工程性措施(管理措施)。非工程性措施主要为各种管理措施,基本策略为源头控制,政府发挥政府部门的职能作用和公众监督作用,制定各种法律法规与管理制度对污染源进行控制或者缩减。工程性措施指通过延长径流的停留时间、减缓径流流速、提高下垫面渗透率、通过自然方式沉淀过滤以及生物净化技术去除污染物等办法,按照一定暴雨模型标准、径流量控制率、污染物去除率等标准设计工程措施。

BMPs 的控制目标根据法规要求、控制需求、特殊地区要求等,分为下述几个层次。

①峰流量与洪涝灾害控制。

②具体污染物去除率控制。

③年均径流量控制。

④多参数控制(如地下水回灌与受纳水体的保护标准)。

⑤生态保护与可持续性战略。

BMPs 虽然缓解了美国城市的雨洪问题,但也存在一些问题与局限性,如因为占地较广,建设中对城市生活影响大;项目只能由政府主导建设,并且投资过大;项目功能比较单一。

2. 低影响开发策略

20 世纪 90 年代,美国在 BMPs 的基础上提出了第二代雨洪管理概念——低影响开发(LID)。低影响开发强调通过源头控制来实现雨洪管理控制,代表的工程措施有绿色屋顶等,旨在通过分散的、小规模的源头控制来达到对暴雨所产生的径流和污染的控制,使开发地区尽量接近于自然的水文循环,核心目标在于降低开发活动对场地水文特征的影响。

1990 年美国马里兰州环境资源署第一次提出低影响开发理念,该理念是从微观尺度 BMPs 措施变化发展而来,重视源头控制与景观处理。与 BMPs 相比,低影响开发具有下述优点。

①工程项目空间尺度不大,占地小,可根据城市建设计划随机建设与改造。

②单个项目投资额相对较小,同时具备景观功能。

③各个项目可以自成微系统。

因此从城市雨洪管理系统来看,LID 与 BMPs 正好形成互补,分别从宏观与微观对雨洪进行处理,形成了更加完善与合理的管理体系。

低影响开发理念强调城市开发过程中应减小对自然环境的改变,保护水系统的循环。源头控制和延缓冲击负荷是其核心理念,通过构建系统的、适应自然的城镇排水系统,合理利用景观空间与景观措施对城市的雨水径流进行从源头到终端的控制,减少城市的环境污染,以实现其源头收集、自然净化、就近利用或回补地下水,使城市开发区域达到可持续的水循环。低影响开发城市雨水收集利用的生态技术主要包含:生态植草沟、下凹式绿地、雨水花园、绿色屋顶、地下蓄渗管箱、透水路面等各种小型控制措施。

低影响开发遵循的原则主要有以下几条。

(1)以现有自然生态系统作为土地开发规划的综合框架

首先要考虑地区和流域范围的环境,明确项目目标和指标要求;其次在流域(或次流域)和邻里尺度范围内寻找雨水管理的可行性和局限性;明确和保护环境敏感型的场地资源。

(2)专注于控制雨水径流

通过调整场地设计生态策略和可渗透铺装的使用使不可渗透铺装的面积最小化;将绿色屋顶和雨水收集系统综合到建筑设计中;将屋顶雨水引入到可渗透区域;保护现有树木和景观以保证更大面积的冠幅。

(3)从源头进行雨水控制管理

采用分散式的地块处理和雨水引流措施作为雨水管理主要方法的一部分;减小排水坡度,延长径流路径以及使径流面积最大化;通过开放式的排水来维持自然的径流路线。

(4)创造多功能的景观

将雨水管理设施综合到其他发展因素中以保护可开发的土地;使用可以净化水质、减弱径流峰值、促进渗透和提供水保护效益的设施;通过景观设计减少雨水径流和城市热岛效应并提升场地美学价值。

(5)教育与维护

在城市公共区域,提供充足的培训和资金来进行雨水管理技术措施的实践与维护,并教导人们如何将雨水管理技术措施应用于私有场地区域;达成合法的协议来保障长期实施与维护。

绿色基础设施(Green Infrastructure,GI)的定义在20世纪90年代末首次出现,并逐步得到美国政府的认可,它把自然系统作为城市不可或缺的基础设施加以规划、利用和管理,即"绿色基础设施是城市自然生命保障系统,是一个由多类型生态用地组成的相互联系的网络"。绿色基础设施理念和技术不仅针对城市水文管理,而且它首次将自然资源作为变化的主体纳入城市建设和管理,通过规划设计技术手段限制和引导人们对其的使用,进一步丰富了城市雨洪管理系统。

21世纪,西雅图公共事业局提出了绿色暴雨基础设施(Green Stormwater Infrastructure,GSI)的理念,这是广义绿色基础设施在城市雨洪控制利用的具体专业领域体现。其主要设施有生物滞留池、渗透铺装、绿色屋顶、蓄水池等,通过微观尺度源头控制的雨水设施,维持小区域的水文生态平衡和调蓄雨洪,成为城市雨洪管理系统不可缺少的重要部分。

(二)澳大利亚的水敏城市设计

澳大利亚位于南太平洋和印度洋之间,由澳大利亚大陆和塔斯马尼亚岛等岛屿和海外领土组成。它四面环海,是世界上唯一独占一个大陆的国家。澳大利亚的东部是山地,中部为平原,西部是高原。

澳大利亚约 70% 的国土属于干旱或半干旱地带,国土面积内有 11 个大沙漠,它们约占整个大陆面积的 20%。澳大利亚是世界上最平坦、最干燥的大陆,饮用水来源主要是自然降水,并依赖大坝蓄水供水。政府严禁使用地下水,因为地下水资源一旦开采,很难恢复。2006—2009 年,由于厄尔尼诺现象的影响扩大,导致降雨大幅减少,澳大利亚各大城市普遍缺水,纷纷颁布多项限制用水的法令,以节水度过干旱。澳大利亚雨洪管理体系最早关注水源污染与径流排放,后来随着对雨水资源的重新认识,管理理念逐步从雨水快排转向雨水利用,强调在城市设计中加强可持续雨洪基础设施的建设。

澳大利亚的雨洪管理从 1960—1989 年主要关注于污水治理和水环境娱乐的开发,到 1990—1999 年关注从"以排为主"转向雨水收集利用,再从 2000—2010 年,战略特点为使城市发挥汇水与供水的作用,到 2011 年至今,提出创建宜居城市。澳大利亚的雨洪管理体系经历了 4 个时期。

澳大利亚的水敏城市设计(Water Sensitive Urban Design, WSUD)概念是 1994 年由西澳大利亚洲学者理维蓝和哈尔佩恩首次提出,不过当时并没有受到学界重视。在 20 世纪 90 年代后期,雨洪管理体系才开始逐渐体现 WSUD 的理念,并得到社会认同而推广。

WSUD 是澳大利亚当代城市环境规划设计方法,其更注重水资源的可持续性、适应能力和环境保护 3 个方面。国际水协会对 WSUD 的定义为:WSUD 是城市设计和城市水循环的管理、保护和保存的结合,确保了城市水循环管理能够尊重自然水循环和生态过程。WSUD 的主要目标是保护和改善城市水环境,降低径流峰值和雨水径流总量,提高雨水资源化利用效率。

目前 WSUD 涵盖从区域到街道,从单个地块到一套处理工艺,已经形成了一个系统化的城市雨洪管理系统。其技术体系包括雨洪滞蓄水库、人工湿地、雨水花园、渗透沟、污染物汇聚井、绿地浅沟、蓄水池等。澳大利亚各城市根据城市开发规模不同,开发出不同的雨洪处理方案模型,用于不同场址使用来确定需要配置设施的规模参数等。

WSUD 在澳大利亚经历了几十年的发展,已经从单纯的对水源水质的保护发展到水生命全周期的循环保护阶段,其关注的层面已经达到了一个更高的维度,更有利于对城市的雨洪管理提出更好、更系统的建议。

WSUD 在体系转型中也面临一些阻力和困难,如技术与政策跟进困难、多目标管理难以实现、从业者和民众难以信服等。但经过困难跨越期后,澳大利亚逐步排除了技术制度、多目标管理、多方合作、民众参与等多方面制约因素,步入了成熟稳定期。WSUD 作为一个新兴领域,为解决城市发展问题和指导城市建设的可持续发展提供了新的方向和途径。

(三)英国的可持续排水系统

2007 年英国发生洪灾,导致 13 人死亡、7 000 人等待救援、55 000 所住宅受灾、近 50 万人无法用电用水,共造成 32 亿英镑的损失。此后,英国政府立刻委任迈克尔·皮特爵士对洪水风险管理、应急计划、重大基础设施脆弱性与恢复力、应急响应与灾后恢复进行审查。审查发现,本次洪灾的原因70%是由于强降水和连续性降水使地表水超过了城市的排水与下水管道蓄水能力,因此造成城市内涝。报告指出"地表水灾的重要因素是降雨量、降雨强度、降雨地点、降雨地地形及其地表渗透性"。英国环境署还指出,一般的地面排水系统主要使用地下管道尽快排水,可能会造成下游的洪涝问题,同时还会减少地下水的补给。传统的排水系统还会使城市的污染物直接进入水体和地下水。

2008年6月发布的审查报告包含了92项建议,2008年英国议会评估并采纳了这些建议,其中包括"改革传统排水系统,推广可持续排水系统"等内容。

2010年英国出台了《洪水与水资源管理法案》,根据该法案,英国环境、食品和乡村事务部(Department for Environment, Food and Rural Affairs, DEFRA)于2011年12月发布城市可持续排水系统(SUDS)国家建议标准以进行商讨。从2012年起至2015年,英国多次关于该系统进行规划政策调整和发布,并于2015年11月在英国社区与地方政府事务部国务大臣声明的敦促下,建筑工业研究与情报协会(Construction Industry Research and Information Association, CIRIA)发布了《SUDS手册》,明确了SUDS在规划系统中的重要作用及地位。CIRA网站称该手册是"在英国可使用的、最全面的行业SUDS指南"。

英国的城市可持续排水系统(SUDS)也称为可持续排水系统,是一种全新的排水理念。美国土木工程学会将其定义为水资源系统的设计和管理,认为其可在保护生态环境和水资源基础上,满足现状和未来社会对于水的需求。SUDS基于试图复制自然生态排水系统的设想,采取低成本及低环境影响力的方法,通过收集、储存、利用技术和工程手段降低流速等方式,对雨水和地表水进行清洁净化并重复循环使用。SUDS旨在从系统上减少城市内涝发生的可能性,同时提高雨水等地表水的重复利用率,兼顾减少河流水污染问题并改善水质。

英国在新的建设项目中通过在源头利用SUDS控制水,以降低洪灾风险。设计中考虑排水系统能力不足时地表水流的路径,通过一系列措施减少水流的速度、延长水流时间,通过模仿自然排水过程,以一种更为可持续的方式排出地表水。

SUDS可持续的地表排水管理方式有下述措施。

①源头控制措施,包括雨水排放及循环控制。

②使水渗透地表的渗透设备,包括独立的渗水坑和公共设施。

③过滤带和洼地,模仿自然排水模式让水向下坡流,同时具有蓄水功能。

④过滤下水道与多孔路面,可以让雨水和径流渗入地下的可透性材料,需要时提供储水空间。

⑤雨水盆地和池塘,储存雨后多余雨水,控制排水,避免洪灾。

根据CIRIA的《SUDS手册》,SUDS被确认为一个互相关联的系统,旨在管理、处理并最佳地利用地表水,从降雨处开始,直到某一范围之外的排放处。

在单一系统中运用多种组件是SUDS开发管理的核心设计理念,手册将其称为一系列组件的运用共同提供了控制径流频率、流通率及流量的必要过程,还可以把污染物浓度降至可接受的水平。

手册包含了一个 SUDS 部件及其功能的列表。

①雨水收集系统——收集雨水,帮助雨水在建筑内当地环境中使用。

②可渗透表面系统——水可以渗透入建筑结构面,从而减少输送入排水系统的径流量,比如屋顶绿化、透水铺装等系统还包括地下储存和处理设备。

③渗透系统——有助于水渗进入地面,通常包括临时储存区域,容纳缓慢渗入土壤中的径流量。

④输送系统——输送流向下游储存系统的水流,在一些可能的地方,如洼地,输送系统还能控制水流与流量,并进行处理。

⑤储存系统——通过储水放水来控制水流,控制被排出的径流量,还能进一步处理径流量,如池塘、湿地和滞洪区。

⑥处理系统——移除径流现有污染物或促进其降解。

SUDS 旨在实现多重目标,包括从源头移除城市径流的污染物,确保新的发展项目不会增加下游的洪灾风险,控制项目的径流,结合水管理与绿化用地,以增加舒适度、娱乐性以及生物多样性。

SUDS 目前已经成为世界公认的主流雨洪管理系统,被认为是有价值的选择。

(四)新西兰的低影响城市设计与开发

新西兰地处南半球,面积 27 万多平方千米,由北岛、高岛、斯图尔特岛及其附近一些小岛组成。新西兰属温带海洋性气候,季节与北半球相反。夏季平均气温 25 ℃,冬季平均气温 10 ℃,四季温差不大,阳光充足,降水充沛,为 640 ~ 1 500 mm,且年分配比较平均,优良的气候条件以及长期孤立隔绝的地理环境孕育了独特的自然生态景观。新西兰公众对自然环境也持有保护重于开发的态度;在城市建设中,绝对禁止开发重要的动物栖息地,并尽可能地应用本地植物,营造本地自然环境等一系列政策与实践,使得这片土地犹如世外桃源,给人以契合自然的精神享受。

与欧美城市一样,历经城市美化运动(City Beautiful Movement)、花园城市(the Garden City)等城市建设运动之后,目前新西兰城市设计普遍运用"低影响城市设计与开发(Low Impact Urban Design and Development, LIUDD)"政策。新西兰的低影响城市设计与开发是在美国 LID 理念的基础上结合澳大利亚 WSUD 以及新西兰本国城市特点发展而来的一种持续型城市设计理念,该理念倡导城市绿色空间与蓝色空间的紧密结合,例如在城市雨洪管理中,普遍应用城市雨水公园、生物塘等,绿色空间被设计成低于道路平面,有效地汇集地表径流,从而补给地下水;屋顶绿化等措施可以为本地鸟类提供栖息中转站;绿色空间的建设可以减少城市热岛效应。除此之外,新西兰的 LIUDD 则更强调本地植物群落在城市低影响设计中的应用,凸显生态功能与地域特色的结合,使得城市绿地在保护生物多样性中也能起到重要作用。

低影响城市设计与开发在新西兰被定义为:"一个跨学科的雨水系统设计方法,运用模拟自然生态系统的过程,对环境起到保护及优化的作用,并给社区带来积极的作用。"LIUDD 也可理解为一套运用于土地利用规划与发展的指导原则,即

①促进多个学科之间互相合作,跨学科的规划与设计。

②保护自然生态环境的价值和功能。

③避免雨水排泄对环境的污染。

④运用自然的过程及体系对雨水进行处理。

LIUDD 实施的基本步骤如下所述。

①全面评估设计场地,确定场地的潜在利用模式。

②制订适宜的空间构架,以平衡自然环境与场地开发的关系,空间架构是 LIUDD 中最重要的组成部分:第一是环境架构,以保护或优化环境为主,其主要利用开放空间的链接、生态通道和改善后的自然环境,用于减轻土地开发利用对环境带来的破坏以及减少雨水径流;第二是开发架构,是针对场地的价值和敏感度而定,作用是引导建设区合理利用土地,使重要开放空间、敏感区域或者边际土地的生态系统得保平衡;第三是场地区位及水文分布,影响项目的土地价值、生态及景观的敏感程度、区域规划增长的节奏、各种空间和设施的布局。

③制订概念设计时,跟进水文分布图,需从源头至汇流处,全面考虑雨水的径流。

第四节　我国海绵城市的理论基础及方法

城市是集人类文明于一体的巨大产物,它的发展体现着人类文明的成功与失败。目前全球人口有一半生活在城市之中,截至 2017 年年末,我国大陆 13 亿人口中城镇常住人口超过 8 亿人,城镇人口占总人口的比重为 58.52%,并且正在快速增长。我国城市发展正面临着巨大的人口增长以及高速城镇化的进程,城市文明的成功与否都在这里成几何级数的放大,例如环境污染、交通拥堵、城市内涝、资源匮乏、食品安全等。城市是人工环境与自然环境相结合的产物,是复合型的人工生态系统,人工与自然的两大属性需要平衡发展,才能形成稳定而又具有韧性的城市体系。目前我国城市在高速发展下,由于只重经济不重环境、只重眼前不重未来,造成了我国城市目前自然属性严重弱化、城市病问题突出。例如城市内的湖泊水系、林地耕地等生态空间被占用破坏,城市下垫面硬质化等直接导致城市的生态系统功能衰退,造成城市水系统破坏和水资源平衡的紊乱,形成了城市内涝、水体污染、水质型干旱、地下水位降低等问题。

根据我国住房和城乡建设部 2010 年调查数据,2008—2010 年,全国 31 个省、自治区、直辖市 351 个城市中 62% 的城市发生过城市内涝,内涝灾害超过 3 次以上的城市有 137 个,最

长积水时间超过12小时的城市有57个。城市内涝造成了巨大的财产损失和生命伤亡,内涝已然成为我国将近一半城市面临的常态化城市问题。

我国城市高速发展过程中面临的水环境问题,由于问题集中爆发,城市应对措施单一,虽然城市管理者与相关部门做了大量工作,但是由于城市的系统性,从末端处置城市化过程中产生的水质和内涝问题,是无法解决的。随着海绵城市理论的提出,从源头控制、低影响开发的现代雨洪管理思想得到城市建设者、管理者、学术界的认可,海绵城市建设工作也在政府试点城市的带动下,在全国得以全面推广。

但是海绵城市的建设既不是一日之功,也不是功成于一役,而是一个系统性的长期工作,需要几十年持续的努力方可形成明显的成果。而我国幅员辽阔、地形地貌复杂、气候各自不同,因此海绵城市的建设应该与不同城市所属气候区域特点及自身特点相匹配,进行因地制宜的海绵城市建设,形成各城市独有的海绵城市体系。我国海绵城市建设如果采取一个样板、千城复制的建设方式是不具有持续性和地域性的。

一、海绵城市的理论基础

海绵城市是我国新一代城市雨洪管理概念,是指城市在适应环境和应对雨水带来的自然灾害等方面具有良好的“弹性”或“韧性”。

(一)海绵城市的理论借鉴

我国海绵城市理论的基础是美国雨洪管理体系,主要在最佳管理措施(Best Management Practices, BMPs)、低影响开发(Low Impact Development, LID)、绿色基础设施(Green Infrastructure, GI)这3个方面予以借鉴提升。

(1)最佳管理措施

最佳管理措施最初是用于管理美国城乡的面源污染的非强制性政策,后来发展成为控制城市降雨径流量和水质的综合性措施,但是其核心理念仍停留在末端的综合管理,并于1972年在《联邦水污染控制法案》中首次被以法律形式明确作为城市雨水的“最佳管理措施”。

(2)低影响开发

20世纪90年代初美国城市雨洪管理逐步形成了LID理念,即从径流源头控制开始的、以恢复城市自然水文系统为基础的暴雨管理和面源污染处理技术。相比于BMPs,LID更侧重于城市雨水管理的源头介入及其生态性、系统性和可持续措施的应用。LID的主要理念是减小区域开发对雨水的影响。LID理念和技术对城市规划和管理产生了根本性的影响。

(3)绿色基础设施

至20世纪90年代末,GI的定义首次出现,并逐步得到政府认可,它把自然系统作为城市不可或缺的基础设施加以规划、利用和管理,即“绿色基础设施”是城市自然生命保障系统,是一个由多类型生态用地组成的相互联系的网络”。GI的理念和技术不仅仅针对城市水文管理,它首次将自然资源作为变化的主体纳入城市建设和管理,通过规划设计技术手段限制和引导人们对其使用,进一步丰富了海绵城市理论的内涵。

(二)海绵城市理论指南

2014 年,我国住房和城乡建设部组织编制的《海绵城市建设技术指南》明确了"海绵城市"的概念、建设路径和基本原则,并进一步细化了地方城市开展"海绵城市"的建设技术方法。2015 年国务院办公厅印发《关于推进海绵城市建设的指导意见》(国办发〔2015〕75号),明确了海绵城市是指通过加强城市规划建设管理,充分发挥建筑、道路和绿地、水系等生态系统对雨水的吸纳、蓄渗和缓释作用,有效控制雨水径流,实现自然积存、自然渗透、自然净化的城市发展方式。《海绵城市建设技术指南》与《关于推进海绵城市建设的指导意见》奠定了我国关于海绵城市的理论基础和基本技术支持。

城镇化是保持经济持续健康发展的强大引擎,是推动区域协调发展的有力支撑,也是促进社会全面进步的必然要求。然而,在快速城镇化的同时,城市发展也面临巨大的环境与资源压力,外延增长式的城市发展模式已难以为继,《国家新型城镇化规划(2014—2020 年)》明确提出,我国的城镇化必须进入以提升质量为主的转型发展新阶段。为此,必须坚持新型城镇化的发展道路,协调城镇化与环境资源保护之间的矛盾,才能实现可持续发展。党的十八大报告明确提出:面对资源约束趋紧、环境污染严重、生态系统退化的严峻形势,必须树立尊重自然、顺应自然、保护自然的生态文明理念,把生态文明建设放在突出地位。

建设具有自然积存、自然渗透、自然净化功能的海绵城市是生态文明建设的重要内容,是实现城镇化和环境资源协调发展的重要体现,也是今后我国城市建设的重大任务。

《海绵城市建设技术指南》中指出:海绵城市是指城市能够像海绵一样,在适应环境变化和应对自然灾害等方面具有良好的"弹性",下雨时吸水、蓄水、渗水、净水,需要时将蓄存的水"释放"并加以利用。海绵城市建设应遵循生态优先等原则,将自然途径与人工措施相结合,在确保城市排水防洪安全的前提下,最大限度地实现雨水在城市区域积存、渗透和净化,促进雨水资源的利用和生态环境保护。在海绵城市建设过程中,应统筹自然降水、地表水和地下水的系统性,协调给水、排水等水循环利用各环节,并考虑其复杂性和长期性。

海绵城市的建设途径主要有下述几个方面。

①对城市原有生态系统的保护,最大限度地保护原有的河流、湖泊、湿地、坑塘、沟渠等水生态敏感区,留有足够涵养水源,应对较大强度降雨的林地、草地、湖泊、湿地,维持城市开发前的自然水文特征,这是海绵城市建设的基本要求。

②生态恢复和修复,在传统粗放式城市建设模式下,运用生态的手段恢复和修复已经受到破坏的水体和其他自然环境,并维持一定比例的生态空间。

③低影响开发,按照对城市生态环境影响最低的开发建设理念,合理控制开发强度,在城市中保留足够的生态用地,控制城市不透水面积比例,最大限度地减少对城市原有水生态

环境的破坏,同时,根据需求适当开挖河湖沟渠、增加水域面积,促进雨水的积存、渗透和净化。

海绵城市建设应统筹低影响开发雨水系统、城市雨水管渠系统及超标雨水径流排放系统。低影响开发雨水系统可以通过对雨水的渗透、储存、调节、截污净化等功能,有效控制径流总量、径流峰值和径流污染;城市雨水管渠系统即传统排水系统,应与低影响开发雨水系统共同组织径流雨水的收集、转输与排放。超标雨水径流排放系统,用来应对超过雨水管渠系统设计标准的雨水径流,一般通过综合选择自然水体、多功能蓄水体、行泄通道、调蓄池、深层隧道等自然途径或人工设施构建。以上 3 个系统并不是孤立的,也没有严格的界限,三者相互补充、相互依存,是海绵城市建设的重要基础元素。

《海绵城市建设技术指南》中指出:海绵城市建设——低影响开发雨水系统构建的基本原则是规划引领、生态优先、安全为重、因地制宜、统筹建设。

1)规划引领

在城市各层级、各相关专业规划以及后续的建设程序中,应落实海绵城市建设、低影响开发雨水系统构建的内容,先规划后建设,体现规划的科学性和权威性,发挥规划的控制和引领作用。

2)生态优先

城市规划中应科学划定蓝线和绿线。城市开发建设应保护河流、湖泊、湿地、坑塘、沟渠等水生态敏感区,优先利用自然排水系统与低影响开发设施,实现雨水的自然积存、自然渗透、自然净化和可持续水循环,提高水生态系统的自然修复能力,维护城市良好的生态功能。

3)安全为重

以保护人民生命财产安全和社会经济安全为出发点,综合采用工程和非工程措施提高低影响开发设施的建设质量和管理水平,消除安全隐患,增强防灾减灾能力,保障城市水安全。

4)因地制宜

各地应根据本地自然地理条件、水文地质特点、水资源禀赋状况、降雨规律、水环境保护与内涝防治要求等,合理确定低影响开发控制目标与指标,科学规划布局和选用下沉式绿地、植草沟、雨水湿地、透水铺装、多功能调蓄等低影响开发设施及其组合系统。

5)统筹建设

地方政府应结合城市总体规划和建设,在各类建设项目中严格落实各层级相关规划中确定的低影响开发控制目标、指标和技术要求,统筹建设。低影响开发设施应与建设项目的主体工程同时规划设计、同时施工、同时投入使用。

《指导意见》明确了海绵城市建设的工作目标和基本原则,具体如下所述。

1)工作目标

通过海绵城市建设,综合采取"渗、滞、蓄、净、用、排"等措施,最大限度地减少城市开发建设对生态环境的影响,将 70% 的降雨就地消纳和利用。到 2030 年,城市建成区 80% 以上的面积达到目标要求。

2）基本原则

（1）坚持生态为本、自然循环

充分发挥山水林田湖等原始地形地貌对降雨的积存作用，充分发挥植被、土壤等自然下垫面对雨水的渗透作用，充分发挥湿地、水体等对水质的自然净化作用，努力实现城市水体的自然循环。

（2）坚持规划引领、统筹推进

因地制宜确定海绵城市建设目标和具体指标，科学编制和严格实施相关规划，完善技术标准规范。统筹发挥自然生态功能和人工干预功能，实施源头减排、过程控制、系统治理，切实提高城市排水、防涝、防洪和防灾减灾能力。

（3）坚持政府引导、社会参与

发挥市场配置资源的决定性作用和政府的调控引导作用，加大政策支持力度，营造良好发展环境。积极推广政府和社会资本合作（PPP）、特许经营等模式，吸引社会资本广泛参与海绵城市建设。

二、海绵城市的指导思想

在我国，海绵城市低影响开发的含义已延伸至源头、中途和末端不同尺度的控制措施。城市建设过程应在城市规划、设计、实施等各环节纳入低影响开发内容，并统筹协调城市规划、排水、园林、道路交通、建筑、水文等专业，共同落实低影响开发控制目标。因此，广义来讲，低影响开发指在城市开发建设过程中采用源头削减、中途转输、末端调蓄等多种手段，通过"渗、滞、蓄、净、用、排"等多种技术，实现城市良性水文循环，提高对径流雨水的渗透、调蓄、净化、利用和排放能力，维持或恢复城市的"海绵"功能。

海绵城市建设中的"渗、滞、蓄、净、用、排"6种核心措施主要包含下述内容。

1）"渗"

通过土壤来渗透雨水，这同时也是一种吸纳雨水的过程。它的好处是可以避免地表径流，减少从水泥地面、路面汇集到管网里的雨水，可以涵养地下水，补充地下水的不足，还能通过土壤净化水质，改善城市微气候。从国外的经验来看，土壤有一定的含水量后，自己可以适当蒸发，能够调节微气候。

2）"滞"

主要作用是延缓短时间内形成的雨水径流量。城市内短历时强降雨，对下垫面产生冲击，形成快速径流，积水攒起来就导致内涝。因此，"滞"非常重要，可以延缓形成径流的高峰。

3）"蓄"

"蓄"工程主要包括保护、恢复和改造城市建成区内河湖水域、湿地并加以利用，因地制宜建设雨水收集调蓄设施等，主要目的是降低径流峰值流量，为雨水利用创造条件。

4)"净"

"净"工程主要包括建设污水处理设施及管网、综合整治河道、建设沿岸生态缓坡及开展海湾清淤,主要目的是减少面源污染,改善城市水环境。

5)"用"

"用"工程主要包括绿化浇灌、道路冲洗、洗车、冷却用水、景观用水等。

6)"排"

城市排水系统通常由排水管道和污水处理厂组成,在实行污水、雨水分流控的情况下,污水由排水管道收集,送至污水处理后,排入水体或回收利用,雨水径流由排水管道收集后,雨水通常分散就近排入水体,雨水不能自流排出,为排除城市内涝。

"排"工程主要包括村庄雨污分流管网改造、低洼积水点的排水设施提标改造等,主要目的是使城市竖向与人工机械设施相结合、排水防涝设施与天然水系河道相结合以及地面排水与地下雨水管渠相结合。

三、海绵城市建设中的问题

(一)避免理念片面化

海绵城市建设的重点是城市水系统的保护和修复,强调修复城市水生态、涵养城市水资源、改善城市水环境、提高城市水安全、复兴城市水文化等"五位一体"的综合概念。住房和城乡建设部有关领导强调,要避免对海绵城市理念的片面化理解,应将海绵城市建设作为一个系统工程,并协调处理好下述5个关系。

①水质和水量的关系。有质无量,水不够用;有量无质,水不能用,只有量质统一才能支撑用水需求。

②分布和集中的关系。分布就是从每家每户、每个源头开始,化整为零,做到雨水的源头减排;集中就是将削减后的雨水集零为整,进行末端处理。分散和集中需要因地制宜,相互协调衔接。

③生态和安全的关系。注重生态即要在大概率小降雨情况下,尽可能留住雨水、涵养生态;注重安全则是在发生小概率大到暴雨或短历时强降雨时,做好排水防涝,以安全为重。

④景观和功能的关系。海绵城市建设包括推广海绵型公园绿地这方面要注意景观和功能并重,有景观无功能是"花架子",有功能无景观,是"傻把式"。要将自然生态功能融合到景观中,做到功能和景观要求兼具。

⑤灰色和绿色的关系。"绿色"基础设施注重自然生态系统的利用,实现"自然积存、自然渗透、自然净化强化人工建设,主要应对高负荷水量(即小概率大降雨)。"绿色"与"灰色"要相互融合,实现互补,不能顾此失彼,如图1-2所示。

（a）灰色基础设施　　　　　　　　（b）绿色基础设施

图1-2　灰色和绿色基础设施对比

（二）避免目标单一化

中国在经历近30余年的快速城镇化后，城市地面不透水面积率大幅增加，导致城市原有生态系统和自然水文条件被改变和破坏，引发包括水资源、水环境、水生态、水安全等一系列的城市水系问题，严重影响人民生产、生活和城市有序运行。海绵城市正是在此背景和需求下以系统、完整、明确的理论体系被提出，并逐步为广大城市管理者和专业技术人员关注和广泛接纳，以期统筹解决城市水问题。可见，海绵城市起源于国外低影响开发（LID）、最佳管理措施（BMPs）、水敏性城市设计（WSUD）等相关理论，并将其作为海绵城市的主要理论基础和技术核心，但结合了当前中国城市发展特色和实际需求后，海绵城市的建设目标不再仅局限于雨洪管理，而是面向城市涉水领域、以现代城市雨洪管理为核心和着力点的新型、可持续的城镇化建设和发展模式，其建设综合效益和指标如图1-3所示。

2015年7月，住房和城乡建设部发布《关于印发海绵城市建设绩效评价与考核办法（试行）的通知》（建办城函〔2015〕635号），通知中明确海绵城市是"实现修复城市水生态、改善城市水环境、提高城市水安全等多重目标的有效手段"，并提出了包含水生态（4项）、水环境（2项）、水资源（3项）、水安全（2项）在内的六大类、共18项建设指标。从中可以看出，国家针对海绵城市建设的绩效评价和考核是全面且系统性的，期望的是一种"渗、滞、蓄、净、用、排"共同发挥的综合效益，而非某单一方面的目标和效益的实现，这与以往采取的治水策略有着本质性的区别。

①水生态目标方面，海绵城市建设强调对水敏感区域的保护和修复，通过划定水系保护

控制线、生态岸线改造、涵养型下垫面构建等方式,在生态区进行保护和涵养,维持和加强原有的生态系统和效益;在城市建设区进行修复和修补,逐步恢复城市开发前的自然水文条件。同时,充分发挥海绵城市的复合效益,改善局部气候,降低城市热岛效应。

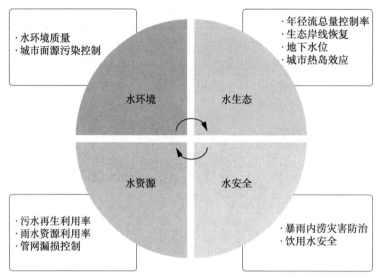

图1-3 海绵城市建设综合效益和指标

②水环境目标方面,以灰色与绿色基础设施相结合的方式,严格控制进入水体的污染量是海绵城市建设的重要内容。通过雨污分流管网建设、合流制溢流污水(CSO)调蓄改造、污水处理厂完善等方式,减少点源污染;通过雨水湿地、雨水花园等绿色设施对地表径流量的控制,削减面源污染量。城市黑臭水体治理也是海绵城市建设在水环境方面的重要"职能",应按照《城市黑臭水体整治工作指南》的要求,将海绵城市建设与黑臭水体治理结合,协同推进。

③水资源、目标方面,海绵城市要求对城市地表和地下水源地执行严格的保护措施,同时执行"开源节流"策略,在条件成熟的情况下,利用各类海绵城市技术、设施,因地制宜加强对再生水、雨水等非常规水资源的利用,提升污水再生利用率、雨水资源利用率等指标。注重对供水系统的保护和改造,减少管网漏损。

④水安全目标方面,有效防治城市内涝、保障城市安全是海绵城市建设最为重要的目标,也是城市雨洪管理提出的初衷。通过构建源头径流控制系统、城市雨水管渠系统和超标雨水径流排水系统相结合的城市排水防涝体系,实现径流总量控制、径流峰值控制等关键性技术目标,消除城市内涝风险。

综上,海绵城市在以往传统的治水理念上有较大提升,不再是单纯的"头痛医头、脚痛医脚"的方式,而且从水系统的层面统筹解决问题。因此,海绵城市的建设目标是多元化的,不应局限在某一单项专业或领域。从水生态、水环境、水资源、水安全等角度对其建设成效进行全面系统的考核,将有助于业界更为全面和深刻地认识海绵城市与国际上相似理论之间的内在联系和拓展,有助于明确建设方向、具体目标以及制定综合的系统性方案。在全面推进海绵城市建设的今天,一定要明确海绵城市的核心和目标,掌握各系统之间的客观规律、相互关系以及它们在海绵城市建设中的轻重缓急,从而真正发挥和实现海绵城市的综合效益。

(三)避免策略同质化,因地制宜制定海绵城市建设策略

海绵城市的建设要因地制宜,综合考虑区域的地形坡度、土壤条件、降雨特征、地下水位、水资源状况、水环境质量等因素,确定海绵城市建设的基础条件、重点目标和主要解决的问题,从目标导向和问题导向两个维度提出海绵城市建设的策略。

1)地形坡度

山地城市一般坡陡水急,雨水冲刷严重,河流岸线相对敏感,城市水面率较低。由于城市地形地貌的影响,雨水留存能力较差,因为地形起伏大带来提水的成本也较高。一般来说,山地城市位于流域上游,其水量的稳定和水质的好坏直接影响到下游城市的安全和用水保障。因此,山地城市的海绵城市建设应重点考虑雨水的蓄用,避免雨水大量下渗和排放导致水资源的缺乏;重点考虑河流的行洪安全、生态岸线维护和水环境质量保障,避免上游城市水量的波动和水质的恶劣等情况对下游城市造成严重影响。

而平原城市一般水流平缓,较容易形成湖泊、坑塘等水面。由于地形较为平缓,容易因为地势低洼和河流顶托作用,引起排水不畅导致城市内涝。因此,平原城市的海绵城市建设应重点考虑雨水的下渗、滞蓄和排放,保障城市水安全。

山地城市和平原城市海绵城市技术的差异见表1-1。

表1-1　山地城市和平原城市海绵城市技术的差异

技术类型	山地城市	平原城市
渗	⊙	●
滞	◎	●
蓄	●	●
净	●	●
用	●	◎
排	⊙	●

注:●——强;◎——较强;⊙——一般。

2)土壤条件

土壤是影响雨水下渗的重要因素,且土壤的稳定性是设施安全建设的重要因素。总结国内开展海绵城市的建设经验,不同土壤类型条件下海绵城市建设的主要原则归纳如下所述。

(1)湿陷黄土区

湿陷黄土是指具有遇水下沉特性的黄土,是在干旱气候条件下形成的特种土,主要分布于山西、陕西、甘肃等省。根据湿陷黄土等级的不同,遇水发生湿载变形、结构破坏、承载力下降等风险也存在差异。因此,在湿陷黄土区,原则上不使用深层、大型的入渗设施,可因地制宜地采用浅层、小型入渗设施,并应采取防渗措施,最大限度地降低湿陷风险。

（2）软土区

软土是指天然含水量高、孔隙比大、压缩性高的细粒土，包括淤泥质土、泥炭质土等，主要分布在滨海、河滩沉积的平原地区。由于土壤的下渗性能差，不利于雨水的下渗和滞蓄，导致下雨易涝，干旱易干，也不利于植物生长。因此，在软土区应谨慎使用渗透技术，可结合实际项目需求，通过换土和土壤改良的方法改善土壤渗透性，提高有效含水量。

（3）盐碱土区

盐碱土包括盐土和碱土，盐土指土壤中含盐量高，碱土指土壤碱化度高，主要分布于降雨少蒸发多、地势低平、地下水位高的半湿润、半干旱和干旱地区，不利于作物正常生长。因此，盐碱土区应以排水洗盐为主要目的，在海绵城市建设中塑造合理的微地形，利用雨水的流动随地势将盐分排走，减轻盐碱化程度。

（4）沙质土区

沙质土是指含沙量多、颗粒粗糙的土壤，主要分布于西北、华北地区的山前平原、河流两岸和平原地区。土壤的渗透性能好，但保水性能差，容易引起干旱。因此，海绵城市的建设应以雨水的滞蓄为首要目标，将雨水留于本地、用于本地。

（5）壤质土区

壤质土是指含沙量中等、颗粒粗糙度中等的土壤，下渗和保水性能均较好，分布于我国中、东部大部分地区，利于植物的生长。壤质土区渗透和滞留性能均较好，海绵城市建设的技术适宜性良好，适宜开展海绵城市建设。

3）降雨特征

我国总体上呈现降水量从西北向东南依次递增，从气候分区上可分为东部季风区和西北部非季风区，前者降雨量较多，是海绵城市的重点建设区域，后者降雨量较少。季风区又可分为热带季风气候区、亚热带季风气候区和温带季风气候区。

季风气候区降雨特征表现为旱雨季分明，降水集中在雨季，且降水量大。该类地区易发短历时、强降雨，城市内涝问题突出，强降雨发生率表现为热带季风气候区>亚热带季风气候区>温带季风气候区。因此在海绵城市的建设中应重点统筹灰、绿基础设施的建设，解决城市内涝问题。同时旱雨季分明的特点容易引起季节性缺水，因此要强调雨水的滞蓄和再利用。

4）地下水水位

地下水位的高低是影响雨水下渗的重要因素。根据相关规范的要求，为了增加雨水停留时间和保证足够的净化效果，雨水入渗系统的渗透面要求距地下水水位大于1。地下水水位埋深较小的地区，雨水的下渗净化能力较弱，应谨慎使用"渗"的技术。许多城市和工矿区由于缺乏地表水，打井抽取地下水导致出现大量的地下水漏斗区，对地面稳定性、区域水文循环造成了影响，宜加强雨水下渗，恢复水文循环，因此对于不同地下水水位地区，应采取的策略为：

①地下水水位埋深小的地区。应谨慎使用雨水的下渗设施，特别是大型、深层的设施。

②地下水水位适中的地区。宜因地制宜使用雨水的下渗和滞蓄设施。

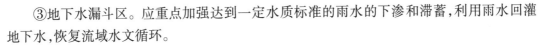

③地下水漏斗区。应重点加强达到一定水质标准的雨水的下渗和滞蓄,利用雨水回灌地下水,恢复流域水文循环。

5)水资源状况

目前全国城市有近2/3城市缺水,约1/4的城市严重缺水,水资源短缺形势严峻。雨水作为城市本地非常规水资源的重要来源,宜通过海绵城市的建设,将雨水用于绿化浇洒、景观用水等环节,实现城市用水来源的拓展。雨水资源越丰富、城市水资源越紧缺、城市低质需水量越大,越应加强雨水资源利用。

6)水环境质量

城市点、面源污染已逐步成为我国水环境污染的重要来源,利用海绵城市的"滞""净"等策略,可以大大减缓城市溢流污染负荷、面源污染负荷。水环境问题越突出的城市,越需通过海绵城市为抓手,从点源污染和面源污染的治理,统筹解决城市水环境问题。

(四)避免措施碎片化

海绵城市的建设是系统性的工作,它作用于城市水的自然循环和社会循环系统,以及以水为主要要素的生态系统,涵盖了洪涝治理、环境改善、资源保障、生态提升等综合目标,需要对地表水资源、地下水资源、自然降水、生产生活用水、生态用水等进行统筹管理。

当前,许多城市,包括国家级和省级的试点城市开展的工作已经凸显出一些问题,其中最普遍的问题是碎片化。部分实施者和管理者甚至很难理解系统性规划的意义,认为海绵城市就是种花种草、绿地下沉、路面透水。诚然,海绵城市的技术手段是以"渗、滞、蓄、净、用、排"的工程项目体现出来的,但如何选择这些技术,如何布局相关设施,设施之间如何关联,则必须通过建立系统方案进行统筹,才能确保合理与有效。在效仿国外经验时,不应只看表面,而忽视对其内在机理的学习。

首先,避免碎片化,要重视系统性的规划,规划目标的逐层分解应考虑片区实际的条件和需求。海绵城市专项规划的编制,要求首先确定城市的总体目标,再将其分解到不同流域和不同管控单元,最后再分解到各地块和各项目。在这个过程中,不同流域、区域的不同条件和需求,包括土壤、地下水等自然条件,现状建设开发程度、规划功能、生态用地分布等空间条件,内涝、黑臭、地下水漏斗等现实问题,都需要得到全面考虑,并最终体现在同一个指标的空间差异赋值上。在海绵系统体系的设计中,人们需要认识到,同等规模的设施,在系统的不同节点起到的作用是不同的,带来的效益将会产生很大的差异,这也是在规划中应用水文模型进行分析模拟,而非简单计算的重要因素之一。

其次,要避免在工程设计中,简单地将海绵解读为单个设施的叠加。《海绵城市建设技术指南》中提出,通过年径流总量控制目标、设计降雨量、项目面积和下垫面等因素,计算项目的总控制容积和调蓄容积,许多技术人员便由此断章取义地认为,只需要在项目中安排满足此容积总量的设施,便可达到目标。事实上,这些设施的容积必须是有效的,地表径流需通过竖向或者管网的连接,顺利进入相应的低影响开发设施,才能得到入渗、滞蓄和净化。因此,海绵城市的工程设计绝不是简单的总量计算,相反,首先应该重视绿地空间的布局、径流通道的预留、道路竖向的安排,加上科学布置项目内部的排水管网和低影响开发设施,才能构建系统最优的方案。

再次,避免碎片化的第三个方面是要避免将低影响开发设施孤立考虑,缺乏和市政系统的统筹。由于工期紧张、经验有限、上层次规划编制滞后等原因,一些示范工程的设计往往采用"一刀切"的设计目标,不考虑该项目是否需要容纳外来客水、是否需要设置面向整个汇水片区的调蓄空间,也不考虑如何与项目周边的道路、管网进行衔接,呈现一种"自扫门前雪"的状态。特别是海绵公园的设计,消纳其自身范围内的径流仅仅只是目标之一,作为绿色基础设施,公园绿地一般都需要发挥更大的滞纳、调蓄雨洪的作用,也可提供更多的空间布局径流净化的设施,因此必须考虑与周边地块和市政系统的目标统筹和输送通道,确保设计的有效性。如西咸新区洋西新城中心绿廊的设计,将附近地块的雨水管网通入绿廊,并与渭河、洋河连通,实现了雨洪调蓄的核心功能,此外统筹考虑周边城市用地,合理组织了与城市机动交通的关系,设计了丰富的休闲活动空间,最大限度地发挥了绿廊的生态、经济和社会价值(图1-4)。

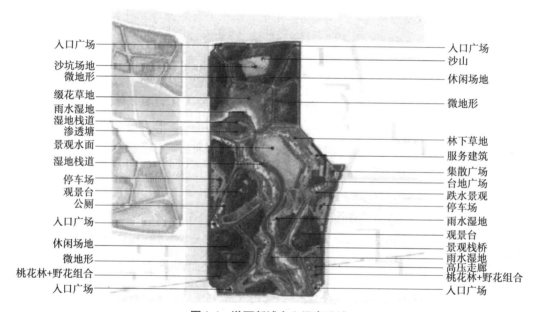

图1-4　洋西新城中心绿廊设计

最后,也要避免从单一的目标导向进行规划和工程设计引起的重复建设。海绵设施通常具备综合功能,如下沉式绿地同时具备促进入渗、雨水滞留、污染净化等功能,湿地公园同时具备雨洪调蓄、雨水回用、生物栖息、径流净化以及合流制管网溢流净化等多种功能,湿地建设也可作为城市建设中的一种综合生态补偿工程,例如香港湿地公园建设即是对新界天水围预留区开发建设的环境补偿(图1-5)。如果在规划和设计中,孤立地根据年径流总量控制要求、径流污染削减要求、雨水回用目标要求分别进行设计,进而简单叠加,则必然造成实际方案偏大,投资偏高。因此,在多目标体系下,需对单目标方案进行融合,尽量选择多功能设施,设施的最终设计参数应确保满足每个单向目标。

图1-5 香港湿地公园

第五节 规划海绵城市

一、坚持规划引领

海绵城市的建设要求强调了规划引领的重要性,促使人们对工业化时代的城市规划模式进行反思和变革,具有重要的意义。传统的城市规划理念以关注土地开发建设为主、具有单纯的人为性;未来的城市规划将更加注重基础设施的建设和生态环境的保护,逐渐发展为抵御和化解城市风险的综合城市规划以及尽量与自然结合的生态城市规划。

海绵城市建设的目标和对象是系统而综合的,其手段相应地作用于区域水文循环过程,必然是跨尺度的,因此必须首先建构跨尺度的规划方法体系,将这个理念从宏观到微观,从整体到局部,从系统到场地进行逐层落实。

在宏观层次,海绵城市的理念体现在城市总体规划的空间结构上,构建的重点是进行水生态安全空间格局的识别和强化,通过对这些关键格局,即海绵系统的保护维持水文循环过程的完整性和自然性(图1-6)。在中观层次,海绵城市应重点关注对城市建设用地中的水系、坑塘、湿地进行有效利用,在绿地系统中融入雨洪滞蓄和净化的功能,将排水管网、泵站、行泄通道和场地竖向、公园布局、水系结构进行有机结合,并最终体现在土地利用的控制性详细规划中。在微观层次,则应重点关注建设项目雨水径流削减和净化的目标,及其内部海绵体的类型、规模、布局和功能,并与景观设计充分融合。

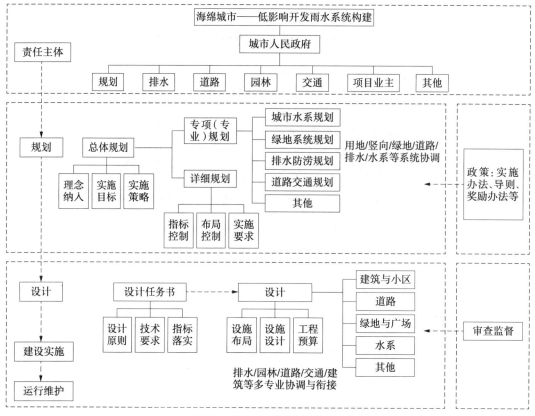

图 1-6　海绵城市系统构建途径

二、坚持灰绿交融

西方国家在面临土地资源过度消耗、生态系统平衡破坏等问题时发现,仅仅依赖灰色基础设施(Grey Infrastructure),即传统意义上的管网、处理厂等公共设施可以实现污染物的转移和治理,但并不能解决污染的根本问题,也不能有效指导土地利用和经济发展模式往更高效、更可持续的方向发展。在这个基础上,绿色基础设施(Green Infrastructure)的概念被提出。1999 年 5 月,美国可持续发展委员会(PCSD)发布了题为《创建 21 世纪可持续发展的美国》的工作报告,强调将绿色基础设施作为保障城市可持续发展的重要战略之一,能够为土地和水资源等自然生态要素的保护提供一种系统性强且整体的战略方法。

可以说,2000 年之后,欧美等发达国家在城市基础设施建设方面的重点是以绿色为主的,用以弥补灰色基础设施所无法达到的自然、生态的过程,探索、催生和协调人与自然的关系模式。但从中国当前的发展阶段、发展速度和所承载的人口规模以及问题的复杂程度来看,我国海绵城市的建设重点应在注重绿色的、生态化的基础设施的同时,同样注重对灰色基础设施的完善。目前我国多数城市排水基础设施仍然存在许多问题,管网覆盖率不足、雨污合流制管网仍大面积存在、雨水管网设计标准偏低、抗风险能力低下等。面对这些问题,仅仅依靠绿色基础设施的建设无法补足短板。正如《海绵城市建设技术指南》

所说,海绵城市建设应当统筹低影响开发雨水系统、城市雨水管渠系统及排涝除险系统三大系统。

低影响开发雨水系统(微排水系统)包括生物滞留池、绿色屋顶、透水铺装、植草沟等相对小型分散的源头绿色基础设施,可以通过对雨水的渗透、储存、调节、转输与截污净化等功能,有效控制径流总量、径流峰值和径流污染,主要应对1年一遇以下的大概率小降雨事件。城市雨水管渠系统(小排水系统)即传统排水系统,包括管渠、泵站等灰色雨水设施,与低影响开发雨水系统共同组织径流雨水的收集、转输与排放,主要应对1~10年一遇的中、小暴雨事件。排涝除险系统(大排水系统)用来应对超过雨水管渠系统设计标准的雨水径流,一般通过综合选择自然水体、多功能调蓄水体等大型绿色基础设施,以及行泄通道、调蓄池、深层隧道等大型人工灰色设施构建,主要应对10~100年一遇的小概率大暴雨事件。由于造价、地形,以及其他各种限制,排水系统的标准一般很难提高,所以超标洪水发生时,允许路面存在一定的积水和表面径流,只是努力将洪水损失降到最小。在美国,小区的100年一遇洪水的最大淹没深度低于居民住宅的地基高度一英尺。不同等级的道路,允许淹没的高度和范围也不同。

以上3个排水系统并不是孤立的,也没有严格的界限,三者相互补充、相互依存,是海绵城市建设的重要基础元素(图1-7)。"绿色"与"灰色"相互融合,实现互补,不能顾此失彼。通过科学的"源头—中途—终端"结合和"绿色—灰色"基础设施的结合,才能很好地发挥净化、调蓄和安全排放等多功能,实现径流污染控制、排水防涝等海绵城市的综合控制目标。

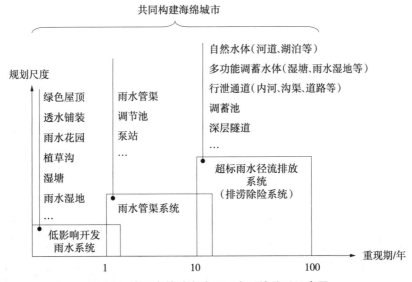

图1-7 我国海绵城市建设三大系统关系示意图

三、坚持新老分策

海绵城市建设是一项长期的任务,未来将始终伴随我国的城镇化进程。对于未来还将成片增加的新城区,应以目标为导向,实行源头管控,结合区域和城市特点,制订和严格执行城市建设开发标准与规范,严把工程规划建设审批关,并将低影响开发设施建设和运营纳入工程建设投资和运营的成本,由政府加强监督。对于普遍存在系统性问题的老城区,则以问题为导向,重点解决逢雨必涝的区域和黑臭水体,通过管网改造升级、利用现有地形地貌及沟塘、增设强排设施等做法,解决密切影响民生的问题,同时逐步结合城市道路、园林绿化提升、旧城更新等开展低影响开发改造。例如深圳市城市建成度高,已进入存量优化发展时期,存量用地供应远远超过新增用地,未来城市建设将系统全面推进城市更新,因此应注重旧城更新改造中的海绵建设措施,以解决城市内涝、雨水收集利用、黑臭水体治理为突破口,切实解决旧城区水系统现有问题。而部分城市中心城区规划建设用地面积在现状面积的基础上翻番甚至更高,未来仍面临大面积的开发建设,规划中的城市新区、各类园区、开发区由于现状制约条件较少,海绵城市建设应以预控为主,可按海绵城市建设的理想、目标,制订海绵城市规划建设指标体系和建设方案。

在相对较小的片区开展具体的海绵城市设计时,也同样需要考虑新旧片区的不同做法。以美国某城市更新单元的雨水系统设计为例,如图1-8所示。首先应以排水口为单位划分排水分区,进行本区域的用地与排水特征研究。针对现有的老城区和商业区,构建渗透沟、微型滞留塘、透水铺装停车场等绿色基础设施;针对新建的开发区,通过规划建设管控同步建设源头低影响开发设施,用于过滤和渗透。上述的微系统出水溢流至街道的下水道(小系统),再集中输送到一个大型的滞留塘(大系统)中,用于缓解因极端天气引发的雨洪危害;开放空间中建设湿地,净化后的出水同样也可引入滞留塘中,最终流入河流排放。

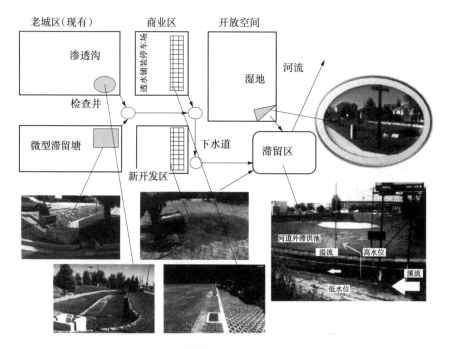

图1-8 美国城市更新改造案例

四、坚持统筹推进

我国幅员辽阔,水系统特征多样,有温带大陆性季风气候,也有亚热带海洋性气候,差异巨大,海绵城市建设的路径也各有不同。因此,我国海绵城市建设在首先转变管理者、设计者和使用者理念的基础上,需要通过在各类代表性区域进行试点,探索经验,建立模式,进而向全国逐步推广。自海绵城市提出以来,大致经历了启动、试点、推广3个阶段。值得一提的是,试点阶段和推广阶段并非前后孤立,而是在互相重叠和交织中快速地推进,这与我国当前水问题的严重性和迫切性有关。

(一)海绵城市启动阶段

海绵城市首次以官方途径进入公众视野,是在2013年12月12日,中央城镇化工作会议中提出,在提升城市排水系统时要优先考虑把有限的雨水留下来,优先考虑更多地利用自然排水力量,要大力推进建设自然积存、自然渗透、自然净化的"海绵城市"。2014年10月22日,住房和城乡建设部印发《海绵城市建设技术指南》,提出了在海绵城市建设中,低影响开发雨水系统构建的基本原则,指导规划控制目标分解,技术框架的构建和不同层次的落实途径,为海绵城市建设提供了首部规范性、指导性的文件。

(二)海绵城市试点阶段

2014年12月31日,财政部、住房和城乡建设部、水利部联合印发《关于开展中央财政支持海绵城市建设试点工作的通知》(财建〔2014〕838号),决定开展中央财政支持海绵城市建设试点工作,并于2015年4月公布了16个第一批海绵城市建设试点城市,分别为:迁安、白城、镇江、嘉兴、池州、厦门、萍乡、济南、鹤壁、武汉、常德、南宁、重庆、遂宁、贵安新区和西咸新区。2016年4月,福州、珠海、宁波、玉溪、大连、深圳、上海、庆阳、西宁、三亚、青岛、同原、天津、北京等14个城市成为第二批海绵城市建设试点城市。

(三)海绵城市推广阶段

2015年10月16日,国务院办公厅印发《关于推进海绵城市建设的指导意见》(国办发〔2015〕75号),要求各地通过海绵城市建设,最大限度地减少城市开发建设对生态环境的影响,将70%的降雨就地消纳和利用。到2020年,城市建成区20%以上的面积达到目标要求;到2030年,城市建成区80%以上的面积达到目标要求。

第二章 海绵城市的调查分析方法
——以上海市为例

本章针对海绵城市研究与应用的 3 个尺度的调查与分析方法予以阐述,并以上海市绿地及代表性社区为例,运用景观生态学、生态、工程学和植物群落学方法,分别就宏观尺度上海城市社区的绿色基础设施格局、上海城市绿地中的径流、土壤和植物群落特征,及其与城市绿地雨水调蓄能力之间的关系进行深入的调查与分析,为上海海绵城市的宏观、中观、微观 3 个尺度建设策略的提出提供科学依据。

第一节 绿色基础格局的调查与分析

海绵城市建设包括了宏观绿色基础设施的系统性构建、中观低影响开发技术的适宜性应用和微观绿地植物群落的环境功能提升 3 个方面。其中,宏观尺度的城市绿色基础设施格局的调查、分析、调整和系统性构建也是海绵城市研究与实践中最易被忽略的过程。宏观尺度海绵城市的研究主要针对的问题是绿地空间布局的合理性和系统性,其研究的目的是应用景观生态学的理论方法,对城市绿色基础设施空间格局进行调查和分析,即通过对绿地空间信息的提取、空间格局的量化分析,从而进行结构优化和功能提升。宏观尺度绿色基础设施调查和分析的内容包括生态敏感区保护、提高生态廊道连通度、减少景观斑块的破碎度、绿地斑块的异质度等,以达到从宏观层面提升绿地的绿色基础设施的雨洪管理等环境功能的目的,从而提升海绵城市建设的协同性和系统性。

社区是城市建设和管理的基本单元,也是城市绿地和低影响开发设施发挥雨洪调蓄功能的基本单位,包含宏观、中观和微观多个尺度的响应机制。学术界关于"社区(Community)"的解释多达 140 余种,普遍认为城市社区是指居住在一定地域范围内的人们所组成的社会生活共同体,包含居民、居民所居处的地域、生活的方式或文化 3 个要素。我国对城市社区的定义是指生活在相对固定区域的一定数量的居民,按照一定的社会关

系和制度结构,所形成的相互关联的人类生活共同体。具体而言,构成社区的基本要素包括:

①有一定界限的具体地域空间。

②一定数量的人口构成。

③具有良好的人际、群体互动关系,以形成社会制度结构。

④人群之间存在着某些方面的人口同质特征,如共同文化、共同生活或者共同社会心理。

⑤具有一定规模的服务设施,以满足居民物质需求。

本章根据上海市城市化进程,选取上海黄浦区内瑞金社区、闵行区内莘城社区和松江区内方松社区 3 个社区进行比较研究(图 2-1),以其现状绿地景观格局的提取、分析和综合评价为基础,研究基于雨洪管理功能的上海城市绿地格局的优化模式和功能绩效。

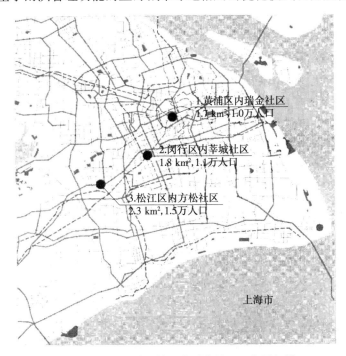

图 2-1　研究所选取的上海城市社区区位及规模

一、城市社区绿色基础设施遥感信息

根据城市化进程、建成时间、居住聚落,选取差异性明显的 3 处城市社区作为研究的对象,以研究城市绿地的雨水管理能力和功能提升策略。其中,瑞金社区建于 20 世纪初期,位于上海城市的中心,黄浦区西部,南至建国西路,北至淮海中路,西至陕西南路,东至南北高架,社区占地面积约 1.7 km²,绿地面积约为 34.1 hm²,绿地覆盖率约为 19.86%,社区总人口数约为 1.0 万人,人文资源丰富,历史底蕴厚重,名人故居众多,商业建筑林立。闵行区内莘城社区建于 20 世纪 90 年代,位于上海近郊,是闵行区的行政中心,北临地铁 1 号线及交通枢纽莘庄地铁站,西临地铁 5 号线和沪闵公路,东临沪金高速路(S4),南临春申路,社区总面积约为 1.8 km²,绿地面积约为 63.9 hm²,绿地覆盖率约为 34.77%,社区总人口数约为 1.1 万人。松江区内方松社区建于 21 世纪初期,位于上海西南远郊的松江新城,是松江区的经济核心,南至思贤路,北至新松江路,西至滨湖路,东至人民北路,社区占地总面积约 2.3 km²,绿地面积约为 83.4 km²,绿地覆盖率约为 35.34%,社区总人口数约为 1.5 万人。城市现状绿地的空间分布特征受到用地类型差异的影响,依据《城市绿地分类标准》,并参考《城市园林绿化评价标准》,上海城市社区现状绿地可分为 4 类,即公园绿地、道路绿地、居住小区绿地和其他绿地。其中:

①公园绿地指向公众开放的、具有游憩、休闲、生态、景观及防灾等综合功能的社区公园。

②道路绿地指附属于社区道路,即位于道路线之间的绿地,包括行道树绿带、分车绿带、交通岛绿地、交通广场、停车场绿地等。

③小区绿地指社区居住建设用地内小区游园外的绿地,包括组团绿地、宅旁绿地、小区道路绿地、配套公建绿地等。

④其他绿地指除以上类型之外的社区绿地,对社区生态环境质量、居民休闲生活、社区景观和生物多样性保护有直接影响的绿地,包括单位附属绿地、风景林、防护林、水域等。

对上海城市社区样地中现状绿地信息数据的提取与解译,首先需要建立社区现状绿地的信息数据库,即对原始的航空遥感影像图进行预处理,再将处理过的图像导入 ArcGIS 10.0 中,根据图像上表现出来的地物影像特征及其空间特征,再结合统计资料、上海行政区划图等多种信息资料,以社区道路边界、建筑边界和水体边界为界线,根据社区绿地的分类标准提取社区绿地信息,制作社区绿地分类矢量图。

遥感影像图解译主要有两种方法:一是人工目视解译;二是计算机自动分类解译。前者精度较高并可以肉眼直接判读航空影像图上的各类绿地,但过程复杂耗时较长;后者是由计算机按已输入的分类原则对绿地进行自动分类,耗时较短,但精确度相对较低。由于上海城市社区绿地属于小尺度的城市绿地,在进行航空遥感影像解译时,可采用目视解译的方法对社区绿地进行绿地信息提取以满足研究高精度的要求。在 GIS 工作平台中以 0.25 m 高分辨率航空影像图上把 3 m 以上宽度(不足 3 m 的道路两侧绿地算作一个斑块)道路作为边界勾绘出 4 类绿地的分布。由于 3 处社区的遥感影像图存在建筑因拍摄角度和日照形成的阴影,可能降低其解译的精确度。因此,使用 GPS 对社区遥感影像中存在阴影和误差的地方进行实地勘查验证,可以提高解译的精准度。

通过实地验证且满足解译一致率要求的解译图像才能作为遥感影像数据的最终解译结果。实地验证的调查方式主要包括测绘、拍照等,并调查明确绿地类型、位置、边界特征等相关信息。通过实地验证后调绘、测量的数据导入 GIS 工作平台,运用 GIS 制作出社区绿地遥感影像分类矢量图(图 2-2—图 2-4)。

黄浦区内瑞金社区

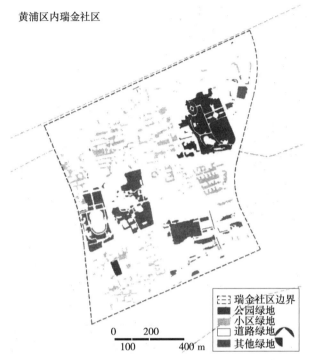

图 2-2 上海黄浦区内瑞金社区绿色基础设施空间格局解译图

闵行区内莘城社区

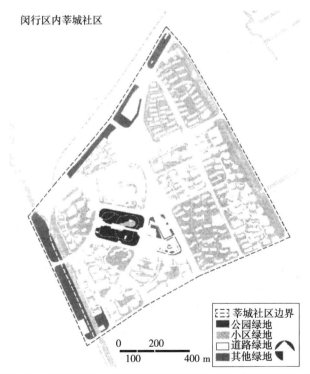

图 2-3 上海闵行区内莘城社区绿色基础设施空间格局解译图

松江区内方松社区

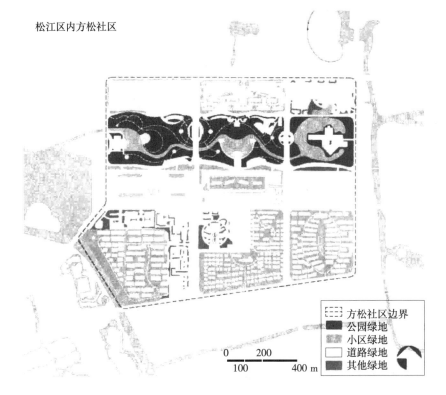

图例：
- 方松社区边界
- 公园绿地
- 小区绿地
- 道路绿地
- 其他绿地

比例尺：
0　100　200　400 m

图 2-4　上海松江区内方松社区绿色基础设施空间格局解译图

在 ArcGIS 10.0 中完成瑞金、莘城和方松社区的绿地信息解译后，制作相应的绿地分类矢量图，并且使用 GIS 中的 Conversion Tools 中的图像转栅格功能（像元大小设置为 0.5 m×0.5 m），将 3 个社区绿地分类矢量图转换成栅格图像，并在 Fragstats 4.0 软件中运用导出的栅格图进行计算相关指数。城市社区中现有的绿地斑块是其建立具有雨洪调蓄等生态服务功能的低影响开发设施的基础，因此对其绿地景观格局，如斑块密度、分维数、破碎度及聚集度的分析，可以为城市社区绿色基础设施的系统性构建奠定基础。

二、城市社区绿色基础设施景观格局分析

为在宏观尺度研究绿色基础设施与其雨洪管理生态服务功能之间的关系，建立城市现有绿地空间的景观格局与其生态过程和生态效益之间的联系是必要的。而选择分析的景观格局指数简化和量化景观结构组成和空间配置的作用，是高度提炼的空间格局信息。为分析现状绿地格局与其雨洪调控功能之间的关系，其表征指数的选择至关重要，其中表征绿地特征的基本指数可选择斑块数量、斑块面积、斑块面积极差、斑块面积中值、斑块密度、平均斑块面积、斑块形状指数、平均分维数等；（雨水环境）功能性指数则包括斑块破碎度指数、廊道密度、连接度指数、多样性指数、丰富度指数、均匀度指数、优势度指数、蔓延度指数等。

（一）绿色基础设施景观格局指数

为对城市社区现状绿地的景观格局和雨洪调蓄等综合功能进行评价,首先要对现有绿地的基本特征和功能性特征进行客观和直观的量化表达,即通过斑块水平指数、类型水平指数和景观水平指数对绿地进行描述,以获得绿色基础设施格局的定量数据。采用 Fracistats 软件作为计算工具,选择适当的指数,对社区现状绿地格局进行分析和比较,为绿色基础设施的系统性建设及雨洪调蓄功能的提升提供科学的依据(表 2-1)。所选取的景观生态指数既有反映基本特征的指标,如斑块数量等,也有反映环境功能的指标,如连接度指数、蔓延度指数、聚集度指数等,以全方位地描述和分析绿色基础设施景观格局的特征。

表 2-1　城市社区现状绿色基础设施景观格局

分析类型	指　数
斑块构成分析	斑块数量、斑块面积、斑块面积极差、斑块面积中值
破碎化分析	破碎化指数、斑块密度、平均面积
绿地廊道分析	廊道密度、连接度指数
形状指数分析	斑块形状指数、平均斑块分维数
总体格局分析	多样性指数、丰富度指数、均匀度指数、优势度指数、蔓延度指数

上述社区现状绿色基础设施景观格局分析指数的选择,能够客观且量化地描述绿地的空间特征及其对雨洪管理功能的影响。同时,对不同社区之间绿地现状景观格局的分析和比较,也可以反映出现有绿色基础设施景观格局所面临的问题,并揭示出城市社区绿色基础设施系统性构建的潜力,为绿地格局的优化和系统性分散的绿色基础设施构建提供量化的数据支撑。

(1)斑块类型面积

$$CA = \sum_{j=1}^{n} a_{ij}\left(\frac{1}{1\,000}\right) \tag{2-1}$$

绿地景观中某一类型的绿地斑块的所有绿地斑块的面积的总和就是某一斑块类型的总面积,用 CA 来表示,单位为 hm^2。式中的 i 为斑块类型,j 为斑块的总数目,a 为 i 类型第 j 块绿地斑块的面积,单位为 m^2。此指标值的大小既能影响斑块中物种的丰度、数量、繁殖及斑块中的物种分布和信息流,也能影响绿地整体的雨洪调控、社会文化及游憩等综合功能的协调与平衡。因此,该指标在绿地景观格局分析时具有很重要的生态意义。

(2)斑块数

$$NP = \sum N_i \tag{2-2}$$

斑块数的值是指所有斑块数目的总和,用 NP 表示。不管是在类型水平上还是在景观水平上,斑块数目都在一定程度上可以反映出绿地景观的破碎化程度,其值与景观破碎化程度和空间异质性成正比。

（3）斑块密度

$$PD = \frac{N}{A} \tag{2-3}$$

斑块密度是斑块总数比上总面积,也就是单位面积上的斑块数目,用 PD 来表示。虽然 PD 不能直接反映斑块的大小以及绿地景观中斑块的空间分布,但却能反映出景观空间结构的复杂性,也能用来描述景观的破碎化程度。其值的大小与破碎化程度和景观空间的复杂程度成正比。

（4）平均斑块面积

$$MPS = \frac{A}{N} \tag{2-4}$$

平均斑块面积（MPS）分为类型水平和景观水平两类,是绿地斑块面积 A 与绿地斑块数目 N 的比值。可以用来反映不同景观或者同一景观中不同绿地类型的破碎化程度和聚集度程度之间的差异。

（5）斑块形状指数

常见的斑块景观指数 LSI 有以下两种计算方式:

①近方指数:

$$LSI = \frac{0.25E}{\sqrt{A}} \tag{2-5}$$

②近圆指数:

$$LSI = \frac{E}{2\sqrt{\pi A}} \tag{2-6}$$

式中,A 表示绿地景观的总面积,E 表示所有斑块边界的总长度。

其值大于等于 1 没有取值上限。LSI 的大小与景观中斑块的规则程度和偏离正方形或圆形成正比,也就是说 LSI 越小则越接近正方形或者圆形,反之则绿地斑块形状越不规则。斑块形状指数可以反映出景观格局受人类活动的干扰。

（6）平均斑块分维数

$$FRAC = \frac{2\ln(0.25p_{ij})}{\ln a_{ij}} \tag{2-7}$$

式中,p_{ij} 和 a_{ij} 分别表示景观中 i 类型第 j 块绿地斑块的周长和面积。其值的范围为 $1 \sim 2$,没有单位。该指标值的大小与绿地景观斑块的形状复杂程度成正比。其值越接近 1 则表示其斑块形状越规则,越接近 2 则反映了该斑块的形状越复杂。

（7）破碎化指数

破碎化指数（FN）是单纯用来反映整个绿地景观或者某一类型绿地景观的破碎化程度。其值的计算可由以下两个公式计算得到:

$$FN_1 = \frac{(N_p - 1)}{N} \tag{2-8}$$

$$FN_2 = \left(\frac{A}{N}\right)(N_f - 1)/N \tag{2-9}$$

式中，FN_1 和 FN_2 分别表示整个景观的破碎化程度和某一类型绿地的破碎化程度。N_c 为整个景观的总面积，N_p 为景观中各类斑块的总数，A 为斑块的总面积，N 表示斑块的个数，N_f 是某一类型绿地景观的斑块总数。其值的取值范围为 $0 \sim 1$，与破碎化程度成正比。

（8）Shannon's 目多样性指数

$$SHDI = - \sum_{i=1}^{m} (p_i \times \ln p_i) \tag{2-10}$$

Shannon's 目多样性指数（SHDI）是景观中各类型斑块面积比重（p_i）与其自然对数乘积的总和的相反数，其中 p_i 计算时并不需要计算绿地景观中的背景面积。其取值范围大于等于 0 没有上限，当 SHDI 为 0 时则景观中只有一个斑块。SHDI 与整个景观中绿地类型数目和它们面积比重的均衡化成正比。

（9）蔓延度

某一斑块类型在整个绿地景观空间上分布的聚集趋势就是蔓延度（CONTAG）。蔓延度是对景观质地的描述，它能反映不同斑块类型的邻接状况。蔓延度能同时反映不同斑块类型空间分布特征及其混合状况。

$$CONTAG = \left\{ 1 + \frac{\sum_{i=1}^{m} \sum_{k=1}^{m} \left[p_i \left(\frac{g_{ik}}{\sum_{k=1}^{m} g_{ik}} \right) \right] \cdot \left[\ln p_i \left(\frac{g_{ik}}{\sum_{k=1}^{m} g_{ik}} \right) \right]}{2 \ln m} \right\} \times 100\% \tag{2-11}$$

式中，p_i 表示 i 类型绿地斑块在整个景观中的面积比重，i 类型和 k 类型绿地斑块之间的节点数由 g_{ik} 来表示，整个景观中斑块的类型数目则由 m 来表示。该指标单位为%，其取值范围为 $0 < CONTAG \leqslant 100$。当所有斑块类型最大限度破碎化和间断分布时，指标值趋近于 0；当斑块类型最大限度地聚集在一起时，指标值达到 100。当景观中斑块类型数少于 2 时，该指标不被计算。

（10）Shannon's 均匀度指数

$$SHEI = \frac{- \sum_{i=1}^{m} (p_i \times \ln p_i)}{\ln p_i} \tag{2-12}$$

式中，Shannon's 均匀度指数（SHEI）是 SHDI 比上斑块类型的面积比重（p_i）的自然对数。其取值范围为 $0 \sim 1$，当 SHDI $= 0$，则表明该景观由一个绿地斑块组成。当 SNDI $= 1$ 反映了整个景观中各类型的绿地斑块的面积比重相同。

（11）绿地斑块连接度

$$CONNECT = \left[\frac{\sum_{i=1}^{m} \sum_{j=k}^{n} C_{ijk}}{\sum_{i=1}^{m} \left(\frac{n(n-1)}{2} \right)} \right] \times 100 \tag{2-13}$$

式中，C_{ijk} 为在用户指定临界距离之内的，与斑块类型 i 相关的斑块 j 与 k 的连接状况；n_i 为景观中每一斑块类型的斑块数量。绿地斑块连接度（CONNECT）的计算与斑块类型尺度上的联通性指数相似，只不过其应用范围扩展到景观中的所有斑块类型。该指标的单位是%,其取值范围为 $0 \leqslant CONNECT \leqslant 100$。当景观由一个斑块组成或景观中所有斑块类型只含有一个斑块,再或者景观中所有斑块都不连通时,$CONNECT = 0$;当景观中每一斑块都是连通时,$CONNECT = 100$。

（12）廊道密度指数

$$T = \frac{L}{A} \qquad (2\text{-}14)$$

廊道密度指数（T）是景观中廊道的总长度 L 与景观总面积 A 的比值,可以用来描述整个景观的破碎化程度。其值的大小与景观的破碎化程度成正比。绿地廊道是能量、物质和信息的流动通道,同时也将破碎化的绿地斑块连接起来,具有成为连接绿色基础设施网络中心与小型绿地斑块之间的连接廊道。

（二）绿色基础设施景观格局分析

在 AcrGIS 10.0 软件中用黄浦、莘城、方松社区的绿地类型图进行统计分析,可以得到瑞金社区、莘城社区、方松社区的绿色基础设施基本组成情况（表 2-2）。

表 2-2 上海城市社区现状绿地斑块基本概况描述

社区名称	绿地类型	斑块个数 /个	斑块总面积 /hm²	斑块类型比例 /%	绿化覆盖率 /%
黄浦瑞金社区	公园绿地	16	8.22	24.1	19.86
	小区绿地	241	9.68	28.3	
	道路绿地	26	1.50	4.4	
	其他绿地	115	14.78	43.2	
闵行莘城社区	公园绿地	15	7.00	10.9	34.77
	小区绿地	246	47.12	73.7	
	道路绿地	81	4.41	6.9	
	其他绿地	87	5.32	8.5	
松江方松社区	公园绿地	72	30.06	36.0	35.34
	小区绿地	179	40.83	48.9	
	道路绿地	262	5.79	6.9	
	其他绿地	50	6.68	8.2	

由表 2-2 可知,在瑞金社区的绿地空间中,小区绿地景观的破碎化程度很高,具有较多的斑块数目却仅占很少的面积比例;其他绿地占据了类型主导（占总绿地面积的 13.2%）,主要原因是瑞金宾馆和瑞金医院中的单位附属绿地占地面积较大,具有发挥城市环境功能型绿地网络中心生态效应的潜力。地处近郊的莘城社区内居住小区绿地类型占据主导,而方松社区位于远郊的松江新城,建设年代较晚,道路绿地面积小且斑块数目多,说明在社区建设过程中道路绿地并未形成带状的连续廊道布局。小区绿地和公园绿地在社区现状绿地

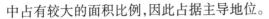

中占有较大的面积比例,因此占据主导地位。

(1)斑块水平分析

根据海绵城市的研究需要及社区绿地现状特征,选取了绿地斑块面积中值、绿地斑块面积差、平均绿地斑块面积、绿地斑块面积标准差、绿地斑块面积变异系数和最大斑块面积指数 6 个指标从斑块水平上分析社区绿地斑块的基本特征。

根据分析和比较的结果可知,瑞金社区中的公园绿地分布不均匀,公园绿地面积与平均斑块面积有很大的偏差,小区绿地和道路绿地面积均匀且小,再加上其斑块个数较多,可见其破碎化程度较高。从绿地斑块面积标准差数和绿地斑块变异系数可以看出,瑞金社区中各类型内斑块面积之间的变化很大。在瑞金社区中其他绿地的面积极差值 CRA 最大为 2.621 1 m²,反映了其面积大小分布不均衡,且公园绿地的 RA>小区绿地 RA>道路绿地 RA。道路绿地和小区绿地的面积分布比较均匀。

莘城社区中小区绿地和公园绿地分布不均匀,此两类绿地的斑块面积与平均斑块面积有较大的分离,且道路绿地面积均匀且偏差小。在莘城社区中,公园绿地和道路绿地的斑块面积变异系数相对较小,小区绿地类型内斑块面积之间的变化较大,面积分布不均匀。莘城社区中其他 3 类绿地类型景观的面积极差从大到小依次是公园绿地>其他绿地>道路绿地,反映了社区绿地斑块中道路绿地面积分布相对比较均匀,小区绿地面积分布得不均匀。

方松社区中,公园绿地和小区绿地的绿地斑块面积标准差指数大,反映出方松社区公园绿地和小区绿地面积与平均斑块面积有很大的分离度,道路绿地斑块面积比较均匀。除小区绿地之外的其他 3 类绿地的面积基本相近。4 种类型绿地斑块景观的面积极差值从大到小依次是小区绿地>公园绿地>其他绿地>道路绿地,反映了方松社区中小区绿地类型内面积分异大,而道路绿地的斑块面积极差小,其绿地面积分布相对较均匀。

此外,为了更准确地反映城市社区绿地斑块大小及所占面积情况,根据绿地斑块的面积将其划分为小型斑块(<100 m²)、中型斑块(100~400 m²)和大型斑块(>400 m²)3 类。3 处社区中绿地斑块大小的分布存在着比较明显的差异,如位于市中心的瑞金社区,由于交通便利、居住人口密集,绿地空间相对较小,中小型绿地斑块数量占总斑块数的 74.6%,但其面积却只占 11.1%,可见其现状绿地斑块的破碎化程度很高,小区绿地斑块和其他绿地斑块是中小型绿地的主要成分。中小型绿地可以为社区居民提供日常生活、休闲娱乐的场所,承担相应的社会服务功能,并发挥对降雨径流的分散性管理和径流污染源头控制功能,但由于其破碎化程度较高,连通性较差,社区绿地的总体生态效益偏低。

莘城社区的绿地斑块主要是以大中型为主。小型斑块的数目占到总斑块数的 32.2%,而其面积只占到总绿地面积的 1.2%;中型斑块的数目占到总斑块数的 28.0%,其面积仅占到绿地总面积的 11.1%;大型斑块的数目占到总斑块数目的 39.8%,面积占到 94.4%。在莘城社区的现状绿地格局中,中小型绿地主要分布在小区绿地、道路绿地以及其他绿地中;大型斑块以小区绿地和公园绿地为主。

方松社区绿地斑块是以大中型绿地斑块为主(表 2-3)。斑块面积<100 m² 的小型斑块的数目占到总斑块数的 29.4%,而其面积占总绿地面积的 1.2%;斑块面积在 100~400 m²

的中型斑块的数目占总斑块数的 37.4%,其面积仅占绿地总面积的 5.3%;斑块面积>400 m² 的大型斑块的数目占到总斑块数目的 33.2%,其面积占绿地总面积的 93.5%。在方松社区的现状绿地格局中,中小型绿地斑块以道路绿地和居住小区绿地为主,大型绿地斑块主要分布在公园绿地和居住小区绿地中。

表 2-3　上海松江区方松社区绿地斑块规模分析

斑块类型	斑块规模	公园绿地	居住小区绿地	道路绿地	其他绿地
小型斑块	斑块数目/个	7	37	114	7
	斑块面积/m²	487	2 118	6 760	510
中型斑块	斑块数目/个	14	62	115	19
	斑块面积/m²	3 342	15 627	21 711	3 601
大型斑块	斑块数目/个	50	80	33	24
	斑块面积/m²	296 835	390 604	293 835	62 646

(2)类型水平分析

为分析上海城市社区绿色基础设施的空间分布特征,选取斑块数目、斑块面积、斑块密度、景观形状指数、平均斑块分维度和聚集度指数 6 个指标(表 2-4)。

表 2-4　上海城市社区斑块类型水平不同类别绿色基础设施景观格局指数

社区名称	绿地类型	斑块数目/个	斑块面积/hm²	斑块密度/(个·km⁻²)	景观形状指数(LSI)	平均斑块分维度	聚集度指数(AI)
黄浦瑞金社区	公园绿地	16	8.22	9.29	7.16	1.15	99.64
	小区绿地	241	9.68	140.62	22.52	1.16	98.27
	道路绿地	26	1.50	15.11	12.16	1.11	97.71
	其他绿地	115	14.78	66.82	13.53	1.18	99.18
闵行莘城社区	公园绿地	15	7.00	8.21	5.51	1.11	99.58
	小区绿地	246	47.12	136.75	29.29	1.20	98.97
	道路绿地	81	4.41	44.31	14.18	1.10	97.71
	其他绿地	87	5.32	47.59	15.06	1.19	98.47
松江方松社区	公园绿地	72	30.06	30.53	13.77	1.13	99.42
	小区绿地	179	40.83	76.74	29.41	1.17	98.89
	道路绿地	262	5.79	45.12	15.12	1.12	96.66
	其他绿地	50	6.68	21.20	10.88	1.17	99.04

由表 2-4 可知,瑞金社区中其他绿地斑块类型面积远大于其他 3 类斑块类型的面积,公园绿地的斑块数和斑块密度小于其他 3 类绿地,这反映了瑞金社区中公园绿地的景观破碎化程度小于其他 3 类绿地;小区绿地、道路绿地和其他绿地的景观形状指数、平均斑块分维

数都相对较大,这反映出这3种绿地类型的斑块形状较公园绿地更复杂,形状更加不规则。其原因可能是瑞金社区地处上海中心城区,用地类型复杂,小区绿地、道路绿地和其他绿地分布广泛,具有最多的斑块数,并与其他用地类型相互嵌套,边界易被切割成不规则的锯齿状,边界越曲折其分维数自然就越高。

莘城社区道路绿地、公园绿地和其他绿地的斑块类型面积与小区绿地的斑块面积相比明显偏小,这反映了莘城社区绿地建设以居住小区绿地为主。同时,小区绿地的斑块数目与斑块密度也远大于其他3类绿地。公园绿地斑块数目、斑块密度、景观形状指数等均小于其他3类绿地。说明莘城社区小区绿地斑块破碎化程度最高,公园绿地的景观破碎化程度相对较小。其他绿地和道路绿地的景观形状指数与平均斑块分维数较高,反映了道路绿地和其他绿地的斑块形状较复杂。这可能是道路绿地与其他绿地相互邻接,同时被众多的小区绿地分割所致。

在方松社区中,小区绿地和公园绿地占据主导,公园绿地与小区绿地面积相当,而其他两类绿地面积较少。小区绿地斑块数和斑块密度较大,反映了小区绿地的景观破碎化程度高。同时,小区绿地的景观形状指数和平均斑块分维数较大,也反映了小区绿地形状较其他3类绿地形状更加不规则,受人类活动干扰更严重。

景观中或者单纯某一类型的绿地景观的破碎化程度可以由景观斑块的破碎化程度来反映。景观类型的破碎化程度可以由景观类型的斑块密度直接反映。较高的景观破碎化程度将导致生物栖息地减少并改变局部温、湿度和微气候,同时会改变绿地斑块之间的相关性,影响绿色基础设施系统的环境功能。较高的绿地斑块破碎化程度会引起斑块平均面积的减小、数量增加、形状区域不规则且边界延长,增加了边缘效应,缩小了内部生境面积,导致了斑块之间被廊道截断,造成了斑块之间的彼此隔离。由图2-5可知,上海城市社区现状绿地中,瑞金社区和莘城社区的居住小区绿地类的破碎化程度远高于方松社区。

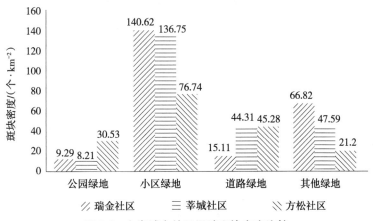

图2-5　上海城市社区绿地斑块密度比较

平均斑块分维数(FRAC_MN)描述的是景观类型形状的复杂程度,能够反映人类活动对景观的干扰,分维数越接近于1,其斑块的自相似性就越强,那么其斑块形状就越规则。一般而言,景观格局中相对规则的是人为景观,而通常表现出比较复杂的边界形状往往自然条件比较丰富。由图2-6可知,上海城市社区中道路绿地的斑块最规则,其他绿地和小区绿地的斑块自相似性最低,其形状也相对复杂,说明其自然性相对较高,具有承担绿色基础设施环境和社会功能的基础。

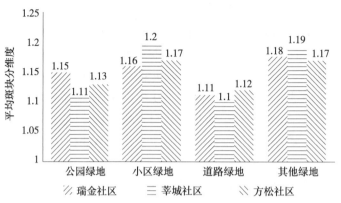

图2-6　上海城市社区绿地斑块平均分维度比较

就上海城市社区绿地斑块的平均分维度比较而言,莘城社区的道路绿地的 FRAC_MN 最小,反映了社区道路绿地斑块形状比较统一,其形状复杂程度较低。小区绿地和其他绿地的平均斑块分维数较大,表明这两类绿地较为复杂,形状更加不规则。造成这种现象的原因可能是社区中小区绿地和其他绿地分布广泛,具有较多的斑块数,且与其他类型的绿地相互嵌套和穿插,边界很容易被切割成不规则的锯齿状,边界越曲折分维数越高。

聚集度指数从宏观角度上反映了斑块的聚集程度,聚集度指数越大则说明绿地由少数团聚的大斑块组成,反之则由许多小斑块组成。由图2-7可见,上海城市社区中各类型绿地的聚集度都较高,其中公园绿地、小区绿地和其他绿地的聚集度相对较高。莘城社区中居住小区绿地的聚集度较高,与莘城社区小区绿地景观破碎度较高相矛盾。这可能是由于莘城社区人口分布相对集中,小区绿地斑块虽然破碎,但整体分布却相对集中。社区中公园绿地、小区绿地和其他绿地具有过高的聚集度,不利于促进社区绿色基础设施系统多网络中心结构的形成与系统的稳定,同时也不利于社区中分散性绿色基础设施对雨水径流的分散性源头控制。

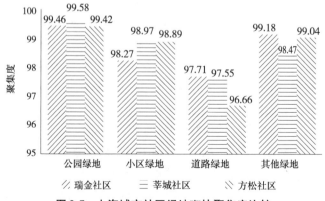

图2-7　上海城市社区绿地斑块聚集度比较

（3）景观水平分析

在景观水平上选取了破碎化指数、蔓延度指数、连接度指数、廊道密度指数、多样性指数、均匀度指数 6 个指数进行社区绿地景观格局分析（表 2-5）。

表 2-5　上海城市社区绿地斑块景观水平指数分析

社区名称	破碎化指数 （FN）	蔓延度指数 （CONTAG）	连接度指数 （CONNECT）	廊道密度 指数 T	多样性指数 （SHDI）	均匀度指数 （SHEI）
瑞金社区	0.77	76.16	40.07	2.71	0.74	0.46
莘城社区	0.45	69.02	53.18	5.62	0.95	0.59
方松社区	0.40	66.14	70.61	6.25	1.04	0.65

破碎化指数（FN）数值介于 0～1，其值越大，说明破碎化程度越高，从表 2-5 中的数据可知，瑞金社区的绿地景观破碎化程度最高，而莘城社区和方松社区的绿地景观破碎化程度明显低于瑞金社区的绿地景观破碎化程度。且瑞金社区、莘城社区和方松社区的蔓延度指数分别为 76.16、69.02 和 66.14，即瑞金社区绿地的蔓延度最高，而方松社区的绿地分布最为均匀，各类型的绿地斑块间空间联系较为紧密，而瑞金社区绿地景观连通度相对较小。此外，方松社区廊道绿地相对完善，而瑞金社区廊道绿地对于方松社区和莘城社区廊道绿地建设相对薄弱。

由数据分析可知，就 Shannon's 多样性指数（SHDI）而言，方松社区＞莘城社区＞瑞金社区。这反映了在 3 个社区中，方松社区的各类型绿地的分布最均匀，丰富度也最高，而瑞金社区较其他两个社区的均匀性差距较大，各类型绿地的分布均匀度较差，丰富度也较低。景观均匀度的排序与多样性指数相同，这也验证了多样性分析的结果，即相比较瑞金社区和莘城社区，方松社区的绿地景观均匀度指数依然最大，瑞金社区最小，这也反映了位于上海城市中心的社区绿地格局与位于远郊的社区绿地格局的差异性。

综上所述，上海城市社区现状绿色基础设施格局的分析结果表明：社区的绿色基础设施空间格局存在显著的差异性，如黄浦区瑞金社区形成了以东北部公园绿地与其他绿地景观为主导、居住小区绿地景观与道路绿地景观分布不均衡的空间布局现状。而闵行区莘城社区和松江区方松社区则形成了以中央公园绿地为主导、外围小区绿地与其他类型绿地斑块围绕的空间布局方式。从景观水平的指数分析结果可知，方松社区的绿地格局的生物多样性最高，绿地斑块之间的连接度较高，且绿地廊道建设相对完善，有益于区域内绿地斑块环境生态功能的提升。而瑞金社区内的绿地斑块则分布不均衡，破碎化程度较高，绿地斑块的连接度低，且绿地廊道建设不完善，导致绿地空间的连贯性较差，受人工干扰的强度较高，现状绿地系统的社会和环境功能较低。

导致该结果的原因可能如下所述。

①瑞金社区地处上海城市中心，居住密度大，居住聚落以传统里弄为主，建设时间较早，缺乏系统性的绿地系统规划，绿地斑块小而破碎。

②莘城社区与方松社区均从 20 世纪 90 年代开始规划建设，其绿地的系统性与布局合理性都相对较好，且绿地类型丰富、连续性较强，具备优良的绿色基础设施系统建设潜力。

三、城市绿色基础设施景观结构评价体系

在综合分析和比较上海市黄浦区内瑞金社区、闵行区内莘城社区和松江区内方松社区现状绿色基础设施景观格局特征的基础上,对影响绿地雨洪调蓄功能的指标建立评价体系,以对城市社区中现有的绿地系统的生态功能综合评价,揭示城市绿地系统在空间结构层面存在的问题,为城市基于雨洪管理功能的、宏观尺度的城市绿色基础设施和低影响开发设施的格局调整和优化奠定基础。

对城市社区绿地现状进行综合评价的目的是判断城市绿地系统的布局是否合理、功能是否高效、结构是否具有可持续性,这就需要从社区绿色基础设施的景观格局、结构的可持续性、雨洪管理环境功能这3个方面来考虑。结合已有的绿地评价指标体系研究、景观生态学和雨洪管理对城市绿地规划设计和建设管理的要求,建立三级评价指标体系,从水平层面和垂直复合层面及宏观、中观和微观多尺度,对社区绿色基础设施的景观格局、结构特征、雨洪管理功能进行综合评价(表2-6)。建立此评价体系的目标是评价社区绿色基础设施景观格局的合理性A1,结构特征的可持续性A2及雨洪管理功能的有效性A3,并针对3个评价目标,从社区绿色基础设施景观格局B1、结构特征B2和雨洪功能B3这3个准则层进行评价。代表社区绿色基础设施景观格局目的相关指数如绿地率C1、人均绿地面积C2、物种丰富度C3、绿地斑块破碎度C4、绿地斑块蔓延度C5、绿地斑块连接度C6、多样性指数C7、均匀度指数C8和廊道密度指数C9,以从单个斑块、类型、景观结合廊道等多个层面对社区绿地的景观格局进行评价。代表社区绿地结构特征B2的具体指标层包括绿化覆盖率C10、乔木冠层盖度C11、强截留能力植物覆盖率C12、可透水表面面积比例C13、自然蓄水面积比例C14、地形要素比例C15、土壤物理结构特性C16和植物适生性C17等指标构成。而社区绿地系统的雨洪功能则由服务面积C18、冠层截留能力C19、土壤蓄水能力C20、瞬时暴雨滞留能力C21、径流污染削减能力C22等5项指标进行表征。最终形成的综合评价指标体系包含3项目标层、3项准则层和22项指标,具体指标的计算和评价方法见表2-7。

表2-6 上海城市社区基于雨洪管理功能的绿色基础设施系统综合评价体系

目标层	准则层	指标层
A1	B1 景观格局	C1 绿地率
		C2 人均绿地面积
		C3 物种丰富度
		C4 绿地斑块破碎度
		C5 绿地斑块蔓延度
		C6 绿地斑块连接度
		C7 多样性指数
		C8 均匀度指数
		C9 廊道密度指数

续表

目标层	准则层	指标层
A2	B2 结构特征	C10 绿化覆盖率
		C11 乔木冠层盖度
		C12 强截留能力植物覆盖率
		C13 可透水表面面积比例
		C14 自然蓄水面积比例
		C15 地形要素比例
		C16 土壤物理结构特性
		C17 植物适生性
A3	B3 雨洪功能	C18 服务面积
		C19 冠层截留能力
		C20 土壤蓄水能力
		C21 瞬时暴雨滞留能力
		C22 径流污染削减能力

表 2-7 基于雨洪管理功能的城市绿地系统评价指标计算方法

指标层	计算方法及评价途径
C1	直接反映了社区中绿地在整个景观中的比例结构,由绿地总面积比上社区总面积
C2	可以直观看出社区中人均绿地的拥有量,是社区绿地面积与人口的比值
C3	物种丰富度 R 即社区绿地中所有物种的总和 m。相对丰富度 R_t 和丰富密度 R_d 适合不同景观之间的比较。$R_t = (m/m_{max}) \times 100\%$;$R_d = (m/A) \times 100\%$($m_{max}$ 为物种树木最大值,A 为面积)
C4	破碎化指数反映整个绿地景观或者某一类型绿地景观的破碎化程度
C5	某一斑块类型在整个绿地景观空间上分布的聚集趋势就是蔓延度。蔓延度是对景观质地的描述,它能反映不同斑块类型的邻接状况
C6	这一指数的计算与斑块类型尺度上的联通性指数相似,只不过其应用范围扩展到景观中的所有斑块类型
C7	SHDI 是景观中各类型斑块面积比重(p_i)与其自然对数乘积的总和的相反数,计算时并不需要计算绿地景观中的背景面积
C8	SHEI 是 SHDI 比上斑块类型的面积比重(p_i)的自然对数
C9	廊道的总长度 L 与景观总面积 A 的比值,可以用来描述整个景观的破碎化程度
C10	根据绿化覆盖率与截留能力关系以及截留目标、一般绿地及国外水平比较,给定绿化覆盖率分值
C11	根据乔木覆盖率与截留能力关系以及截留目标、一般绿地及国外水平比较,给定乔木覆盖率分值

续表

指标层	计算方法及评价途径
C12	根据植物截留能力筛选强截留能力植物名录,调查绿地中强截留功能性植覆盖率比例,计算放比例与截蓄水能力关系,给出合理性评分
C13	根据绿地蓄水截水目标要求,确定透水面积比例等级要求,与国外高水平比较,确定评分标准
C14	根据绿地蓄水、调节能力要求,确定包括水体、湿地、雨水花园、植草沟体等面积,结合与国外高水平比较,确定比例合理性
C15	与绿地排水和蓄水能力相关的地形的场地占总面积的比例
C16	渗透系数、饱和含水量、总孔隙率、有机质含量。利用三参渗透仪和双环渗透仪测定土壤含水量及渗透系数随时间变化过程,并用主成分法计算土壤综合指数,给出评分
C17	根据植物耐水性、耐旱性、抗病虫害给出综合评分
C18	计算绿地除了蓄含自身雨水外,还能处理多少面积硬质地面产生的径流,与一般绿地及国外高水平比较,分级评分
C19	根据绿地植物截留能力及面积计算,与无植被及全部高截流能力植被截蓄能力对比,分级评分
C20	测定土壤饱和含水量与蓄水土壤厚度,与一般绿地及国外高水平比较
C21	根据绿地下渗过程,测定达到稳定下渗率的时间,作为洪峰延迟能力评价指标。根据一般绿地及理想洪峰延迟时间需求,给出评分
C22	测定地表径流和绿地地下 $0.5 \sim 0.8$ m 水样中污染物(TSS、COD、$NH_4^+—N$、TP)量差异,与一般绿地及国外高水平比较

  社区绿色基础设施景观结构综合评价可以衡量绿地斑块空间分布的合理性。就分析比较的结果而言,方松社区的绿地斑块景观结构和空间分布的合理性均优于莘城和瑞金社区。但是莘城社区绿地内的物种丰富度较高,各类型的斑块绿地均匀分布。瑞金社区的绿地率和斑块连接度均较低,而蔓延度却较高。其原因可能是对于表征社区绿地景观基本构成的 3 项指标即绿地率、人均绿地面积和物种丰富度,影响其基本构成的主因子是人均绿地面积。由于瑞金社区地处繁华的市中心,建成时间较早,缺乏系统性的绿色基础设施规划,且人口密集,居住空间和公共空间有限,使得其人均绿地面积远远低于方松社区和莘城社区,影响了景观基本构成及结构的综合的评价。在破碎度指数、连接度指数、蔓延度指数、多样性指数、均匀度指数和廊道密度 6 个指标中,连接度指数和廊道密度指数是影响社区绿色基础设施景观格局的主要因素,而其主要描述的对象是绿地景观廊道状况。

  由社区绿色基础设施景观结构和景观格局所表征的空间布局的合理性将影响社区绿色基础设施环境功能的发挥。由评价结果可知,方松社区的绿色基础设施空间布局的合理性优于莘城社区和瑞金社区,即方松社区绿地所具有的环境功能也相应较强,其功能提升潜力也相对较大。造成这种格局和功能差异性的主要因素包括绿地斑块破碎度、连接度及均匀度等。较大的绿地斑块破碎度不利于物种之间的物质与能量的交换与循环。例如,方松社区绿地景观破碎度最小,且绿地廊道建设较瑞金和莘城社区更完善。同样,瑞金社区较差的绿地景观斑块连接度和不完善的绿地廊道也阻碍了各个小型绿色基础设施场地之间的物质与能量的流动,无法发挥有效的绿地环境功能。此外,瑞金社区绿地的多样性指数与均匀度指数均较低,且其绿地多样性与均匀度的不足均影响了社区绿地生态系统的生态服务功能。

综上所述,影响上海城市社区绿色基础设施环境功能有效性的主要问题有 3 点。首先,社区绿色基础设施的景观结构单一,斑块的空间分布不均衡;其次,社区绿色基础设施的景观破碎度较大,影响了雨洪管理等绿色基础设施环境功能的有效性;最后,由于现状社区绿地斑块之间仍缺乏连接廊道及网络,影响了物质和能量的持续流动。

例如,瑞金社区的现状绿地斑块分布不均,整体景观格局的协调性和稳定性较差。社区绿地中其他绿地的面积占主导,小区绿地面积稍显不足,公园绿地面积相对较小。社区内各种类型的空间分布不均衡,尤其是其他绿地和公园绿地,其斑块面积极差和斑块面积中值都远大于其他两类绿地。莘城社区绿地斑块同样表现出分布不均衡的问题,但其空间分布的合理性要优于瑞金社区绿地。莘城社区以小区绿地为主,其绿地斑块面积极差和斑块面积中值都稍大于其他 3 类绿地,表明莘城社区中的小区绿地斑块分布不均衡。方松社区的绿地系统的景观格局相对优于莘城和瑞金社区,绿地斑块分布相对均衡,破碎度较小,有益于绿色基础设施系统的构建。

瑞金、莘城、方松社区中的小型和中型斑块数量较多,表现出较高的破碎化程度,如小区绿地和道路绿地。斑块之间缺乏联系,削弱了社区绿地整体环境功能的发挥。从破碎化指数来看,瑞金社区整体破碎化程度较高,且小区绿地的破碎化程度最高,公园绿地的破碎化程度最低。

瑞金社区绿地廊道密度指数为 2.7 km/km²,廊道分布不均匀且主要集中干道两侧。莘城社区中的绿地廊道建设优于瑞金社区,但却并未形成网络状的空间联系。方松社区绿地廊道系统主要沿道路和公园分布,形成了相对比较完善的绿地廊道网络,具备构建具有雨洪管理功能的分散性绿色基础设施系统的条件和潜力。

第二节　城市绿地雨水调蓄能力分析评估

一、上海城市降雨量及强度分析

上海位于北纬 31°14′,东经 121°29′,居于我国大陆海岸线的中心,是长江流域的门户,东濒浩瀚的东海,西连富庶的太湖流域,南临杭州湾,北届长江,是中国最大的江海港口。上海的气候属北亚热带季风气候,四季分明,雨量充沛,平均年降雨量约为 1 150.6 mm,全年

70%以上的雨量集中在5—9月的汛期,汛期易受到热带气旋暴雨的袭击。上海是典型的平原河网城市,是长江三角洲冲积平原的一部分,地势平坦,境内除西南部有少数丘陵山脉外,多为低平的平原,地势总趋势由东向西低微倾斜,平均海拔高度约为4 m。

1. 上海城市降雨量趋势分析

根据1873—2008年上海年降雨量距平和趋势(图2-8),可见上海年降水量的变化比较复杂,2000年以后降水偏多,总体有微弱增加的趋势。1991—2014年,上海平均年降水量为1 132.9 mm,比前30年年降水量的平均值增加11%(图2-9)。城市化是影响其下风向降水量变化的可能原因之一,其影响机制包括热岛效应、阻碍效应和凝结核效应。如在有利于对流性天气发生的条件下,城市热岛可能产生叠加机制,即湿热的不稳定空气层结条件下由热岛上升气流触发的暴雨;且城市高大建筑物的粗糙程度大于空旷地区,能减缓降水系统的移动速度使其在城区滞留,导致降水强度增大,降雨时间延长;此外,悬浮颗粒物中硫酸盐、盐酸盐含量高,容易形成城市高密度凝结核。

就降雨量分布情况而言,总体上呈现南多北少的特征。上海平均年降雨量日数为122~136 d,南部金山降雨日数最多,与最少的宝山相差111 d;年降水日数的区域差异性有所增大,闵行、松江和宝山的降水日数减少最多;各季节降水日数的增减变化幅度的地区差异性较小。

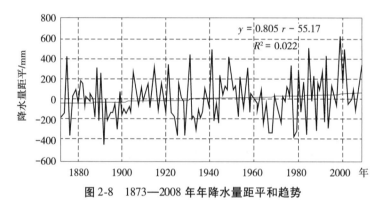

图2-8　1873—2008年年降水量距平和趋势

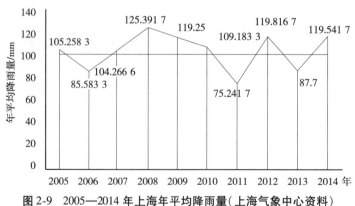

图2-9　2005—2014年上海年平均降雨量(上海气象中心资料)

此外,上海地区各级降水日数以小雨日数地区变化差异最大,如宝山、闵行和松江减少 8 ~ 11 d,南汇、金山仅减少 1 d,中雨日数以黄浦、闵行、宝山和松江增加较多,大雨和暴雨的日数变化地区差异性较小,大部分地区仅增加了 1 d 左右。

2. 上海城市降雨强度分析

除降雨量之外,降水强度也是影响城乡绿地蓄水功能的重要自然环境因素之一。降雨强度表示单位时间内(d)降水量的大小,也代表了降水量的可利用程度。一般根据过程雨量来划分暴雨强度,如大雨的过程雨量 25 ~ 50 mm/24 h,中雨的过程雨量在 10 ~ 25 mm/24 h,小雨的过程雨量在 <10 mm/24 h。根据上海 1979—2008 年的降水数据,大雨、中雨和小雨分别占 14%、27% 和 59%,可见小雨和中雨占总暴雨的一半以上;48% 的降水是局部性的,22% 的降水是小片区的,仅 15% 的降水是整个上海市的;80% 的降水过程不超过 1 d,其中短、特短暴雨分别占 18% 和 17%,最大雨强达 16.1 mm/h。短时暴雨雨强越大,越容易导致城市水涝问题。由于近年上海地区降水量增加,而降水日数却有所减少,致使年平均降水强度达 9.2 mm/d,比前 30 年增强了 12%,各季降水强度以夏季(6—8 月)和冬季增强最明显,增大幅度为 23% ~ 48%。上海各区县的平均降水强度 8.6 ~ 10.1 mm/h,黄浦和浦东的降雨强度最大,增强了 15% ~ 17%,而西南郊区金山的降雨强度最小,增强仅 5%。降水强度最高的市区与最低的金山之间相差约 1.5 mm/d,且降水强度的地理分布差异有明显增大。从不同强度降水频次的年际变化来看,1991 年以后小雨有逐渐减少的趋势,而中雨和大雨的发生频数却有逐年增多的趋势,年平均中、大雨发生频数同比增多约 1.6 次。近 30 年,上海地区降水主要出现在 5—9 月,集中于 8、9 月,中、小雨分布均匀,以小雨最多,中雨次之,大到暴雨最少。综上所述,1995 年以来,上海地区 5—9 月降水特征逐渐转向强、中、局部、特短的方向演变,且年平均降水雨强增加(以 50.9 mm/10 a 速度递增),短时局部性强降水产生的大量地表径流易对农田、城市交通、地下建筑等产生不利影响,已经成为上海地区最有破坏力的气象灾害之一。

以上海宝山站 2001—2010 年分钟降雨数据为基础,对上海的降雨短历时强度特征进行分析,并将数据划分为不同场次的独立降雨事件,以分析各降雨事件最大小时降雨强度的频率分布特征。最大 1 h 降雨强度的分析结果表明,90% 的降雨事件强度不超过 10 mm/h (图 2-10)。根据上海市排水系统 1 年一遇 36 mm/h 重现期标准,仅有 12 场降雨达到或高于该设计标准,4 场高于 3 年一遇重现期标准(50 mm/h),2 场高于 5 年一遇重现期标准(57 mm/h)。因此,从灰色基础设施(排水系统)设计角度,降雨短历时强度的出现频率基本与设计频率相吻合。但近 5 年来,上海的短历时强降雨频率增多,这无疑会增加城市灰色基础设施的负荷,加剧城市内涝风险。

综上所述,受到城市热岛效应、阻碍效应和凝结核效应等因素的影响,近 10 年上海平均年降雨量增加约 11%,降雨强度增强约 12%,且 90% 降雨的瞬时雨强约在 10 mm/h,即以小雨和中雨为主。由于城市雨岛效应,上海市区的降水增幅较大平均年增长率高于周边郊县约 0.5 倍;降雨强度也以黄浦和浦东等地区最大。短时降水强度的增大容易导致地表径流量增加,径流系数增大,灰色基础设施负荷增大,城市内涝风险提升。可见,相比近郊及远郊地区,上海市区的水生态环境恢复面临着更大的困难和挑战,对城市低影响开发设施的需求也更迫切,其目标主要是应对小雨和中雨产生的径流影响,这也符合海绵城市的雨洪管控功能的服务范围。

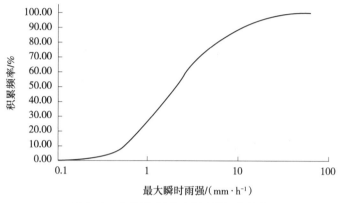

图 2-10　上海最大瞬时降雨量频率分布

二、上海城市绿地径流水质分析

已有研究表明,下垫面材质和性质的差异性对雨水径流水质的影响极大,相较于沥青、混凝土等不透水铺装地面,绿地地表径流的水质有明显的改善。原因主要是植物及土壤对雨水径流中的污染物有净化作用,可以去除雨水径流中的悬浮颗粒物及难以降解的 COD 等污染物。初期雨水中产生的径流污染比较严重,即初期淋洗效应,尤其是最初的 30 min 径流历时形成的初期径流,其有机污染物及悬浮固体污染物的含量较高,甚至成为城市水环境面源污染的主要污染源。因此,利用低影响开发设施对初期雨水径流进行净化和控制是必要的。一般情况下,绿地径流的污染程度较轻,可进行 2 mm 左右的初期弃流。

利用自制雨量计在上海城市绿地中不同植物群落类型(400 ~ 600 m²)取地表径流混合水样,每 15 min 取样一次,共计 120 min,每样品取 1 L 置入水样瓶,以标签注明采样地点与时间。雨水径流水质检测指标主要包含化学需氧量(COD)、氨氮(NH_4^+—N)、悬浮颗粒物(SS)、总磷(TP)、总氮(TN)等。根据国家环保局的标准,SS 用滤纸法测定,TN 用过硫酸钾氧化—紫外分光光度法测定,TP 用过硫酸钾消解—钼锑抗分光光度法测定,COD 采用比色法测定(HACH DR、2010 型 COD 测定仪),NH_4^+—N 采用纳氏试剂分光光度法测定。

随着径流历时的延长,雨水径流的污染物浓度逐渐下降,虽然受降雨强度等因素的影响,径流水质有一定的波动,但波动的幅度较小,并最终趋于稳定。根据上海城市绿地径流样本水质的检测结果可知,径流污染物的浓度随径流历时变化曲线近似于指数变化曲线(表2-8、图2-11)。

表 2-8 上海城市社区绿地径流水质历时变化

径流历时	0	15	30	45	60	90	12
$COD/(mg \cdot L^{-1})$	356.2	289.3	245.4	189.5	167.6	87.3	75.4
$NH_4^+-N/(mg \cdot L^{-1})$	9.37	8.01	7.58	3.47	1.12	0.98	0.48
$SS/(mg \cdot L^{-1})$	406.2	312.5	234.4	178.3	103.5	85.6	73.8
$TP/(mg \cdot L^{-1})$	9.66	7.24	5.62	2.85	1.45	1.12	0.98
$TN/(mg \cdot L^{-1})$	36.6	29.9	21.8	11.4	8.27	5.73	4.27

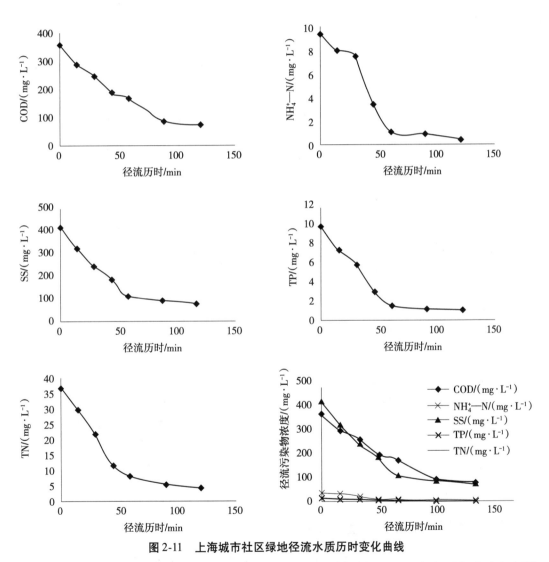

图 2-11 上海城市社区绿地径流水质历时变化曲线

由上述上海城市绿地径流水质检测的结果分析表明,雨水径流污染主要包含有机污染和悬浮固体污染,污染程度较轻,径流水质随降雨历时延长,污染物的浓度逐渐下降,并最终趋于稳定(大雨及中雨的稳定水质差异性较小)。此外,城市绿地对雨水径流中的污染物具有削减的效果,对不同雨强(小雨、中雨、大雨)初期降雨及径流进行取样,并对入水和出水的水质进行检测分析,以得出不同雨强条件下城市绿地对径流污染物的削减能力(表2-9)。

表2-9 不同降雨强度下上海城市绿地径流污染物削减量

降雨强度	水质指标	COD /(mg·L⁻¹)	NH₄⁺—N /(mg·L⁻¹)	SS /(mg·L⁻¹)	TP /(mg·L⁻¹)	TN /(mg·L⁻¹)
小雨	进水水质	86.2~395.7	0.57~10.6	92.1~462.1	1.26~11.1	5.16~42.5
	出水水质	75.4~356.2	0.48~9.37	73.8~406.2	0.98~9.66	4.27~36.6
	污染去除率/%	10~12.5	11.7~16.4	12.1~19.8	13~22.3	13.9~17.3
中雨	进水水质	87.2~123.6	0.56~6.81	95.3~323	0.96~6.93	4.11~29.8
	出水水质	69.6~104.2	0.44~5.77	64.3~276.2	0.65~5.85	2.97~25.4
	污染去除率/%	15.7~20.2	15.3~21.2	14.5~27.2	15.6~32.5	14.7~27.8
大雨	进水水质	41.4~99.7	0.2~1.49	39.3~211.3	0.15~1.68	1.3~14.3
	出水水质	37.4~96.2	0.16~1.37	31.6~196.3	0.11~1.47	1.01~12.8
	污染去除率/%	3.5~9.7	8.2~19.7	7.1~19.6	12.4~25.2	10.4~22.2

综合以上图表可得,进出的雨水污染物的浓度变化范围较大,而城市绿地对径流污染物去除率的变化幅度也相对较大。不同降雨强度下绿地对径流水质的影响也有差异,如小雨时绿地对TP的去除率相对较高,可达22.3%,对COD、NH₄⁺—N、SS、TN的去除率也均为10%~20%;中等雨强绿地对径流污染物有较好的去除效果,去除率均高于14%,最高可达32.5%;雨强较大时绿地与径流污染物的去除效果有显著下降,原因可能是土壤颗粒对不同污染物的吸附能力不同。但与下凹式绿地相比,平地或抬升式绿地对污染物的去除率相对较低。已有的研究表明,下凹式绿地对COD、NH₄⁺—N、SS、TP、TN的去除率平均值分别为44.4%、56.6%、46.5%、42.3%和58.7%;雨强较小时下凹式绿地对TP的去除量相对较高,最高可达47%,对COD、NH₄⁺—N、SS、TN的去除率为20%~30%;中等雨强时去除率最高可为70%~80%;大雨时下凹式绿地对各项污染物的削减效果略低于中等雨强。在同一场降雨中,初期径流雨水的污染物浓度高于后期雨水,降雨初期下凹式绿地对COD、NH₄⁺—N、SS、TP、TN的去除效果比降雨后期分别高16.7%、16.5%、15.9%、55.8%和17.3%。可见,上海城市绿地及低影响开发措施对地表径流污染物的削减作用明显。

三、上海绿地土壤条件及特征分析

土壤入渗能力、孔隙度、饱和含水量、有机质含量等是影响城乡绿地雨水蓄积能力的重要因素。由于植物群落的雨水截留能力包含植物冠层、茎干截留、地表覆盖物和土壤等多个层面,因此城乡绿地(海绵体)对雨水径流的管理和削减主要依靠稳定入渗率、孔隙度、饱和含水量等土壤的物理性质和有机质含量等化学特征。

基于上述影响土壤入渗能力的因素,选取上海城市中心(1990年前建设)、近郊(1990—2000年建设)、远郊(2000—2010年之后),作为城市化进程的时间梯度代表性区域,并根据不同的用地类型和绿地的服务功能,选择社区绿地(黄浦瑞金社区、闵行莘城社区、松江方松社区)、公园绿地、商务区绿地、科教文卫绿地、道路广场绿地、工业区绿地中的168个样地进行实地踏勘和土壤采样。其中,土壤的采样深度为20 cm,采取梅花布点法,用于测量有机质含量的散土质量为500 g,利用IN8-W双环入渗仪测定土壤稳定入渗率(每个样地重复3次,每次稳定时间约1 h),并用环刀法测定每个剖面的土壤孔隙度、容重,通过上海交通大学分析测试中心测定土壤的有机质含量。

土壤的稳定入渗率、孔隙度、饱和含水量、有机质含量等4个理化特征是上海城市不同区位数,对现状绿地中土壤理化要素的调查和分析是不同功能的绿地海绵体对降雨径流的蓄渗功能必要而且紧迫的,同时也易于现状绿地在径流蓄能评估的基本要素。因此,为获得不同区位和功能的绿地海绵体土壤改良的建设目标和设计参数,对现状绿地中土壤理化要素的调查和分析是必要而且紧迫的,同时也易于现状绿地在径流蓄渗方面现存问题的揭示和应对策略的提出。

公园绿地按照市级公园、区级公园、社区公园的等级分别选取调查样地。因为市级公园的功能综合,区级公园主要是满足游憩功能和景观功能,社区公园主要是满足休闲娱乐功能,因此按照不同等级分别选取调查对象结论将具有一定代表性。居住用地选择城市社区作为研究对象,易于寻找区域尺度的一般规律。科教文卫的选择根据大学、中学、小学的等级差异选取,以获得一般规律,并且,按照校园建设的时间分为老校园和新建的校园。工业区的用地类型和比例相对接近,在城市中心、近郊、远郊分别选取即可。商务办公区的选择按照市级和地区级区分,分别在中心城区和近郊分别选择一处商务办公区的绿地样地,远郊只有地区级商业中心。

1. 土壤入渗率及蓄水特征分析

不同质地(粒径)的土壤对雨水的蓄渗能力不同(表2-10)。其中,砂土、壤土等孔隙度较大的土壤类型雨水的入渗能力较强,在降雨过程中能迅速渗透雨水、起到削减地表径流、促进雨水下渗的作用。影响土壤入渗功能的因素有孔隙度、饱和含水量、有机质含量、含砂量、压实程度等理化性质(图2-12)。其中,孔隙度(尤其是非毛管孔隙度)与土壤入渗能力密切相关。

采用IN8-W双环入渗仪对土壤的稳定入渗率进行测定,每10 min测定一次,将续约1 h,以时间和入渗量为横纵轴,建立土壤入渗率关系曲线,以确定土壤的稳定入渗率。根据达西渗透定律公式(2-15),当水利坡度i约等于1时,土壤渗流速率u等于渗透系数K。

$$V = Ki \qquad (2\text{-}15)$$

$$i = \frac{h}{L} \qquad (2\text{-}16)$$

式中 V——渗流速率;

K——渗透系数土壤质地和成分相关;

i——水力坡度,与土壤质地无关,仅与流场形态相关;

h——总水头损失;

L——渗流路径长度。

表 2-10 不同质地土壤的渗透性能比较

	土壤类型	稳定入渗率范围/(mm·min^{-1})	平均稳定入渗率/(mm·min^{-1})
砂土	砂土	12.4	—
	壤质砂土	1～2.57	1.07
壤土	砂质壤土	0.25～1.96	0.94
	砂质黏壤土	0.24～1.82	0.71
	黏质壤土	0.028～1.7	0.69
	粉沙壤土	0.22～1.1	0.52
黏土	壤质黏土	0.07～0.72	0.29

实验结果显示,在上海市现有的绿地中,不同类型及功能的绿地的土壤入渗速率存在较大差异,如文教和居住社区中的绿地由于受人为活动的影响较小,其土壤的入渗速率远远大于其他功能的绿地,且 50% 以上的绿地土壤入渗率大于 5×10^{-3} mm/s,即表现出良好的渗透性(图 2-12)。而道路绿地则由于压实和踩踏等人为活动的影响而表现为土壤容重增大、孔隙度降低、渗透性减弱现象。

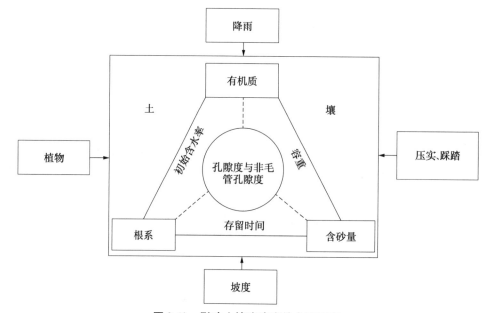

图 2-12 影响土壤稳渗率的主要因素

$$v = \frac{Q}{6A \cdot T} \tag{2-17}$$

式中　v——绿地土壤渗透速率，m/s；

　　　Q——入渗水量，L；

　　　A——内环面积，cm^2；

　　　T——时间，min。

土壤入渗能力将直接影响植物生长及绿地的雨水调蓄功能。因此，利用具有环境功能的城市绿地进行雨水调控时，需要根据土壤入渗情况进行选址，或改良原有土壤理化性质，使其达到入渗要求，才能充分发挥土壤的雨水调蓄作用。已有研究表明，建设促渗型绿地的土壤入渗率应大于$(6 \times 10^{-3} \sim 6)$ mm/min。相反，绿地的设计参数也会影响土壤的入渗能力，如当坡度为$5° \sim 15°$时，产流的时间逐渐减少，土壤稳渗率随着坡度的增大而减少，而在$10°$左右时土壤入渗率达到最大值。此外，绿地的下凹深度也是影响绿地在中观尺度发挥蓄渗雨水功能的重要因素。如德国下凹式绿地的建设标准要求土壤入渗率在$(6.0 \times 10^{-2} \sim 0.6$ mm/min，并结合植物的耐淹程度和安全性，将下凹的深度控制在 5～25 cm，雨水下渗时间不宜超过 24 h。

上海城市社区不同功能绿地土壤入渗率比较如图 2-13 所示。

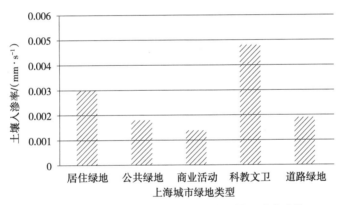

图 2-13　上海城市社区不同功能绿地土壤入渗率比较

在微观尺度，绿地土壤对雨水径流的蓄积和渗透能力是绿地海绵体发挥雨洪管控功能的关键，即土壤入渗速率和下凹程度等因素。通过土壤对雨水径流入渗和蓄积量的计算，能够反映城市绿地的蓄渗能力。计算方法如下：

$$N = \frac{S + I}{(PF_1 C_n + PF_2)/1\,000} \times 100\% \tag{2-18}$$

式中　N——蓄渗率，%；

　　　P——降雨量，mm；

　　　F_1——绿地的服务面积（不透水面积），m^2；

　　　F_2——绿地面积（透水面积），m^2；

　　　C_n——集水区的径流系数；

　　　I——下渗量，mm；

　　　S——蓄水量，m^3。

其中,下渗量 I 和蓄水量 S 可分别用式(2-19)和式(2-20)计算。

$$I = 60KjF_2T \qquad (2\text{-}19)$$

式中　K——土壤的稳定入渗速率,m/s;

　　　j——水力坡度,垂直下渗时 $j=1$;

　　　T——下渗时间,min。

$$S = F\Delta h \qquad (2\text{-}20)$$

式中　Δh——绿地的下凹深度,即下凹式绿地与路面或溢流口之间的高差,m。

在实测上海城市绿地现状土壤理化性质的基础上,根据式(2-18)至式(2-20)可以进一步分析城市绿地蓄积雨水及削减地表径流的能力,并结合上海城市中各功能绿地土壤入渗速率的概率分布,可以推算下凹式绿地的雨水蓄渗率(表2-11),为中观尺度低影响开发设施的建设提供理论基础。

表 2-11　不同设计参数下城市绿地的雨水蓄渗率

不同功能绿地	土壤稳定入渗速率 /(m·s⁻¹)	绿地下凹深度 /cm	雨水蓄渗率 /%
科教文卫	1.0×10^{-5}	0	24.1
		5	57.7
		10	91.2
居住邻里	5.0×10^{-6}	0	12.1
		5	45.6
		10	79.1
公共绿地	3.0×10^{-6}	0	7.2
		5	40.8
		10	74.3
商业活动	2.0×10^{-6}	0	4.8
		5	38.4
		10	71.9
道路交通	1.5×10^{-6}	0	3.6
		5	37.2
		10	70.7

由表2-11可知,由于土壤理化性质及践踏等因素的影响,上海城市中不同功能的绿地土壤蓄渗雨水的能力存在一定差异,而下凹式绿地对雨水的蓄渗能力明显高于平坦绿地。

2.土壤含水量及蓄水空间分析

土壤饱和持水量,在地势高、地下水位深的地方代表土壤中毛细血管悬着水的最大含量,而在地下水位高的低洼地区则接近毛管持水道,其数值反映了土壤保水能力的大小。

采点选取标准样,调查的土壤的主要物理特征包括土壤渗透率、土壤孔隙度、土壤饱和持水量、土壤有机质含量。由于土壤本身存在着空间分布的不均一性,因此应以地块为单位,多点取样,再混合成一个混合样品,以代表取样区域的土壤性状。研究土壤一般物理性质,如土壤容重、孔隙率和持水特性等,可利用环刀。环刀为两端开口的圆筒,下口有刃,圆筒的高度和直径均为 5 cm 左右。在自然状态下,用一定容积的环刀取土,采样点根据样地的面积为 5 ~ 10 个,采样深度约为 20 cm,1 kg,将所采土样装入布袋或聚乙烯塑料袋,内外均应附标签,标明采样编号、名称、采样深度、采样地点、日期、采集人。

将环刀托放在已知质量的环刀上,环刀内壁涂上凡士林,环刀刃口向下垂直压入土中,环刀筒内充满样品,土层坚硬时可慢慢敲打,环刀下压要平稳用力一致。用刀切开环刀周围的土样,取出已装上土样的环刀,削去环刀两端多余的土,擦净外面的土。同时在同层采样处用铝盒采样,测定含水量。把装有土样的环刀两端加盖,带回称重。称重后将土壤浸泡于水中,至毛管全部充满,使其含水量达到饱和,称重。之后将湿土放入烘箱中烘干至恒重(温度为 105 ~ 110 ℃)。土壤蓄水量可用式(2-21)计算,而土壤田间持水量可用式(2-22)计算。

$$土壤蓄水量 = 土壤饱和含水量 - 自然含水量 \qquad (2\text{-}21)$$

$$土壤田间持水量(\%) = \left[\frac{湿土重 - 烘干土重}{烘干土重} \right] \times 100\% \qquad (2\text{-}22)$$

城市远郊的绿地土壤的自然含水量和饱和含水量略高于城市近郊的绿地土壤,远高于城市中心区。而在城市中心区、城市近郊和城市远郊的绿地中,屋顶绿化由土壤改良、较少的踩踏等原因而具有最高的土壤自然和饱和含水量;其次是科教文卫绿地、街旁绿地和公园绿地;而由踩踏及养护管理等原因,广场绿地、道路绿地和商务办公区绿地的土壤饱和含水量较低,最低的是社区绿地。但是,受原顶绿化基质厚度的影响,就土壤蓄水空间而言,科教文卫区和公园绿地、街旁绿地的土壤蓄水潜力较大。

3. 土壤容重及蓄水特征分析

除土壤自身物理特征和植物根系影响以外,人为活动如压实与踩踏等会导致土壤孔隙度缩小和土壤容重增大等现象,从而影响土壤的入渗能力。当土壤受到的机械压实从 1 051 kPa 增加到 1 487 kPa 左右时,0 ~ 40 cm 的表层土壤紧实度会增加 29.3% ,10 ~ 20 cm 的土壤容重由 1.34 g/cm³ 增加到 1.44 g/cm³,3 h 入渗量可从 275.2 mm 降低到 143 mm,减少约 75.7%。城市绿地由其承担的休闲游憩等社会服务功能而受到机械压实程度较大,例如上海不同功能区内土壤均受到压实,土壤容重一般超过 1.3 g/cm³,其中交通道路、商业区等人流、车流量较大的区域和新建绿地压实最严重,土壤容重达到 1.45 g/cm³ 以上,通气孔隙率为 2.17% ~ 13.70% ,入渗速率一般小于 0.3 mm/min;学校、居住区和部分公园绿地入渗速率相对较好。

土壤容重指土壤在未受到破坏的自然结构的情况下,单位体积中的质量;土壤容重的大小与土壤质地、结构、有机质含量、土壤紧实度等有关系。砂土容重较大,而黏土的容重较小,一般腐殖质较多的表层容重较小。土壤容重不仅可以用于鉴定土壤颗粒间排列的紧实度,而且是计算土壤孔隙度和空气含量的必要数据。测定土壤容重的方法常用的有环刀法,计算方法如下。

$$d_v = \frac{(G_1 - G_0) \times 100\%}{V(100 + W)} \tag{2-23}$$

$$V = \pi r^2 h \tag{2-24}$$

$$D = \frac{d - b}{V} \tag{2-25}$$

式中 d_v——土壤容重,g/cm^3;

$\quad\quad W$——土壤含水量;

$\quad\quad H$——环刀高度;

$\quad\quad R$——环刀有刃口一端的内半径;

$\quad\quad V$——环刀的容积;

$\quad\quad G_0$——铝盒的质量;

$\quad\quad G_1$——铝盒及湿土的质量;

$\quad\quad D$——土壤比重;

$\quad\quad d$——铝盒与干土的质量;

$\quad\quad b$——铝盒的质量。

由表2-12及图2-14可知,上海不同区位的城市绿地土壤容重基本在1.3 g/cm^{3}以上,其中城市中心区绿地土壤容重略大于近郊和远郊地区的土壤。在城市中心区,社区绿地和商务办公区的土壤容重最高,可能的原因是人口密度较大,踩踏等现象严重,影响了土壤的结构。城市中心和城市近郊,公园绿地的土壤容重均高于广场和道路绿地,而在城市远郊地区,公园绿地土壤容重低于道路和广场绿地。可能的原因是土壤质地的变化、游人密度的减少和土壤改良的结果。

表 2-12 上海城市绿地土壤容重测量

区 位	绿地类型	土壤容重 /(g·cm^{-3})	绿地类型	土壤容重 /(g·cm^{-3})
中心城区	社区绿地	1.474	街道绿地	1.297
	商务办公	1.485	广场绿地	1.240
	科教文卫	1.124	街旁绿地	1.301
	公园绿地	1.273	屋顶绿化	1.103
	均值	1.305		
近郊	社区绿地	1.360	街道绿地	1.090
	商务办公	1.397	广场绿地	1.134
	科教文卫	0.987	街旁绿地	1.023
	公园绿地	1.212	屋顶绿化	1.012
	均值	1.152		

续表

区 位	绿地类型	土壤容重 /(g·cm⁻³)	绿地类型	土壤容重 /(g·cm⁻³)
远郊	社区绿地	1.321	街道绿地	1.364
	商务办公	1.347	广场绿地	1.237
	科教文卫	0.921	街旁绿地	1.215
	公园绿地	1.148	屋顶绿化	0.821
	均值		1.172	

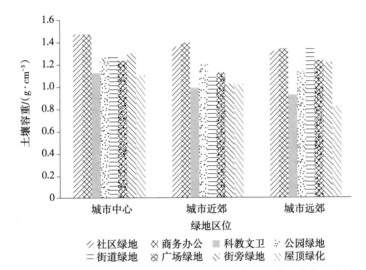

图 2-14 城市中心、城市近郊、城市远郊不同类型绿地土壤容重比较

4. 土壤孔隙度及蓄水特征分析

上海市绿化和市容管理局要求绿地中土壤的非毛管孔隙度达到 5% 以上。除有机质含量以外,植物根系的深度、广度、毛细根数量、穿插及分割方式等均对土壤的非毛管孔隙度、土壤团聚体等有极大的改善作用,如可增加土壤非毛管孔隙度 1.48% ~ 155.43%,增加有机质含量 13.33% ~ 111.11%,降低容重 1.7% ~ 15.5%,提高稳渗率 27.4% ~ 476.8%,并使土壤稳渗率为 0.14 ~ 16.27 mm/min。此外,乔木、灌木和草本植物根系对土壤理化性质的改善作用机理不同,乔木根系易于增加土壤的非毛管孔隙度,而草本植物根系在提高土壤有机质含量方面的能力优于乔木,这也从另一个层面说明乔灌草复层结构对土壤的结构改善作用更加明显。其中,当植物的根系径级在 0.55 mm 时(尤其是 <2 mm)对土壤入渗率的提高较明显,可达 0.98 ~ 1.00 mm/min。而植物的蒸腾作用也会促进根系消耗土壤中的水分(110 ~ 400 mm/a),从而使土壤更易于吸收降雨。

由于土壤的胶结、垒结,在土粒之间形成的土壤孔隙,即土壤孔隙度。单位体积的土壤中孔隙所占的百分数为土壤总孔隙度,直接关系到土壤的通气状况。土壤孔隙度一般无法

海绵城市建设与雨水资源综合利用

直接测量,而是通过测定土壤的容重、比重计算所得。

$$土壤总孔隙度\% = \left(1 - \frac{土壤容重}{土壤比重}\right) \times 100\% \qquad (2\text{-}26)$$

或者,

$$P = \left(1 - \frac{D}{d}\right) \times 100\% \qquad (2\text{-}27)$$

式中 P——土壤总孔隙度;

   D——土壤容重;

   d——土壤密度,一般采用 $2.65\ \mathrm{g/cm^3}$,或采用质量/体积的方法测定密度。

根据表 2-13 和图 2-15 可知,就土壤总体孔隙度而言,位于城市远郊的绿地土壤孔隙度远高于位于城市近郊和城市中心区域的土壤。其中,屋顶绿化土壤由改良和基质的原因,土壤的总体孔隙度偏大,科教文卫区次之,公园绿地、街旁绿地、街道绿地和广场绿地的土壤总体孔隙度大于社区绿地和商务办公用地。

表 2-13 上海城市绿地土壤自然含水量和饱和含水量

区　位	绿地类型	土壤孔隙度/%	绿地类型	土壤孔隙度/%
中心城区	社区绿地	44.37	街道绿地	50.95
	商务办公	41.23	广场绿地	53.22
	科教文卫	57.58	街旁绿地	50.89
	公园绿地	50.07	屋顶绿化	58.23
	均值	50.75		
近郊	社区绿地	48.68	街道绿地	58.88
	商务办公	44.21	广场绿地	60.76
	科教文卫	64.35	街旁绿地	58.57
	公园绿地	54.28	屋顶绿化	66.60
	均值	57.11		
远郊	社区绿地	51.97	街道绿地	48.52
	商务办公	46.72	广场绿地	60.34
	科教文卫	66.54	街旁绿地	54.16
	公园绿地	56.68	屋顶绿化	68.36
	均值	61.79		

· 58 ·

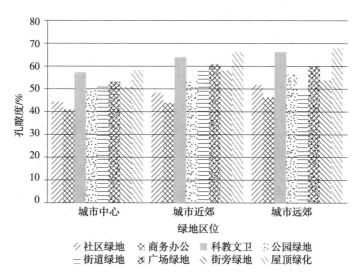

图 2-15　城市中心、城市近郊、城市远郊不同类型绿地总体孔隙度比较

5. 土壤有机质及蓄水特征分析

此外,有机质的含量可以影响土壤孔隙度的大小、分布及团粒的数量,从而影响土壤的稳定入渗速率,且两者呈现正相关的关系。例如,裸地的土壤入渗率仅为 1.5×10^{-3} mm/min,而施用了有机质的土壤入渗率可达 1.73 mm/min。通过土壤改良添加土壤改良剂、秸秆、陶粒等有机物可以提高土壤的入渗功能,如麦秆和聚丙烯酰胺(2% PAM)可提升土壤入渗能力约 4.97 倍,而秸秆和粉煤灰的施用可提高土壤稳渗率 1.29~1.99 倍。可见,土壤有机质含量的测定与改良对城市绿色设施微观层面的建设和养护均具有积极意义。此外,植物根系及枯落物对土壤有机质的含量也会产生影响。同时,土壤有机质含量的高低也能反映不同功能和类型的城市绿地的土壤改良目标。

土壤有机质是指存在于土壤中的所含碳的有机物质,包括动植物的残体、微生物体积其会分解和合成的各种有机质。对于不同的植被类型,灌木下层土壤的有机质含量高于乔木和地被植物。城市中心的灌木植物土壤有机质含量远高于远郊和近郊。对于地被植物和乔木下层的土壤有机质而言,城市远郊的含量高于城市近郊和城市中心。对于不同类型绿地中植物群落下层土壤的有机质含量而言,社区绿地中植物群落下层土壤有机质含量最高,其次是广场和公园绿地,道路绿地和屋顶绿化中植物群落下层土壤的有机质含量较低。可见,增加土壤的有机质含量可以提升灌木植物的比例,构建乔—灌—草复层结构的植被群落。

四、上海植物群落及截留特征分析

植物群落作为城乡绿地(海绵体)的基本构成元素,成为在微观尺度上实现城市绿地可持续雨水管理的媒介之一。既有研究表明,有植被覆盖的土地降雨下渗量为 70%~90%,而不透水地表的下渗量仅有 10% 左右,可见植物群落对于截留雨水、促进降雨下渗、减少地表径流、缓解城市内涝等城市水环境问题具有积极的作用。

其中,植被叶片可以有效截留降雨并减缓径流洪峰。因此,对上海城市绿地景观中常用园林植被冠层的降雨截留能力的分析、比较、筛选、排序及模拟可有效建设具有环境、艺术等综合功能的绿色基础设施。目前,对植物冠层截留的研究对象以自然植被为主,包括热带雨林、灌丛、针叶林群落及城市森林等,主要测定方法是水量平衡法和浸水法。

上海地处中亚热带北缘,属亚热带东部季风气候区,具有显著海洋性气候特征,植被自然分区特征表现为常绿阔叶、落叶混交林的过渡性植被。上海绿地中常见植被类型包括常绿阔叶、落叶阔叶、常绿落阔混交、常绿针叶、落叶针叶、针阔混交等。根据群落学调查结果,选取出现频率大于10%的上海常见园林植物种类约70种,分别分布在44科63属。其中,常绿阔叶乔木11种、落叶阔叶乔木19种、常绿针叶乔木4种、落叶针叶乔木1种、常绿阔叶灌木19种、落叶阔叶灌木7种、常绿针叶灌木1种、地被植物(草本及藤本)8种。

通过对上海市城市绿地常见园林植物叶片单位面积储水能力以及叶面积指数的测定估算单株植物对雨水潜在的截留能力。分析及比较的结果表明,在植物叶片单位面积蓄积雨水能力方面,针叶树种的平均值较高,如落羽杉($117.8\ g/m^2$)和雪松($117.72\ g/m^2$);其次为常绿阔叶乔木、灌木和落叶乔木,其叶片单位面积雨水蓄积量分别为$42.78\ g/m^2$、$42.53\ g/m^2$和$37.94\ g/m^2$。地被植物的叶片单位面积雨水蓄积量最小,约为$26.83\ g/m^2$。然而,就植株冠层雨水截留能力而言,虽然针叶树种的叶片单位面积雨水截留能力较强,但由于其叶面积指数较小,将对植株冠层的雨水截留量产生负面影响。此外,植物群落的降雨截留能力可以通过测定乔木和灌木的冠层截留量、茎干截留量、草本地被、枯落物和土壤的蓄水能力综合计算。

根据对常见园林植物单位覆盖面积雨水截留容量的估算,筛选截留容量较大的植物种类,并通过比较和排序对其进行有效的分级划分。在海绵城市构建过程中,同等条件下,优先选择冠层雨水截留容量相对较大的园林植物,可以在微观尺度上实现雨水的可持续利用,减少地表径流,维持城市水文循环(详见高雨水截留型植物群落构建技术)。

五、上海现状绿地雨水调蓄能力估算

1.绿地雨水调蓄能力概况

上海现状绿地对雨水调蓄能力的评估对上海城市绿地雨水调控功能的提升及上海海绵城市的建设至关重要,同时也是建立适合上海地区气候及用地条件的评价指标体系、筛选低影响开发技术和应用适用性的低影响开发技术的基础。现状绿地雨水调蓄能力主要包括地上和地下两个部分。其中,地上部分为乔木和灌木冠层对自然降雨的截留作用,包括乔木郁闭度、乔木类型、灌木类型、灌木面积等影响因素;地下部分主要指土壤的蓄水能力,包括土壤质地和坡度等影响因素。

2.群落调查样地选择依据

根据生境类型(湿地、旱地、中生地)、植物生活型(常绿阔叶、落叶阔叶、针叶)、先锋树种(香樟群落、水杉群落、广玉兰群落)及结构类型(乔—灌—草、乔—灌、乔—草、灌—草)选择样地,以道路、水系等界限为边界,无明显边界的设置40~200 m² 标准样方。普查之后,结合地形(坡地、高亢地、凹地)、土壤状况(黏土、砂土、壤土等)和植被类型,聚类为多种典型的样地类型组合。莘城中央公园属于调研类别中的公园绿地,植物配植与空间类型较为丰富,故选择的样地均是具有相关代表性的。

普查内容包括绿地的场地特征及植物群落的基本特征。其中,场地特征包括地形、坡度、地形率、水体容积或深度、透水铺装比例(孔隙率>8%)、不透水铺装比例(孔隙率<8%)、绿地布局方式、径流流向、子汇水区等内容。植物群落特征则包括生境、盖度、树种、胸径、冠幅、树高等指标,需进行每木调查。此外,需采集土壤标准样计算渗透率、孔隙度、饱和含水量及有机质含量。

例如,选取上海闵行区莘城中央公园中9处比较典型的植物群落作为调查对象,根据法瑞学派的群落学调查方法,对其群落结构和特征进行调查。其中,乔木有19种,灌木28种,竹1种。乔木的树种种类占总数的39.6%,灌木占总数的58.3%,竹类占0.2%。这48种植物中共有乡土植物有30种,占比62.5%。

调查结果显示,在调查的植物群落中,出现的建群种和优势种种类有15种。在这些建群种中,有几个种类出现的频率比较高,如香樟、桦树等。其他建群种主要为适应能力比较强的广玉兰、雪松、银杏等。结合植物生活型、郁闭度、绿地坡度及面积等影响因素划分群落类型。

3. 群落单次冠层降雨截留能力计算

群落单次冠层降雨截留量的计算方法如下:

$$V_i = \sum k_i \times P_i \tag{2-28}$$

式中　　V_i——第 i 种样地总冠层截留量;

　　　　k_i——第 i 种树种单次冠层雨水截流量;

　　　　P_i——第 i 种树种在样地内的冠层覆盖比例。

计算结果见表2-14。

表2-14　莘城中央公园中植物群落单次降雨截留能力

样地编号	单次降雨截留能力/mm	样地编号	单次降雨截留能力/mm	样地编号	单次降雨截留能力/mm
XCC1	3.081 518 36	XCC4	1.482 243 67	XCC7	1.351 533 76
XCC2	1.078 123 68	XCC5	0.918 218 09	XCC8	6.714 091 23
XCC3	0.389 007 48	XCC6	1.180 931 82	XXC9	4.618 170 31

当降雨强度为小雨(<5 mm/12 h)时,群落的降雨截留能力可达100%,中雨时(5~15 mm/12 h)截留能力约为80%,大雨(15~30 mm/12 h)时仅为40%,结合群落单次降雨截留量、降雨强度和年平均降雨量,可得到不同群落类型的降雨截留量与年平均降雨量的

关系。

群落单次降雨截留量×不同雨强时单体群落的截留能力／年平均降雨量

= 群落截留量占全年平均降雨量的百分比　　　　　　　　　　（2-29）

4. 绿地全年植物群降雨截留量计算

植物群落降雨截留量 L_i 的计算方法如下：

$$L_i = (A_i \times B_i \times H + C_i \times D_i \times H + E) \times S_i \tag{2-30}$$

式中　L_i——第 i 类型群落的降雨截留总量，m^3；

　　　A_i——第 i 类群落的乔木郁闭度所对应的全年平均降雨截留百分比，%；

　　　B_i——第 i 类群落的乔木类型所对应的全年平均降雨截留百分比，%；

　　　H——年平均降雨量，mm；

　　　C_i——第 i 类灌木覆盖率，%；

　　　D_i——第 i 类群落的灌木类型所对应的全年平均降雨截留百分比，%；

　　　E——群落土壤的降雨截留量，mm；

　　　S_i——第 i 类群落的面积，m^2。

例如，莘城中央公园共 27 个植物群落，其中 9 个常绿阔叶群落，10 个落叶阔叶群落，4个常绿落阔混交群落，1 个常绿针叶群落，2 个落叶针叶群落，1 个针阔混交群落。根据式（2-31）计算植物群落截留量为 825 mm，截留率为 75%。

$$V_t = \sum L_i + W \tag{2-31}$$

$$W = 0.5 \times k_1 \times S \tag{2-32}$$

$$截流率\ R = \frac{V_t}{S \times H} \times 100\% \tag{2-33}$$

式中　V_t——全园每年截留雨量；

　　　L_i——绿地群落截留量；

　　　W——水体截留蓄积能力；

　　　k_1——水体面积占比；

　　　S——全园总面积；

　　　H——年平均降雨量；

　　　R——总截留率。

莘城中央公园总面积 46 528 m^2，水体面积为 3 656 m^2，占总面积的 7.8%，硬质12 355 m^2，占总面积的 26.5%，绿地 30 517 m^2，占总面积的 65.7%。根据式（2-32）和式（2-33）计算，全园截留能力为 1 212 mm，相当于全年降雨量的 110%。

上海不同功能和区位的城市绿地的现状雨水蓄留能力的计算方法同上，单位面积绿地的平均降雨截留能力及其占年平均降雨量的百分比见表 2-15。由图 2-16 可知，位于近郊和远郊的城市绿地的单位面积蓄水能力相对接近，远高于位于城市中心区的现状绿地（约高10%）。其中，在市中心的现状绿地中，商务办公绿地的单位面积蓄水能力最强，公园和广场绿地次之,而社区绿地、道路绿地等蓄水能力最低;与之不同的是位于近郊和远郊的绿地功能,即公园绿地对雨水的蓄留能力最强,其次是道路绿地,能力最弱的是商务办公绿地(图2-17)。由此可见,就雨水管理功能而言,城市中心公园建设年代相对久远,群落更新速度较慢,游憩密度过高,可能导致其植物群落和土壤对雨水的调节功能较低,而社区绿地面积有限,也限制其对径流的控制能力。对于近郊和远郊的绿地,公园绿地的建设更完善,土壤改良和植物群落构建技术都有一定的提升,因此其绿地的雨水调节能力也相应地有所提高,而道路、社区、广场、商务办公等绿地的环境功能(雨水管理)则可以通过低影响开发措施的适应性应用加以改善。

表2-15　不同区位及功能的绿地对雨水的蓄留能力估算

区位	绿地类型	单位面积降雨截留能力/mm	占年平均雨量/%	绿地类型	单位面积降雨截留能力/mm	占年平均雨量/%
市中心	社区绿地	936.83	81.46	道路绿地	850.48	73.95
	商务办公	1 213.74	105.54	广场绿地	991.01	86.18
	科教文卫	874.55	76.05	街旁绿地	764.90	66.51
	公园绿地	956.56	83.18	工业绿地	823.93	71.64
	加权均值	843.47	73.34			
近郊	社区绿地	831.03	72.26	街道绿地	1 018.8	88.59
	商务办公	514.79	44.76	广场绿地	695.775	60.43
	科教文卫	713.71	62.06	街旁绿地	937.92	81.55
	公园绿地	1 212	105.39	工业绿地	823.71	71.63
	加权均值	907.05	78.87			
远郊	社区绿地	932.48	81.08	街道绿地	893.37	77.68
	商务办公	893.73	77.72	广场绿地	795.84	69.20
	科教文卫	808.74	70.29	街旁绿地	923.41	80.30
	公园绿地	1 257.47	109.35	工业绿地	875.62	76.14
	加权均值	922.53	80.22			

此外,位于中心城区的街旁绿地(如玉兰园)单位面积雨水截留能力的平均值约为764.90 mm,约占年平均降雨量的66.51%,但经过优化改造并增加了雨水花园和植草沟等绿色基础设施的共享绿地的单位面积雨水截留能力可达1 159.2 mm,占年平均降雨量的100%。又如,位于远郊的道路绿地的平均蓄水能力仅为850.42 mm,占年平均降雨量的73.95%,而作为海绵城市示范地的松江三新北路群落的单位面积蓄水能力提升至1 087.23 mm,占年平均降雨量的94.54%。从实测的结果可知,采用低影响开发措施进行优化的城市绿地对雨水的蓄留能力有显著的提升。

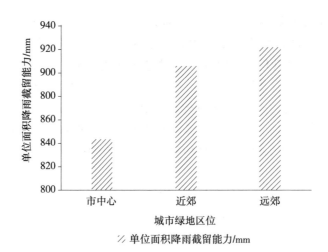

图 2-16 上海城市不同区位的现状绿地对雨水蓄留能力的评估和比较

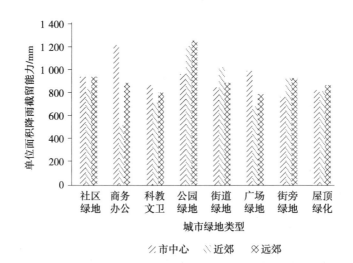

图 2-17 上海城市不同类型现状绿地对雨水蓄留能力的评估和比较

六、绿地对径流污染物的去除效果

绿地对径流污染物的去除是生物和非生物共同作用的结果。在降雨过程中污染物的去除主要依靠土壤及植物根系的吸附、过滤和截留作用,降雨后的 5~8 d 内主要依靠土壤微生物对吸附于土壤颗粒表面的污染物进行分解作用,在两周后污染物含量基本达到降雨前水平。

模拟降雨试验结果表明:不同降雨重现期绿地对 COD、氨氮(NH_4^+—N)、硝态氮(NO_3^-—N)、有机氮、总氮(TN)和总磷(TP)的总量去除率为 48.5% ~ 61.2%,50.9% ~ 58.4%,47.2% ~ 57.1%,41.7% ~ 49.6%,41.3% ~ 47.6% 和 49.1% ~ 57.0%(表 2-16)。

表 2-16　不同降雨重现期绿地系统对径流污染物总量的控制

降雨重现期	1 年一遇			3 年一遇			5 年一遇		
	污染物总量/mg		去除率/%	污染物总量/mg		去除率/%	污染物总量/mg		去除率/%
	进水	出水		进水	出水		进水	出水	
COD	3 608	1 400	61.2	4 692	1 834.5	60.9	4 895.1	2 522.5	48.5
NH_4^+—N	97.5	40.5	58.4	139.4	49.6	64.4	125.9	61.8	50.9
NO_3^-—N	68.4	29.3	57.1	95.3	42.7	55.3	89.9	47.5	47.2
有机氮	29.1	14.7	49.6	49.4	24.2	50.9	67.9	39.6	41.7
TN	169.6	88.8	47.6	252.3	130.5	48.3	315.7	185.3	41.3
TP	24.1	10.4	57.0	37.0	17.3	53.3	28.0	14.3	49.1

　　综上所述,随着上海市年平均降雨量的增加,降雨量分布呈现南多北少的特征,短时暴雨强度增大(占 17%~18%,最大雨强达 16 mm/1 h),容易导致市政排水管网的负荷增大等城市水涝问题。根据最大 1 h 降雨强度的分析结果表明,上海 90% 的降雨事件强度不超过 10 mm/h,但随着短历时降雨强度出现频率的升高,城市中心区、近郊和远郊的水生态环境都面临着更大的挑战。由于影响上海城市绿地对雨水调蓄能力的因素主要包括气候、土壤、植被、径流特征等几个方面。其中,影响土壤对雨水蓄积能力的要素包括稳定入渗率、饱和含水量、容重、孔隙度、有机质含量、土壤质地及坡度等;植物包括乔木和灌木的群落结构、优势树种冠层对雨水的截留能力、郁闭度等;径流特征包括流量、峰值和水质等。因此,上海现状绿地的雨水调蓄能力估算和指标筛选与上述影响因素相关。

第三章 海绵城市规划

海绵城市建设是加强城市规划建设管理、落实生态文明理念的新型城市发展方式；其实施涉及工程与非工程措施，关系到用地布局、竖向布置、绿地系统、河湖水系、建筑与小区、道路与广场等城市规划建设的方方面面。要顺利实现《国务院办公厅关于推进海绵城市建设的指导意见》（国办发〔2015〕75 号）中提出的目标，必然需要发挥规划引领作用，重视海绵城市规划工作。

一、现行城市规划工作

1. 城乡规划分类与编制内容

根据《中华人民共和国城乡规划法》（以下简称《城乡规划法》）及相关法律法规的规定，城乡规划编制以协调城乡空间布局，改善人居环境，促进城乡经济社会全面协调可持续发展为根本任务，包括城镇体系规划、城市规划、镇规划、乡规划和村庄规划 5 个部分。其中城市规划、镇规划可分为总体规划和详细规划，详细规划又可分为控制性详细规划和修建性详细规划。

从编制技术上来看，《城乡规划法》第十条："国家鼓励采用先进的科学技术，增强城乡规划的科学性，提高城乡规划实施及监督管理的效能。"近年来，由于我国城市发展正处于矛盾凸显期和战略转型期，既有的城乡规划编制技术方法在实际操作的过程中，已表现出越来越多的不适应，各地均结合城乡规划编制实践了城市规划编制内容与技术的创新，进一步丰富了城乡规划技术体系。图 3-1 给出了我国现行城乡规划体系。

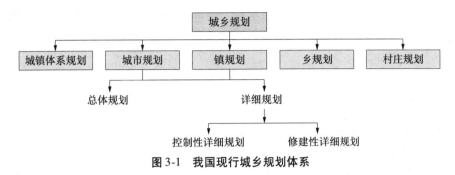

图 3-1 我国现行城乡规划体系

（1）总体规划

总体规划是城市政府引导和调控城乡建设的基本法律依据,是编制本级和下级专项规划、区域规划以及制订有关政策和年度计划的依据。城市(镇)总体规划的内容应当包括:城市、镇的发展布局,功能分区,用地布局,综合交通体系,禁止、限制和适宜建设的地域范围,各类专项规划等。城市(镇)总体规划的强制性内容主要包括规划区范围、规划区内建设用地规模、基础设施和公共服务设施用地、水源地和水系、基本农田和绿化用地、环境保护、自然与历史文化遗产保护以及防灾减灾等。

其中,专项规划是以国民经济和社会发展特定领域为对象编制的规划,是总体规划在特定领域的细化,也是政府指导该领域发展,安排政府投资和财政支出预算,制定特定领域相关政策的依据。常见专项规划包括综合交通、环境保护、商业网点、医疗卫生、绿地系统、河湖水系、历史文化名城保护、地下空间、基础设施、综合防灾等。

（2）详细规划

①控制性详细规划。控制性详细规划是城市、镇人民政府城乡规划主管部门根据城市、镇总体规划的要求,用以控制建设用地性质、使用强度和空间环境的规划。控制性详细规划主要以对地块的使用控制和环境容量控制、建筑建造控制和城市设计引导、市政工程设施和公共服务设施的配套,以及交通活动控制和环境保护规定为主要内容,并针对不同地块、不同建设项目和不同开发过程,应用指标量化、条文规定、图则标定等方式对各控制要素进行定性、定量、定位和定界的控制和引导。

控制性详细规划是城乡规划主管部门做出规划行政许可、实施规划管理的依据,并指导修建性详细规划的编制。

②修建性详细规划。修建性详细规划是以城市总体规划和控制性详细规划为依据,针对城市重要地块编制,用以指导各项建筑和工程设施的设计和施工的规划设计。

修建性详细规划的根本任务是按照城市总体规划及控制性详细规划的指导、控制和要求,以城市中准备实施开发建设的待建地区为对象,对其中的各项物质要素(例如建筑物的用途、面积、体型、外观形象、各级道路、广场、公园绿化以及市政基础设施等)进行统一的空间布局。

2. 城乡规划的编审要求

根据《中华人民共和国城乡规划法》和《城市规划编制办法》中的相关规定,城市总体规划由城市人民政府组织编制,按城市等级实行分级审批;城市的控制性详细规划由城市人民政府城乡规划主管部门组织编制,经本级人民政府批准后,报本级人民代表大会常务委员会和上一级人民政府备案。

二、海绵城市规划工作定位与组成

海绵城市规划工作既需要专门的研究,以流域涉水相关事务为核心,以解决城市内涝、水体黑臭等问题为导向,以雨水径流管理控制为目标,绿色设施与灰色设施相结合,统筹"源头、过程、末端"的技术措施布局;又需要纳入城市规划体系,协调其他相关城市规划的内容,比如土地利用布局、绿地系统、道路设施、竖向设计等,贯彻到其他城市规划中去(图 3-2)。

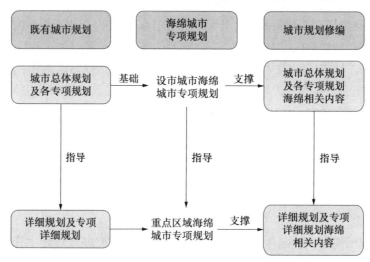

图 3-2　海绵城市规划与城市规划体系

在当前海绵城市工作基础和经验积累较薄弱的情况下,应当通过海绵城市专项规划(总体规划层面、详细规划层面)的编制,支撑将相关成果纳入现行城乡规划体系,进一步丰富城乡规划的编制理念和内容,切实落到城乡规划建设过程中。海绵城市专项规划需要在评估相关规划——包括土地利用规划、城市总体规划,以及城市水资源、污水、雨水、排水防涝、防洪(潮)、绿地、道路、竖向等专项规划的基础上,统筹研究,并将海绵城市规划成果要点反馈给相关规划,再通过上述相关规划予以落实。

2016 年 3 月住房和城乡建设部颁布了《海绵城市专项规划编制暂行规定》(建规〔2016〕50 号),充分体现了上述思路,明确了设市城市海绵城市专项规划的地位、范围、编制主体、审批主体、主要编制内容、规划衔接内容等,以指导各地加快海绵城市专项规划的编制工作,为形成完善的海绵城市规划体系奠定了基础。

规定指出,设市城市海绵城市专项规划是建设海绵城市的重要依据,是城市规划的重要组成部分,可与城市总体规划同步编制,也可单独编制;其规划范围原则上应与城市规划区一致,同时兼顾雨水汇水区和山、水、林、田、湖等自然生态要素的完整性。城市人民政府城乡规划主管部门会同建设、市政、园林、水务等部门负责海绵城市专项规划编制的具体工作。

海绵城市专项规划经批准后,应当由城市人民政府予以公布;法律、法规规定不得公开的内容除外。

规定指出海绵城市专项规划经批准后,编制或修改城市总体规划时,应将雨水年径流总量控制率纳入城市总体规划,将海绵城市专项规划中提出的自然生态空间格局作为城市总体规划空间开发管制要素之一。编制或修改控制性详细规划时应参考海绵城市专项规划中确定的雨水年径流总量控制率等要求,并根据实际情况,落实雨水年径流总量控制率等指标。编制或修改城市道路、绿地、水系统、排水防涝等专项规划时,应与海绵城市专项规划充分衔接。

三、海绵城市规划工作任务

1. 海绵城市专项规划工作任务

海绵城市专项规划应按照"流域或城市—汇水区—子汇水区—地块"不同尺度,"源头—中途—末端"不同层级的基本思路进行,保证各个系统的完整性和良好衔接,统筹规划。在海绵城市专项规划层面上,重点是基于降水和地质等本地条件,识别并完善自然与人工相结合的水系,优化水文循环,因地制宜地确定清晰系统的海绵城市控制要求与建设内容。海绵城市专项规划可分为总体规划层面、详细规划层面的专项规划,分别衔接城市总体规划与详细规划。

总体(分区)规划层次海绵城市专项规划的主要任务是提出海绵城市建设的总体思路;确定海绵城市建设目标和具体指标(包括水安全、水生态、水环境、水资源等方面目标,包含雨水年径流总量控制率等指标);依据海绵城市建设目标、针对现状问题,因地制宜确定海绵城市建设的实施路径;明确近、远期要达到海绵城市要求的面积和比例,提出海绵城市建设分区指引;根据雨水径流量和径流污染控制的要求,将雨水年径流总量控制率目标进行分解。超大城市、特大城市和大城市要分解到排水分区;中等城市和小城市要分解到控制性详细规划单元,并提出管控要求。提出规划措施和相关专项规划衔接的建议;明确近期建设重点;提出规划保障措施和实施建议。

详细规划层次海绵城市专项规划的主要任务是,根据上层次海绵城市专项规划的要求,优化空间布局,统筹整合海绵城市建设内容,统筹协调开发场地内建筑、道路、绿地、水系等布局,使地块及道路径流有组织地汇入周边绿地系统和城市水系,并与城市雨水管渠系统和超标雨水径流排放系统相衔接,充分发挥海绵设施的作用。分解上层次目标到分图图则或控规地块,并明确强制性和指导性指标,以分类纳入详细规划的指标表并落实到分图图则。修建性详细规划层面的海绵城市专项规划,还应根据各地块的具体条件,通过技术经济分析,合理选择单项或组合控制设施,对指标进行合理优化,对海绵设施的比例、规模、设置区域和方式做出具体规定,达到可具体指导海绵设施的设计和实施的深度。

2. 相关城市规划海绵工作任务

在城市总体规划的海绵内容衔接上,重点是基于海绵城市专项规划的系统分析与指标体系,衔接、调整、落实土地需求、空间需求与专业需求;协调绿地、水系、道路、开发地块的空间布局与城市竖向、城市水系、排水防涝、绿地系统、道路交通等专项规划,为控制性详细规划阶段细化落实低影响雨水系统、城市雨水管渠系统和排涝除险系统提供规划策略、建设标准、总体竖向控制,并提供重大雨水基础设施的布局等相关重要依据与条件。

在控制性详细规划的海绵内容衔接上,重点是细化分解和落实城市总体规划中提出的海绵城市总体控制目标及要求。结合具体地块的用地性质和土壤类型等要素,基于各地块的海绵城市建设控制指标,调整绿地系统规划、交通与道路系统规划中的绿化率、道路周边绿地宽度等相关布局与指标,明确一部分市政尺度的源头径流控制系统、城市雨水管渠系统以及排涝除险系统重要设施的规划选择与布局,最终将海绵城市的理念形成可操作、可管理的规划设计条件,管控土地开发出让及建设前期工作。在修建性详细规划、城市设计等具体实施规划层面上,重点是将控制性详细规划中关于各地块的海绵城市控制指标落实到具体项目的设计之中,具体指导海绵城市设施的建设、细化场地设计和设施配套,以维持或恢复场地的"海绵"功能,如图3-3所示。

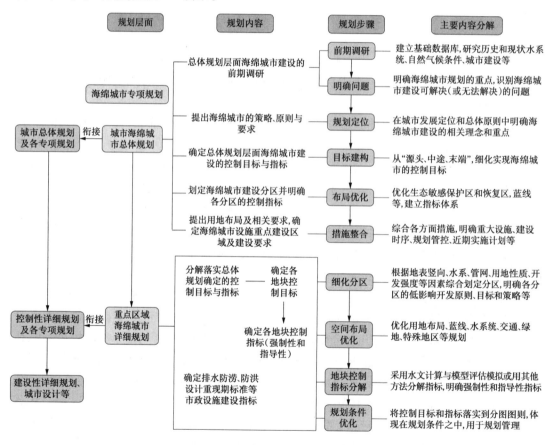

图3-3 海绵城市规划工作关系与主要内容一览图

四、海绵城市规划工作原则

1. 保护优先

城市建设过程中应保护河流、湖泊、湿地、坑塘、沟渠等水生态敏感区,充分发挥山水林田湖等原始地形地貌对降雨的积存作用,充分发挥植被、土壤等自然下垫面对雨水的渗透作用,充分发挥湿地、水体等对水质的自然净化作用,努力实现城市水体的自然循环。

2. 问题导向

在实施海绵城市建设前应先对城市的山、水、林、田、湖自然本底进行全面摸底,并通过实地调研和分析找出城市在水生态、水环境、水资源和水安全方面存在的城市洪涝、水土冲蚀、径流污染、水资源短缺等问题,以主要问题为导向开展有针对性的海绵城市建设,而不是为"海绵"而"海绵"。

3. 系统控制

落实海绵城市建设要求的城市规划应立足于改善城市的生态环境,从水生态、水环境、水资源、水安全等方面提出系统控制目标,统筹源头径流控制系统、城市雨水管渠系统、排涝除险系统及防洪系统,衔接生态保护、河湖水系、污水、绿地、道路系统等基础设施,建立相互依存、相互补充的城市水系统。

4. 因地制宜

针对不同区域的水文气象条件、地理因素、城市发展阶段、社会经济情况、文化习俗等,或城市规划区范围内不同地区的特征,分门别类地制定海绵城市规划目标和指标,有针对性地选择相关的技术路线和设施,确保规划方案的可实施性和有效性。

5. 统筹协调

海绵城市建设内容应纳入城市总体规划、详细规划、水系规划、绿地系统规划、排水防涝规划、道路交通规划等相关规划中,各规划中有关海绵城市的建设内容应相互协调与衔接。

6. 科学合理

规划编制应有科学依据,对重大问题、关键指标,以及重要技术环节需要多方实证数据支持和校验,强调水文、降雨、地质等基础资料积累,并鼓励运用先进的规划辅助技术等。

第二节 海绵城市规划目标与指标体系

一、海绵城市规划目标

海绵城市建设要取得老百姓认可,达到"小雨不积水、大雨不内涝、水体不黑臭、热岛有缓解"的理想效果,同时要积极探索海绵城市建设的投融资模式,积极稳步推进;到2030年,城市建成区80%以上的面积达到目标要求。

对于水生态,要划定蓝线(河道保护线)、绿线(生态、控制线),加强山、水、林、田、湖等生态空间的有效保护并稳步提升城市建成区绿化覆盖率;要做好源头径流控制与利用,力争将70%以上(属《海绵城市建设技术指南》雨水年径流总量控制率分区图Ⅴ区的城市,可考虑适度降低)的降雨就地消纳和利用。

对于水安全,要完善排水防涝系统,基本解决城市内涝积水问题;重视和完善城市雨水管渠等基础设施建设,与源头减排设施、超标暴雨的调蓄与排放设施统筹建设,综合提高城市排水及内涝防治能力。

对于水环境,要加强黑臭水体治理,在完善城市排水系统的基础上,有效控制径流污染及合流制溢流污染,改善城市水环境质量。

对于水资源、合理利用,要保护水源地,降低管网漏损,推进节水型城市建设和最严格的水资源管理。

在具体目标和指标制订时,应注意落实下述工作原则。

(1)综合统筹

海绵城市建设的目的是水文恢复,在恢复水文的过程中,同步实现水资源保障、水安全提升、水污染治理、水生态修复。

(2)因地制宜

海绵城市建设的核心指标年径流总量控制率主要与降雨量、土壤地质、下垫面类型等有关。因此,各市应结合区位条件,分析本地的降雨、水文特点及经济可行性,分区、分类地制订相应指标。

(3)科学可行

为保障每一类建设项目达到相应海绵城市建设目标,合理引导和约束各建设项目进行海绵设施的合理布局,指标的制订应注重可实施性。有足够经验和条件的地区,应构建模型进行水文模拟分析或通过监测。优化调整,科学合理制订控制指标。

二、总体规划层次海绵指标

按海绵城市指标制定的综合统筹、因地制宜、科学可行原则,各地总体规划层次的海绵指标体系的构建可考虑选用以下共性指标和特色指标。

1. 共性指标

《海绵城市建设绩效评价与考核办法(试行)》(建办城函〔2015〕635 号)中的指标体系设定了海绵城市规划总体层面的指标,包括水生态、水环境、水资源、水安全、制度建设及执行情况、显示度 6 个方面的 18 个指标。

2. 特色指标

各地可参考自身特点,选取本地化的指标组成完整的指标体系。

三、详细规划层次海绵指标

在详细规划层面,将通过空间控制、市政设施布局、城市设计、地块指标落实上层次规划确定的控制目标与指标。

第三节　海绵城市专项规划编制指引

目前我国各地编制海绵城市专项规划主要包括针对全市总体层面的海绵城市专项规划和针对海绵城市建设试点区域或重点发展片区的海绵城市专项规划两个层面。在实践中,前者往往称为某某市海绵城市专项规划或海绵城市总体规划,后者名称则各不相同,常见的有海绵城市建设详细规划、海绵城市建设控制性详细规划、海绵城市建设实施规划、海绵城市建设实施方案或计划等。编写团队将在《海绵城市专项规划编制暂行规定》的基础上,结合在全国各地的实践经验,对此两层次海绵城市专项规划的主要编制内容和成果形式予以深入的阐述和说明。

一、总体规划层次编制要点

1. 综合评价海绵城市建设条件

分析城市区位、自然地理、经济社会现状和降雨、土壤、地下水、下垫面、排水系统、城市开发前的水文状况等基本特征,研究城市水资源、水环境、水生态、水安全等方面存在的问题,明确海绵城市建设的需求。

通过查找《全国黑臭水体清单》,明确规划区内是否存在黑臭水体。如果存在,应在图中标出黑臭水体的位置,分析水体黑臭的汇水区域、污染来源、点位、总量等信息;如果不存在,应对规划区内的地表水系的水环境质量进行分析,确定污染情况和成因。

明确规划区内易涝点的数量、位置,在图中标明汇水区域,逐个分析易涝点的成因,确定不同降雨条件下的影响范围。有条件的情况下,可以利用水力模型进行评估。

明确城市现状硬质下垫面比率、生态保育水平、不良地质(对海绵有不利影响区域)的分布、工程建设方面地方传统特色做法。

明确城市开发前多年平均降雨、蒸发、下渗和产流之间的比例关系;明确目前产流特征与径流控制水平。

2. 确定海绵城市建设目标和具体指标

确定海绵城市建设目标(主要为年径流总量控制率等),明确近、远期要达到海绵城市要求的面积和比例,参照住房和城乡建设部发布的《海绵城市建设绩效评价与考核办法(试行)》和本地特点,提出海绵城市建设的指标体系。

应明确针对近期"城市建成区20%以上的面积达到海绵城市目标要求"的目标,划定建成区20%所对应的区域。

规划区年径流总量控制率目标应从本底水文条件、径流控制要求、污染控制要求等多方面、多角度进行确定,不应机械套用全国降雨径流总量控制率分区图进行确定。

海绵城市建设指标体系应从水生态、水环境、水资源、水安全等方面进行制定,各项具体指标明确、清晰,目标值依据翔实,充分体现"小雨不积水、大雨不内涝、水体不黑臭、热岛有缓解"的要求。同时可考虑结合规划区特点,增加部分特色指标。

3. 提出海绵城市建设的总体思路

依据海绵城市建设目标,针对现状问题和需求,因地制宜确定海绵城市建设的实施路径。老城区以问题为导向,重点解决城市内涝、雨水收集利用、黑臭水体治理等问题;城市新区、各类园区、成片开发区以目标为导向,优先保护自然生态本底,合理控制开发强度。

总体思路应坚持问题导向和目标导向,技术路线因地制宜、思路清晰,充分体现源头削减和过程控制,充分考虑系统布局,海绵型建筑与小区、道路与广场、公园绿地、管网建设等综合施策。

4. 提出海绵城市建设分区指引

识别山、水、林、田、湖等生态本底条件,提出海绵城市的自然生态空间格局,明确保护与修复要求;结合现状问题,划定海绵城市建设分区,提出建设指引。

5. 落实海绵城市建设管控要求

根据雨水径流量和径流污染控制的要求,将雨水年径流总量控制率目标进行分解:超大城市、特大城市和大城市要分解到排水分区;中等城市和小城市要分解到控制性详细规划单元,并提出管控要求。

根据城市总体海绵城市控制指标与要求,应针对每个管控单元提出相应的强制性指标和引导性指标,并提出管控策略,探索建立区域雨水管理排放制度,实现各分区之间指标衔接平衡。

管控单元划分应综合考虑城市排水分区和城市控规的规划用地管理单元等要素划分,应以便于管理、便于考核、便于指导下位规划编制为划分原则。各管控单元的平均面积宜在 23 km²,规划面积超过 100 km² 的城市可采取两个层次的管控单元划分方式(一级管控单元可与总规对接、二级管控单元可与分规或区域规划对接),以更好地与现有规划体系对接。

6.提出规划措施

针对内涝积水、水体黑臭、河湖水系生态功能受损等问题,按照源头减排、过程控制、系统治理的原则,制订积水点治理、截污纳管、合流制污水溢流污染控制和河湖水系生态修复等措施。海绵城市系统应总体布局合理,系统谋划,各类海绵城市建设措施统筹协调,综合施策、自然生态功能和人工工程措施并重,体现"源头削减、过程控制、系统治理",具有系统性、整体性、完整性。

7.提出相关专项规划衔接的建议

通过海绵城市专项规划的编制,将雨水年径流总量控制率、径流污染控制率、排水防涝系统等有关控制指标和重要内容纳入相关专项规划。衔接城市竖向、道路交通、绿地系统、排水防涝等相关规划,将规划成果要点反馈给这些专项规划,并通过今后各专项规划的进一步细化,确保海绵城市建设的协调推进。

8.明确近期建设重点

明确近期海绵城市建设重点区域和近期建设项目,提出分期建设要求。

近期海绵城市建设重点区域应针对当前的突出问题,将内涝积水严重、黑臭水体多的区域划进近期重点区域,率先形成具有连片性和典型性的海绵城市示范区域,试行管理制度,率先全面达标,为规划区海绵城市建设积累经验。

9.提出规划保障措施和实施建议

结合本地行政职能分工、规划建设特点,提出规划管控机制的建立与落实、措施实施主体与资金保障、落实机构与职责分工等保障措施和要求。

(1)纳入现有城市规划编制体系

编制或修编城市总体规划时,将年径流总量控制率、径流污染控制率、排水防涝等相关指标和内容纳入总体规划,将海绵城市专项规划中明确需要保护的自然生态空间格局作为城市总体规划空间开发管制的要素之一。

编制或修编控制性详细规划时,参考海绵城市专项规划中确定的年径流总量控制率和径流污染控制率等内容,并根据控规建设用地情况,确定各地块的年径流总量控制率和径流污染控制率等指标,确定市政设施的综合功能。海绵城市专项规划确定的管控分区应作为指标调整的刚性边界,即应在管控分区指标不调整的情况下,建立控制性详细规划中地块指标的动态调整机制。

(2)通过其他专项规划落地

在各层级新编的水系规划、绿地系统、竖向系统、排水防涝、道路建设等规划中,应优先将海绵城市相关指标纳入编制方案;在对已编制规划进行整合或修编时,须增加海绵城市内容。

(3)融入现有规划管理体系

应将海绵城市专项规划中的雨水年径流总量控制率等指标嵌入控制性详细规划的关键管理层次中,进而将海绵城市建设要求依法纳入土地出让和"一书两证"的审查审批过程中。

(4)细化规划审查方法

方案涉及技术审查时,应增加海绵城市相关内容的技术审查。海绵城市建设相关内容的审查,应由城乡规划主管部门牵头,并由建设、市政、园林、水务、环保、交通等相关部门配合完成。

规划审查方法要定量化和模型化,推荐通过建立合理、易操作的计算机模型对年径流总量控制率等指标进行核算,审查指标测算结果是否达到规划设计条件中给定的目标要求。

(5)强化施工及验收管理要求

在施工图审查中,应将海绵城市建设要求作为重要的审查内容。委托第三方完成施工图审查的,应明确要求第三方审查专家中有涉及海绵城市建设的相关专家;规划、建设、市政、园林、水务、环保、交通等相关部门应参与审查工作。施工图审查合格和招投标工作按要求完成后方可按规定核发施工许可证。

施工许可发证机关应当建立颁发施工许可证后的监督检查制度,对取得施工许可证后未按海绵城市的建设要求进行精细化施工的,应及时予以纠正。参与的相关责任主体应按规定履行各自职责,全过程监督施工过程,确保工程施工完全按照设计图纸实施。

总体规划层面专项规划成果应包括规划文本、说明书、图集以及相关必要的专题研究报告等。成果的表达应当清晰、准确、规范。

①规划文本是规划中最简练、最重要的文字说明,应简明扼要地描述专项规划中的结论内容,方便本地规划主管部门使用。文本正文应以条款的形式表达,内容包括规划的所有结论、指标和管控要求。文本的行文要求精练、准确,通过使用"须、应、宜、可、严禁、不宜、不得"等文字,明确规划的严肃性和约束性,一般不需要展开解释。

②规划说明书是技术性文件,是对规划文本的说明,应采用说明或议论文体。说明书应包括规划各阶段研究分析、方案比较和重大问题论证等主要内容,并对规划文本进行解释和说明。说明书撰写要求逻辑清晰、条理分明、推理严谨、数据翔实、论证充分、语言准确。通过插图、配表、专栏等形式,增强说明书的可读性。

③规划图纸应与规划说明书内容相符合,内容清晰、准确;图纸范围、比例、图例等应保持一致。主要的图纸名称和内容要求见表3-1。

表3-1 总体规划层次专项规划图纸名称及内容要求

序号	图纸名称	内容要求
1	城市区位图	明确城市在不同区域的位置
2	城市现状图	包括高程、坡度、下垫面、地质、土壤、地下水、绿地、水系、排水系统等要素,可以分为多张图纸表达
3	用地现状和规划图	参考城市总体规划,标明用地性质、路网、市政设施等要素
4	海绵城市自然生态空间格局图	明确本地海绵城市生态、格局,山林阳湖的位置和结构,以及需要保护的边界
5	海绵城市建设分区图	根据场地适宜性评估以及片区差异,明确城市海绵城市建设分区划分结果
6	海绵城市建设目标分解图	可分为多张纸表达,在流域尺度和管控单元尺度,明确雨水年径流总量控制率和径流污染控制率的空间分布
7	海绵城市基础设施规划布局图	根据说明书中确定的方案,可分为多张图纸表达,明确海绵型道路、海绵型建筑与小区、海绵型公园与广场、调蓄设施、雨水湿地等海绵设施的空间布局
8	海绵城市相关基础设施规划图	可分为多张图纸表达,明确防洪及排水防涝系统规划图、水环境治理系统规划图、雨水及合流制改造系统规划图等
9	海绵城市分期建设规划图	标明本地海绵城市建设时序在空间上的分布
10	其他相关图纸	其他相关规划内容的表达图纸

二、详细规划层次编制要点

详细规划层面的海绵城市专项规划应在总体层面的海绵城市专项的基础上,结合规划区(试点区域或重点发展片区)的用地布局、建设项目、排水系统、水系等更为准确和细致的本地特点,细化和深化海绵城市规划方案,将分解到排水分区或控制性详细规划单元的管控要求再进一步分解,落实到地块和市政设施,为构建区域雨水排水管理制度奠定基础,以更好地指导实施地块管控和建设实施,满足各地块规划建设管理诉求。主要编制内容如下所述。

1. 综合评价海绵城市建设条件

重点分析规划区土壤、地下水、下垫面、排水系统、历史内涝点、水环境质量等条件,识别水资源、水环境、水生态、水安全等方面存在的问题和建设需求。

2. 确定海绵城市建设目标和具体指标

根据总体规划层面专项规划制订的管控单元目标,确定规划区的海绵城市建设目标(雨水年径流总量控制率),并对此目标进行复核,确定是否可达。参照《海绵城市建设绩效评价与考核办法(试行)》和总体规划层面的指标体系,提出规划区海绵城市建设的指标体系。

3. 海绵城市建设总体思路

(1)问题导向

针对城市内涝问题,落实排水防涝规划要求,从雨水径流源头控制、雨水管网系统建设、竖向调整、雨水调蓄、雨水行泄通道建设、内河水系治理等方面构建完善的排水防涝系统。

针对黑臭水体问题,根据《城市黑臭水体整治工作指南》,按照"控源截污、内源治理;活水循环、清水补给;水质净化、生态修复"的技术路线具体实施。

(2)目标导向

通过海绵城市建设实现城市建设与生态保护和谐共存,构建"山、水、林、田、湖"一体化的"生命共同体"。转变城市发展理念,从水生态、水环境、水安全、水资源等方面出发,规划先导,在不同城市发展尺度上,集成构建"大海绵、中海绵、小海绵"相衔接的三级海绵城市体系。即以水库、河流为生态本底,保障生态用地比例,构建生态安全格局的"大海绵"体系;统领涉水相关规划,从供水安全保障、防洪排涝、水污染治理、水资源等方面,构建水安全保障度高、水环境质量提升、水资源丰盈的"中海绵"体系;落实低影响开发建设理念,源头削减雨水径流量、峰值流量,控制雨水径流污染,构建具备恢复自然水文循环功能的"小海绵"体系。通过不同层级海绵体系的层层递进,共同助力海绵城市建设。

4. 海绵城市指标分解与管控要求

采用 EPA-SWMM 模型或其他技术手段构建规划区水文模型,反复分解试算区域雨水径流控制目标,评估及验证控制目标的可行性。

(1)年径流总量控制率指标分解的一般思路

①地块划分。按照地块规划及现状建设情况将地块划分为新建项目、改造项目以及现状保留项目。其中,新建项目和改造项目为开展径流控制的重点项目,现状保留不作为主要的径流控制项目。在每个类别中,再依据各地块的用地性质,将地块分为居住类、公共建筑类、道路广场类、公园绿地类等。

②初次设定年径流总量控制目标。在地块分类的基础上,初次设定各个地块的年径流总量控制率目标。其中,新建项目目标设定较高,改造项目目标设定较低。

③布置低影响开发设施。基于地块设定的目标,根据各类用地的下垫面分布特点(建筑屋面、绿地、铺装等),布置绿化屋顶、下沉式绿地、透水铺装等海绵设施。基于模型,模拟评估布置的低影响开发设施是否满足地块目标,并优化设施布置。

④调整径流控制目标。基于构建的模型,模拟评估各类型地块初步设定的目标是否达

到区域径流控制总体目标。如果不达标则反复调整和优化,进而得到各地块合理的年径流控制目标。

⑤模型输出。经模型模拟评估并优化后,得到各个地块的年径流总量控制目标,作为各地块控制的约束性指标,从而实现年径流总量控制率目标分解。

(2)年径流污染削减率指标分解

面源污染控制目标采用年径流污染削减率指标表征,与年径流总量控制率指标同步实现,主要是通过优化采用具有海绵功能的设施类型实现对面源污染的控制。面源污染控制目标通常以 SS 和 COD 削减率计。

通过在各类建设项目中合理布局海绵城市设施,在实现径流量控制的同时对面源污染实现净化处理,进而实现面源污染控制指标。

(3)管控思路

结合控制性详细规划和修建性详细规划,将所在分区的径流总量控制目标、径流污染控制目标分解为建筑与小区、道路与广场、公园绿地等地块的指标,并纳入控制性详细规划。

将年径流总量控制率、径流污染削减率等指标作为城市规划许可的管控条件,纳入规划国土行政主管部门的建设项目规划审批程序,引导和鼓励建设项目海绵设施与主体工程同时规划、同时设计、同时施工、同时使用。

结合现有建设项目审查审批工作要求,发改、环保、建设、水务等部门按照自身职责分别对海绵城市管控指标进行审查。

5.海绵城市工程规划

以问题和目标为导向布局灰绿基础设施解决涉水问题。结合规划区的特点,从自然海绵体布局和保护详细规划、排水防涝详细规划、河道综合整治详细规划、供水安全保障规划、污水系统详细规划、雨水资源化利用规划、再生水利用规划、内涝点整治规划、黑臭水体治理措施等方面制订详细的海绵城市工程规划方案。

应确定规划区内重要海绵设施的布局、规模和建设要点,调蓄池、水系生态化断面等,可按建设用地类型分别给出海绵城市规划设计详细指引,指导各类项目的具体设计和建设。

6.明确近期建设重点

确定海绵城市近期重点建设项目,并制订建设时序安排和投资估算。

7.保障措施和实施建议

提出与控制性详细规划、城市道路、排水防涝、绿地、水系等相关规划的衔接建议。提出海绵城市建设相关体制机制建立的建议,确保将规划理念、要求和措施全面落实到建设、运行、管理各环节。

提出针对规划方案的监测和考核要求,客观、真实评价海绵城市建设的效果。详细规划层面专项规划成果应包括规划文本、说明书、图集以及相关必要的专题研究报告等,成果的表达应当清晰、准确、规范。对文本和说明书的要求与总体规划层面保持一致。

详细规划层面专项规划图纸应与规划说明书内容相符合,内容清晰、准确,图纸范围、比例、图例等应保持一致。主要的图纸名称和内容要求见表3-2。

表3-2　详细规划层次专项规划图纸名称及内容要求

序号	图纸名称	内容要求
1	海绵城市建设目标管控分区图	明确雨水年径流总量控制率和径流污染控制率在管控单元的分解结果和控制要求
2	海绵城市建设地块指标控制图	按照管控单元分为多张图纸表达,明确每个管控单元中各地块的年径流总量控制率和各类设施控制指标,采用图表综合的形式
3	海绵城市重要设施规划布局图	根据说明书中确定的方案,分为多张图纸表达,明确海绵型道路、海绵型建筑与小区、海绵型公园与广场、调蓄设施、雨水湿地等海绵设施的空间布局
4	海绵城市相关基础设施规划图	分为多张图纸表达,明确防洪及排水防涝系统规划图、水环境治理系统规划图、雨水及合流制改造系统规划图等
5	海绵城市近期建设项目分布图	标明近期海绵城市建设项目在空间上的分布
6	其他相关图纸	其他相关内容的表达图纸

第四节　相关规划海绵内容编制技术指引

城市规划应强调自然水文条件的保护、自然斑块的利用、紧凑式的开发等方略,还应因地制宜明确城市年径流总量控制率等控制目标,明确海绵城市建设的实施策略、原则和重点实施区域,并将海绵专项规划有关要求和内容纳入城市水系、排水防涝、绿地系统、道路交通等相关专项或专业规划。

各地应在《海绵城市建设规划编制暂行规定》的基础上,结合本地情况,对相应层次规划海绵内容编制技术要点的内容进行研究,在修订地方性规划编制标准、指南等技术文件时,予以纳入。

一、总体规划海绵内容编制要点

在城市总体规划编制或修编的过程中,应纳入海绵城市专项规划的主要指标、内容、结论,并同步调整衔接其他专项规划,特别是应将雨水年径流总量控制率和径流污染控制率等海绵城市建设目标和指标纳入总体规划,将海绵城市专项规划中明确需要保护的自然生态空间格局作为城市总体规划空间开发管制的要素之一。城市总体规划已经编制完成并获批的城市,可由地方同级人民政府审批海绵城市专项规划,并在下轮总体规划修编时将成果纳入。编制或修编城市水系、绿地、生态、竖向、道路、排水防涝、防洪等专项规划时应与海绵城市专项规划充分衔接。

1. 竖向规划

海绵城市建设要求竖向应结合地形、地质、水文条件、年均降雨量及地面排水方式等因素合理确定,并与防洪、排涝规划相协调。海绵城市竖向规划优化工作应包括:明确排水分区;识别城市的低洼区、潜在湿地区域,提出相应的竖向规划优化设计策略。

2. 用地功能布局

根据海绵城市建设要求,提出用地空间布局优化建议。以落实保护优先为原则,科学划定三区四线,从用地选择的源头确保城市开发建设对原有自然生态系统和原有水文环境的影响降到最低。

3. 蓝线(水系)规划

按照海绵城市建设要求,提出城市蓝线(水系)规划保护的对象、规模,并在水系保护、岸线利用、涉水工程协调等方面落实海绵城市建设要求。当新增水体或调蓄空间达到一定规模或与城市水系连通时,应纳入城市蓝线(水系)规划。

4. 给水规划

落实海绵城市建设要求的城市给水工程规划,应体现节水原则,强调雨水等非常规水资源的资源化利用。

5. 排水防涝规划

应明确城市排水体制,纳入雨水年径流总量控制率等指标。确定雨水管渠系统、超标雨水径流排放系统的设计重现期。明确城市面源污染治理规模和方式,因地制宜合理规划管渠系统,合理设置海绵城市建设技术及设施标准。

6. 绿地系统规划

应在保障为居民提供游憩、场地和美化城市等功能的基础上,统筹考虑绿地系统自身及周边雨水径流的整体控制,因地制宜地规划雨水径流路径,合理选择雨水设施,实现复合生态功能。应强化绿地生态功能,划定保护范围,实现生态绿地廊道优化,构建多层次、多功能的绿地生态网络时,最大限度地保护生态敏感区。

7. 道路交通规划

道路交通规划一方面要按照现有的人行道入渗、下凹式桥区设置调蓄池的规定进行设计,同时应根据海绵城市建设理念及控制目标,削减地表径流和控制面源污染。结合各条道路功能汇水区域及道路条件,综合考虑水文地质、施工条件以及养护管理方便等因素,因地制宜地统筹确定道路及周边场地径流控制目标和原则。在满足道路交通安全等基本功能的基础上,充分利用城市道路自身及周边绿地空间建设海绵设施。

8. 防洪规划

根据城市的等级和人口规模,合理确定城市防洪系统的设计洪水或潮水重现期和内涝防治系统的设计暴雨重现期。梳理城市现有自然水系,优化城市河湖水系布局,保持城市水系结构的完整性,实现雨水的有序排放、净化与调蓄;将受破坏的水系逐步恢复至原有自然生态系统状态;在用地条件允许的情况下,地势低洼的区域可适当扩大水域面积。

9. 特殊地区的规划编制要求

对于规划区内的内涝易发片区、地质灾害严重地区、文物古迹密集区、内涝经济损失大的地区、山洪和泥石流高发地区、重要的生命线等特殊地区,应划定范围,制订出具体的应对策略和措施体系。

二、详细规划海绵内容编制要点

1. 控制性详细规划层面

在控制性详细规划层面,主要依据城市总体规划中的有关要求,增加与海绵城市规划建设有关的内容,细化落实海绵城市相关规划指标、要求、大型市政设施布局等规划内容,明确强制性指标和引导性指标,并指导下一层次的规划、设计和建设项目规划管控工作。

(1)竖向规划

依据总体规划的内容,进一步明确规划地区的主要坡向、坡度、自然汇水路径、低洼区等内容。尽可能尊重区域原有的地形地貌和自然排水方向,减少对现状场地的大规模和人工化处理。统筹协调开发场地、城市道路、绿地和水系等的布局,提出地块控制性标高或不同重现期淹没深度范围。对于低洼区、滨水地区提出相应的竖向规划优化设计策略。

(2)用地布局

进一步明确低洼易涝高风险范围,调整优化该区域地块的用地性质、开发强度、竖向等;对主要地表径流通道及其周边的用地进行统筹,合理布局公共绿地、开放空间和道路设施等用地。交叉布置产汇流较好和较低的地块,避免雨水径流过于集中。

(3)蓝线(水系)规划

结合城市总体规划和蓝线(水系)规划所确定的规划区水域及面积,细化并落实天然水面率、水系保护、水系利用等要求,深化总体规划确定的蓝线保护范围。细化落实总体规划确定的规划区水系的生态岸线、滨水缓冲带等相关规划要素,确定地块生态岸线要求。统筹协调蓝线内布局的水系、岸线、湿地与给水排水以及雨水设施的关系。

（4）绿地规划

落实绿线，明确区域绿地、城市绿地的范围和规模；均衡布局城市绿地，增强绿地雨水的渗、蓄、滞、净、用等复合功能。在现状条件许可的情况下可将部分绿地规划成城市超标暴雨的排放通道。

（5）给水规划

明确规划区范围内的分布式雨水资源回用设施的回用量、回用方式及回用的主要用途，将其分解至控规的单元地块，确定地块雨水资源利用率指标；综合确定采用分质供水模式的区域，并规划设计再生水管网，确定地块污水再生利用量指标，落实污水再生利用设施。

（6）排水防涝规划

明确规划地区和重点地块（涉水）的水环境质量要求；根据总体规划确定的排水体制、内涝设计重现期和主干管网布局，进行规划区排水系统布局，确定排水管渠的路由管径、管底标高等内容。将总体规划确定的年径流总量控制率目标因地制宜分解，确定每个地块的年径流总量控制率目标。合理规划城市超标暴雨排放通道。

（7）防洪规划

明确规划范围内所涉及的城市防洪工程的等级和设计防洪标准，设计洪水、涝水和潮水位，细化并确定规划区域内堤防、河道及护岸（滩）等设施工程。明确管渠、泵站、滞蓄设施、超标雨水径流通道等综合性基础设施的控制界限，明确用地规模、位置、相关控制要求。

（8）道路规划

根据规划区的路网结构、布局、道路等级及现状条件，确定各条道路的径流控制目标。根据本地区道路特点及道路雨水径流水质，在确保道路安全的基础上，按照城市道路径流控制技术要点，进一步细化道路断面、竖向设计，并与周边绿地或开放空间充分衔接。根据海绵型道路的建设要求，设计道路横断面。

（9）特殊地区的编制要求

①涉及发展备用地、裸地、荒草地、闲置土地的，应进行综合治理，减少自然灾害和水土流失，并增强保水、持水能力。

②涉及位于山体周边城市建设区的，应布局山体截洪沟系统，减小汛期山区雨水对城市建设区的冲击。

③涉及从城市建设区内部穿越而过的生态廊道和绿地的，应结合场地竖向，增强其雨水入渗、滞蓄能力，并可作为城市建设区雨水径流调蓄、排放的辅助通道。

④涉及水系的，应统筹考虑流域、竖向、水资源、河流水体功能、水环境容量等因素，结合河道沿线绿地、蓝线、滞洪区，优先落实植被缓冲带、人工湿地、生物浮岛、生态型雨水排放口等雨水设施，并确定其断面形式、规模、建设形式和用地。

2. 修建性详细规划层面

在修建性详细规划、城市设计、项目前期选址论证等详细规划设计层面，可依据控制性详细规划的要求，细化落实上位规划确定的海绵城市建设的相关控制指标，落实相应设施选择、布局、可执行的总体设施规模及相关技术,体现在场地规划设计、工程规划设计、经济技术论证等方面,指导地块开发建设。

(1)竖向设计

场地的竖向应尊重原有地形地貌地质,不宜改变原有排水方向。对包含建筑、道路、绿地等的场地进行竖向设计时,应统筹考虑自身产流以及客水对建设场地的影响,综合设计雨水系统方案。兼顾雨水重力流原则并尽量利用原有的竖向高差条件组织雨水流向,将雨水径流自高处的建筑屋顶经逐级降低的绿地系统汇入低处可消纳径流雨水的雨水设施。对最终确定竖向的低洼区域应着重明确最低点标高、降雨蓄水范围、蓄水深度及超标雨水排水出路。

(2)平面布局规划

设计不同下垫面的雨水径流路径,优化硬化地面与绿地空间布局,合理布局室外空间。校核控制性详细规划中提出的年径流总量控制目标,并进一步落实该指标,海绵城市控制目标和指标可在多个地块之间统筹平衡与落实。尽可能保留天然水面、坑塘、湿地等自然空间,规划人工景观水体时优先选择现状高程低洼区。应明确工程型雨水设施的位置、占地和规模等内容。

(3)主要控制指标复核

明确主要经济技术指标,除原有用地面积、建筑面积、容积率、建筑密度(平均层数)、绿地率、建筑高度、停车位数量、居住人口等指标外,还应落实分解地块年径流总量控制率、雨水管网设计暴雨重现期、面源污染削减率等海绵城市强制性指标,因地制宜落实透水铺装率、绿地生物滞留设施比例、绿色屋顶率、不透水下垫面径流控制比例等引导性指标。

(4)给水排水规划

合理设计饮用水管网、非饮用水管网,充分利用雨水、再生水资源作为绿化浇洒、洗车、水景等非饮用和非接触的低品质用水。落实雨水资源回用所需的雨水桶、回用池等回用设施,并与地下给排水管同对接,确定设施位置、容量及其主要用途。结合场地竖向和道路断面,布局植草沟、渗排水沟等地表自然排水设施,将其与地下雨水管网统一布置,有机衔接为一个整体。

(5)绿地规划

绿色景观设计时融入海绵城市理念,兼顾景观效果的同时合理布置雨水花园、植草沟、雨水塘等雨水设施。依据不同的绿地类型、规模采用常规绿地与海绵设施相结合的布置方式,通过海绵设施适度消纳周边不透水场地的雨水径流;选择合适的本土植物配置,控制绿地表面的积水时间,减少对环境的不利影响。

(6)道路交通规划

落实上位规划有关海绵城市建设对道路交通的要求,优化道路横断面设计,调整原有道路横坡和纵坡方向设计,确定道路控制点高程;将道路绿化隔离带及防护绿带合理设置为生物滞留设施,将雨水径流引入绿化带,适当设置雨水设施以削减道路径流量。有条件的地区机动车道、非机动车道可采用透水沥青路面或透水水泥混凝土路面;人行道尽量设置透水铺装,地面停车场宜采用透水铺装。

(7)雨水设施设计要求

保护优先,合理利用场地内原有的湿地、坑塘、沟渠等消纳径流雨水。可结合绿地、水体增设雨水塘、雨水湿地、渗井、蓄水池等工程型设施。编制单一小地块或城市更新地区的修建性详细规划时,因受空间限制等原因不能满足控制目标的,可与区域雨水设施布局相协调,通过城市雨水管渠系统、引入区域性的雨水设施进行控制。明确需要落实到绿地、公共空间等区域的非独立占地的雨水设施要求和要点。

三、主要相关专项规划海绵内容编制要点

在各层级新编的水系、绿地系统、竖向系统、排水防涝、道路交通等规划中,应优先将海绵城市相关指标和要求纳入编制方案;在对已编制规划进行整合或修编时,须增加海绵城市内容。

1. 城市水系规划

城市水系规划应在水系保护、水系利用、水系新建、涉水工程协调等方面落实海绵城市规划建设的相关要求。

(1)基础研究与评价

分析水系在流域、城市、生态体系中的定位和作用,明确水面率、水系连通、水安全、水环境、水生态等方面的现状及问题。

(2)水系保护

依据城市总体规划的水面率目标,明确受保护水域的面积和基本形态。保护水体完整性,进行蓝线划定,并提出控制要求。

(3)水系利用

统筹水体、岸线和滨水区之间的功能,在促进城市水系多功能复合利用的同时,尽量保护与强化其对雨水径流的自然渗透、净化与调蓄功能,优化城市河道、湖泊和湿地等水体的布局,并与其他相关规划相协调。

岸线利用应体现保护优先的原则,划定生态岸线,并对受破坏的岸线进行生态修复。在生产性、生活性岸线周边,应结合地块开发功能及建设形态,合理布局植被缓冲带,优先采用自然岸线。

(4)规划新建水系

新增水体应兼顾城市排水防涝及景观功能,并考虑周边地块的雨水径流控制要求。

(5)综合协调

涉水工程协调应与给水、排水、防洪排涝、水污染治理、再生水利用、道路等工程进行综合协调,以促进城市水系的保护和提高城市水系的利用效率,减少各类涉水工程设施的布局矛盾。

2. 城市绿地系统规划

城市绿地系统规划应明确海绵城市开发的控制目标,在满足生态、景观、游憩、安全等功能的基础上,通过合理的竖向设计,优化布局海绵设施,实现复合生态功能。

(1)提出不同类型绿地的海绵建设控制目标和指标

根据绿地的类型和特点,明确公园绿地、生产绿地、防护绿地、附属绿地、其他绿地等各类绿地的规划建设目标、控制指标(如年径流总量控制率、年径流污染控制率和调蓄容积等)和适用的海绵设施类型。

(2)合理确定城市绿地系统海绵设施的规模和布局

应统筹水生态敏感区、生态空间和绿地空间布局,落实海绵设施的规模和布局,充分发挥绿地的渗滞、调蓄和净化功能。

(3)城市绿地应与周边汇水区域有效衔接

在满足绿地核心功能的前提下,合理确定周边汇水区域汇入水量,提出客水预处理、溢流衔接等安全保障措施。通过平面布局、竖向控制、土壤改良、选配植物等多种方式,将海绵设施有机融入绿地景观塑造中,以优美的景观外貌发挥绿地滞留、消纳、净化雨水径流的作用。

在城市绿地系统规划的指导下,规划设计城市绿地类建设项目时应注意:

①发挥雨洪调蓄作用绿地中植物的选择应关注植物内在的生态习性以及本地条件(光照、土壤、水分)的契合度,符合园林植物种植及园林绿化养护管理技术要求。通过合理设置绿地下沉深度和溢流口高度,改良土壤、增强土壤渗透性能,配植适宜的乡土植物和耐水湿植物,从而发挥绿地最佳生态功能和景观效果。

②合理设置预处理设施。径流污染较为严重的地区,可采用初期雨水弃流、沉淀、截污等预处理措施,在雨水径流进入绿地前截流净化部分污染物。

③充分利用多功能调蓄设施调控雨水径流。有条件地区可布局湿塘、雨水湿地等海绵设施,调蓄超标降雨。

3. 城市生态规划

城市生态规划旨在协调人类社会的发展和自然环境的保护,内容上包括环境容量的评估、城市空间发展边界的划定、城市安全空间的预留等。海绵城市建设属于大生态规划的范围,因此生态规划中应同时考虑"山、水、林、田、湖"海绵体的保护、城市海绵空间的预留,并在不同尺度的生态策略中融合海绵城市建设的要求,完善生态安全体系。

①在城市总体层面的生态规划中,落实重要的公园绿地、河湖、湿地和沟渠等"海绵体",将其纳入生态资源保护的适宜性评价内容中,海绵生态敏感性极高的绿地和水体,要求划入生态底线区,通过生态空间的保留,保障城市海绵功能。

②在构建生态安全格局时,应考虑海绵本底对于格局的影响和作用,把潜在海绵要素融入城市生态安全格局的框架。并在"基质—斑块—廊道"的构建时,融入海绵基质、斑块和廊道的内容,补充完善生态安全格局的构建。

③在生态功能划分和管控指引制订时,把海绵功能分区尤其是生态区海绵功能分区的结论与管控指引列入生态功能分区的划定与管控指引内容中,在生态规划中落实对海绵基底的保护。

④将需要重点修复的海绵"蓝、绿"资源在生态、规划中进行重点识别,对于发挥水源涵养、净化功能的公园绿地和发挥滞蓄功能的水体湿地,若其受到人为破坏及干扰的,要求在城市规划中列入生态修复的重点内容,恢复其海绵功能。

⑤在生态措施规划中,要求细化水环境容量的评价,提出面源、污染控制要求。城市面源污染是城市水污染的主要来源,在评价城市面源污染的特征后,要求通过透水铺装、城市绿色屋顶、下沉式绿地及生物滞蓄的总量和布局要求,实现面源污染的削减作用。

在控规层面的生态规划内容中,对绿地率、屋顶绿化率、下沉式绿地率和透水铺装率等确定具体要求,有效指导城市规划中融入海绵建设的理念。

4. 城市竖向规划

城市竖向规划应结合地形、地质、水文条件、年均降雨量及地面排水方式等因素合理确定,并与防洪、排涝规划相协调。

①明确排水分区。

②识别出城市的低洼区、潜在湿地区域。

③通过竖向分析确定各个排水分区主要控制点高程、场地高程、坡向和坡度范围,并明确地面排水方式和路径。

④提出竖向规划优化设计策略,以减少土方量和保护生态环境为原则,宜优先划定为水生态敏感区,列入禁建区或限建区进行管控。

⑤识别出易涝节点,对道路控制点高程进行优化设计。衔接超标雨水通道系统的规划设计。

⑥统筹城市涉水设施的竖向等。

5. 城市道路交通规划

城市道路是海绵城市规划建设的重要组成部分和载体。城市道路交通专项规划应在保障交通安全和通行能力的前提下,尽可能通过合理的横、纵断面设计,结合道路绿化分隔带,充分滞蓄和净化雨水径流。

①确定各等级道路源头径流控制目标。充分利用城市道路自身及周边绿地空间落实海绵设施,结合道路横断面和排水方向,利用不同等级道路的中分带、侧分带、人行道和停车场建设生物滞留设施、植草沟、雨水湿地和透水铺装等海绵设施,通过渗滞、调蓄和净化等方式,实现道路源头径流控制目标。

城市道路中非机动车道、人行道、步行街、停车场可采用透水铺装。

市区路段道路、郊区公路应利用道路隔离带、周边绿地,建设生物滞留设施、植草沟、雨水湿地等设施。

下穿式道路应利用周边场地,结合汇水区建设调蓄设施。

②协调道路与周边场地竖向关系,充分考虑道路红线内外雨水汇入的要求,通过建设下沉式绿地、透水铺装等海绵设施,提高道路径流污染及总量等控制能力。

③提出各等级道路源头海绵设施类别、基本选型及布局等内容,合理确定源头径流减排雨水系统与城市道路设施空间衔接关系。

6. 城市排水防涝规划

城市排水防涝是海绵城市的重要组成。城市排水防涝综合规划应在满足《城市排水工程规划规范》(GB 50318—2000)、《室外排水设计规范》(GB 50014—2006)(2016年版)等相关要求的前提下,明确海绵城市的建设目标与建设内容。

①明确年径流总量控制目标与指标。通过对排水系统总体评估、内涝风险评估等,明确年径流总量控制目标,落实城市总体规划中海绵城市建设目标,并与海绵城市专项规划进行衔接。

②确定径流污染控制目标及防治方式。应通过评估、分析径流污染对城市水环境污染的贡献率,根据城市水环境的要求,结合悬浮物(SS)等径流污染物控制要求确定多年平均径流总量控制率,同时明确径流污染控制方式并合理选择海绵设施。

③明确雨水资源化利用目标及方式。应根据水资源、条件及雨水回用需求,确定雨水资源化利用的总量、用途、方式和设施。

④源头海绵设施应与城市雨水管渠系统或超标雨水径流排放系统相衔接,共同发挥作用。最大限度地发挥源头径流减排雨水系统对雨水径流的渗滞、调蓄、净化等作用。

⑤优化海绵设施的平面布局与竖向控制。应利用城市绿地、广场、道路等公共开放空间,在满足各类用地主导功能的基础上合理布局海绵设施。

⑥结合易涝点分析、排水管网竖向规划和雨水回用,进行雨水调蓄规划布点及规模设置,并协调好各市政设施的地下空间使用。

对于规划区内的内涝易发片区、地质灾害严重地区、文物古迹密集区、内涝经济损失大的地区、山洪和泥石流高发地区、重要的生命线工程等特殊地区,应划定范围,提出具体的应对策略和措施体系。

①内涝易发片区。对于城市内涝易发片区,应根据影响范围单独划定规划边界,提出径流总量和径流峰值控制目标,并与周边用地协调,构建源头径流控制系统,改造提升雨水管渠系统,结合河流、坑塘等条件提出超标雨水径流的排放出路。

②文物古迹密集区。对于易受内涝影响的城市紫线范围内及周边建设控制区应单独制订内涝防治措施,保证现有水系面积不会出现负增长。紫线范围内因保护文物而不能实现径流控制目标的,应与周边控制区范围作为一个整体,统一进行径流控制,实现海绵城市建设目标。

③山洪、泥石流高发地区。可针对有历史记录的山洪、泥石流高发地区,通过模型模拟、监测等多种手段进行详细分析计算,确定山洪、泥石流高发地区雨水系统改造的主要内容、时序和重点。通过源头控制设施的建设、现况雨水管渠改造、蓄排系统组合、不同防洪设施布局等一系列工程手段控制疏导山洪、泥石流灾害。

7.防洪规划

基于海绵城市建设要求的城市防洪规划主要应体现下述内容。

①现状分析。对城市防洪风险情况,以及主要高风险区和薄弱区域的分布情况进行调研分析;对城市主要的排水防涝和防洪设施的规划设计标准及分布,以及城市历史洪水和内涝灾害情况进行调研分析;对超标雨水排放系统的水位、流量、流速、水量、洪水淹没界限等水文资料进行调研;了解掌握河流流域范围、流域布局等现状情况;对现有的超标雨水径流系统的设施位置、规模、设计标准、建设情况进行调研分析。

②根据城市的等级和人口规模,合理确定城市防洪系统的设计洪水或潮水重现期和内涝防治系统的设计暴雨重现期。

③梳理城市现有自然水系,优化城市河湖水系布局,保持城市水系结构的完整性,实现雨水的有序排放、净化与调蓄;将受破坏水系逐步恢复至原有自然生态状态;在用地条件允许的情况下,地势低洼的区域可适当扩大水域面积。

第五节　海绵城市规划主要技术方法

一、基础分析方法

现场调查工作主要针对当地自然气候条件(降雨情况)、水文及水资源条件、地形地貌、排水分区、河湖水系及湿地情况、用水供需情况、水环境污染等情况的展开,以分析城市竖向、低洼地、市政管网、园林绿地等海绵城市建设影响因素及存在的主要问题(图3-4)。

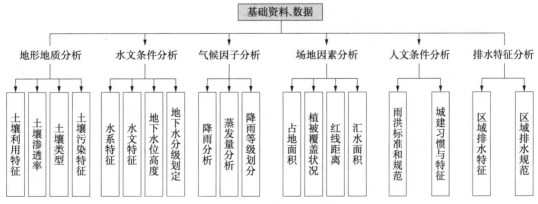

图3-4　海绵城市关注的影响因子

收集的资料分为重要资料和辅助性资料。重要资料是进行海绵城市专项规划的必备资料,辅助性资料在一定程度上可以丰富规划内容和成果表达。

相关规划在收集时要明确该规划编制年限、规划范围、规划阶段(初稿、终稿或者待审批)以及需要的文件格式(Word、PDF 或者 CAD 图等)以方便后期分析。

通过对核心资料进行基础分析与研究,达到以下要求和深度,夯实海绵城市建设基础研究的深度:

①明确城市现状硬化覆盖程度、生态保育水平、不良地质(对海绵有不利影响)的分布、地方传统特色做法。

②明确设计雨型、暴雨强度公式、典型场降雨。

③明确土壤渗透性、地下水位。

④明晰基础设施水平、明确现状区域存在的问题和成因。

⑤明确目前产流特征与径流控制水平。

⑥梳理出法定规划中海绵相关内容。

⑦提炼土地利用、竖向、绿地等相关专项规划中海绵相关安排。

⑧明确地方经济承受能力和未来发展规划方向等。

二、排水分区划分方法

排水分区划分工作主要是考虑城市的地形、水系、水文和行政区划等因素,把一个地区划分成若干个不同排水分区。考虑到水文、地形特点,排水分区一般按"自大到小,逐步递进"的原则可分为干流流域、支流流域、城市管网排水分区和雨水管段排水分区。

流域排水分区为第一级排水分区,主要根据城市地形地貌和河流水系,以分水线为界限划分,其雨水通常排入区域河流或海洋,反映出雨水总体流向对应不同内涝防治系统设计标准。

支流排水分区为第二级排水分区,主要根据流域排水分区和流域支流,以分水线为界限划分,其雨水排入流域干流,对应不同内涝防治系统设计标准。根据城市规模,某些城市在划分排水分区时,可能不存在此类排水分区,直接划分城市排水分区。

城市排水分区为第三级排水分区,是海绵城市建设重点关注的排水分区,主要以雨水排水口或泵站为终点提取雨水管网系统,并结合地形坡度进行划分,对应不同雨水管渠设计标准。各排水分区内排水系统自成相对独立的网络系统,且不互相重叠,其面积通常不超过 $2 \ km^2$。值得注意的是,当降雨径流超过管网排水能力形成地表漫流时,原有的排水分区将会发生变化,雨水径流将从一个排水分区漫流至另一个排水分区。所以城市管网排水分区可以根据地形适度合并多个排水分区,但面积不宜过大。

在划分方法上,流域排水分区和支流排水分区的划分主要基于数字高程地形图(DEM),采用 ArcGIS 水文分析工具提取分水线和汇水路径,实现自然地形的自动分割。城市排水分区的划分主要以雨水管网系统和地形坡度为基础,地势平坦的地区,按就近排放原则采用等分角线法或梯形法进行划分,地形坡度较大的地区,按地面雨水径流水流方向进行划分。雨水管段排水分区主要采用泰森(Theissen)多边形工具自动划分管段或检查井的服务范围,再对地形坡度较大的位置进行人工修正。在不采用计算机模型的情况下,亦可以用等分角线法或梯形法进行划分。

三、易涝风险评估方法

易涝风险区评估是海绵城市规划的重要内容,有助于识别城市内涝风险等级,合理布局相应的工程技术措施,避免内涝灾害发生,保障城市水安全。易涝风险评估应在明确内涝灾害标准、内涝风险等级划分方法的基础上,采用计算机模型技术进行评估。

1. 内涝灾害标准

从目前大部分城市排水防涝标准制定的情况来看,内涝灾害标准主要从积水时间、积水深度和积水范围 3 个方面综合考虑。以深圳市为例,内涝灾害标准为:

①积水时间超过 30 min,积水深度超过 0. 15 m,积水范围超过 1 000 m²。

②下凹桥区,积水时间超过 30 min 和积水深度超过 0. 27 m。以上条件同时满足时才称为内涝灾害,否则为可接受的积水,不构成灾害。

2. 内涝风险等级的划分方法

内涝风险等级的划分应综合考虑不同设计重现期暴雨及其发生的内涝灾害后果进行综合确定分析,因此,内涝风险是内涝事故后果(Z)与事故频率(P)的函数。内涝风险等级的划分计算方法详见式(3-1)。内涝风险等级的区划根据不同设计重现期下该公式的计算值,取最大值,根据该最大值所在区间从而确定内涝点的内涝风险等级。

$$R = \max(P \times Z_i) \tag{3-1}$$

式中　R——内涝风险等级;

　　　P——设计重现期;

　　　Z_i——不同设计重现期下事故后果等级分值。

对于内涝事故后果等级(Z),应综合考虑积水深度以及内涝区域重要性及敏感性等因素,根据不同的权重,加权得到内涝事故后果,采用式(3-2)进行计算。

$$Z = A \cdot W_A + B \cdot W_B \tag{3-2}$$

式中　Z——事故后果等级;

　　　A——区间值;

　　　W——权重。

3. 计算机模型模拟评估

基于计算机模型平台,耦合城市排水管网模型、城市河道水动力模型和城市二维地表模型,输入不同设计重现期降雨,模拟评估对应降雨的内涝积水分布。根据模型模拟输出结果,分析不同设计重现期下符合内涝灾害标准的内涝区域范围,输入 ArcGIS 中。在

ArcGIS界面,对不同设计重现期降雨积水范围图进行叠加计算,从而实现内涝灾害风险区划分。

以深圳市为例,采用MIKEURBAN模型构建排水管网模型,MIKE11模型构建河道模型,MIKE21模型构建二维地表模型,以不同设计重现期下24 h设计降雨雨型作为降雨条件,水位边界采用《深圳市防洪(潮)规划修编(2010—2020)》的成果,最终在MIKEFLOOD平台中将以上加以耦合,形成完整的内涝风险综合评估模型。

四、海绵城市建设分区方法

1. 海绵基底识别

识别城市山、水、林、田、湖等生态、本底条件,研究核心生态资源的生态价值、空间分布和保护需求。

2. 海绵生态敏感性分析

海绵生态敏感性是区域生态中与水紧密相关的生态要素综合作用下的结果,涉及河流湖泊、森林绿地等现有资源的保护、潜在径流路径和蓄水地区管控、洪涝和地质灾害等风险预防、生物栖息及环境服务等功能的修复等。具体的因子可包括:河流、湿地、水源地、易涝区、径流路径、排水分区、高程、坡度和各类地质灾害分布、植被分布、土地利用类型、动物栖息地分布及迁徙廊道等。

在海绵生态敏感性分析中,采用层次分析法和专家打分法,给各敏感因子赋权重,通过ArcGIS平台进行空间叠加,得到海绵生态敏感性综合评价结果;并将其划分为高敏感区、较高敏感区、一般敏感区、较低敏感区和低敏感区。

3. 海绵空间格局构建

运用景观生态学的“基质—斑块—廊道”的景观结构分析法,结合城市海绵生态安全格局、水系格局和绿地格局,构建“海绵基质—海绵斑块—海绵廊道”的海绵空间结构。海绵基质是以区域大面积自然绿地为核心的山水基质,在城市生态系统中承担着重要的生态涵养功能,是整个城市和区域的海绵主体和城市的生态底线。海绵斑块由城市公园绿地和小型湿地组成,是城市内部雨洪滞蓄和生物栖息的主要载体,对内部微气候改善有明显效果。海绵廊道包括水系廊道和绿色生态廊道,是主要的雨水行泄通道,起到控制水土流失、净化水质、消除噪声等环境服务功能,同时提供游憩休闲场所。

4. 海绵城市建设技术的用地适宜性评价

综合考虑地下水位、土壤渗透性、地质风险等因素,基于经济可行、技术可理的原则,评价适用于城市的海绵技术措施库。可将规划区分为适宜建设区、有条件建设区和限制建设区,其中适宜建设区可以采用所有海绵城市建设技术,有条件建设区有部分技术不适用,限制建设区仅考虑特定的一种或少数技术。

5. 海绵建设分区与指引

根据城市总体规划对于建设用地/非建设用地的划分,将海绵建设分区分为非建设用地分区和建设用地分区两大类进行细分与指引制定。

①非建设用地海绵分区。综合考虑城市海绵生态敏感性和空间格局,采用预先占有土地的方法将其在空间上进行叠加,根据海绵生态敏感性的高低、"基质—斑块—廊道"的重要性逐步叠入非建设用地,一直到综合显示所有非建设用地海绵生态的价值。

②建设用地海绵分区。综合考虑城市海绵生态敏感性、目标导向因素(新建/更新地区、重点地区等)、问题导向因素(黑臭水体涉及流域、内涝风险区、地下水漏斗区等)和海绵技术适宜性,采用层叠法将其在空间上进行逐步叠加,一直到综合显示所有海绵建设的可行性、紧迫性等建设价值。

③根据非建设用地海绵分区、建设用地海绵分区的特点及相关规划、相关空间管制线的管控要求等,制订各海绵分区的管控指引。

五、年径流总量控制率统计方法

源头径流控制系统的径流总量控制一般采用年径流总量控制率作为控制目标。年径流总量控制率与设计降雨量为一一对应关系。理想状态下,径流总量控制目标应以开发建设后径流排放量接近开发建设前自然地貌时的径流排放量为标准。这一目标主要通过控制频率较高的中、小降雨事件来实现。

六、径流控制目标分解方法

径流总量控制和污染物控制是海绵城市建设的重要规划目标,也是海绵城市建设的核心要求。径流总量控制和污染物控制,需要落实到具体的地块和工程项目来承担。因此,为了便于实施与管理,需要对径流总量控制目标和污染物控制目标进行分解。目前国内海绵城市建设过程中常用的指标分解方法主要有加权平均试算分解法和模型分解法等。

1. 加权平均试算分解法

（1）年径流总量控制率分解方法

其中加权平均试算分解法一般采用《海绵城市建设技术指南》中推荐的容积法进行计算,基本原理是根据各类设施的规模计算单位面积的控制容积,通过加权平均的方法得出地块的单位面积控制容积及对应的设计降雨量,进而得出对应的年径流总量控制率。依据此方法分别进行各地块、各片区及整个城市控制目标的核算。

（2）污染物控制目标分解

污染物的控制目标一般通过径流总量的控制来实现,但其具体转化与控制路径一般比较复杂,应尽量使用模型模拟进行指标分解,如果无此条件,也可参照《海绵城市建设技术指南》进行指标计算分解。

2. 模型模拟分解法

根据规划区的下垫面信息构建规划区水文模型,输入符合本地特征的模型参数和降雨,将初设的海绵城市建设指标赋值到模型进行模拟分析,根据得到的模拟结果对指标进行调整,经过反复试算分析,最终得到一套较为合理的规划目标和指标。

3. 模型模拟与加权平均试算结合法

研究区域面积过大导致工作量过大或当资料不足等原因导致使用模型模拟分解法比较困难时,可以考虑采用模拟模型与加权平均试算法相结合的方法。

具体做法为使用模型对当地降雨、土壤、坡度、下垫面类型等因素进行分析,分别得到不同地块、不同建设类型的控制目标。然后根据统计所得的规划区不同建设区域、不同建设类型下垫面信息,参考模拟所得到的各种用地分类所对应的年径流总量控制目标分别加权核算片区、流域和城市年径流总量控制目标。具体步骤如下所述。

①根据河流的位置、流向,结合地形分区、竖向规划、规划排水管网等对规划区进行流域、分区的划分。

②统计各类建设面积,根据规划图及现状建设图统计各流域/管控片区内各类型下垫面规划用地面积,包括建筑与小区类用地(新建、综合整治、保留)、道路类用地(新建、保留)、公园绿地类用地、生态用地等。

③根据不同降雨、土壤、下垫面类型等构件不同用地分类模型,在初设海绵相关指标条件下模拟分析各自年径流总量控制率及对应的控制降雨量,并试算优化。

④依据用地类型统计结果及步骤③模拟结果,反复核算各个分区的单位面积控制降雨量和对应的年径流总量控制率,进一步核算得到规划区单位面积控制降雨量,查年径流总量控制率—设计降雨量曲线,得到规划区的年径流总量控制率,从而优化核算分区及整个规划区域的年径流总量控制率。

七、海绵措施布局规划方法

海绵城市措施规划可以问题和目标为导向按照水生态、水安全、水资源、水环境等方面深入细化,再汇总优化,各地在措施规划时应结合本地特点有所侧重。

1. 水资源利用系统规划

结合城市水资源分布、供水工程,围绕城市水资源目标,严格水源保护,制订再生水、雨水资源综合利用的技术方案和实施路径,提高本地水资源开发利用水平,增强供水安全保障度。

明确水源保护区、再生水厂、小水库山塘雨水综合利用设施等可能独立占地的市政重大设施布局、用地、功能、规模,并复核水资源利用目标的可行性。

2. 水环境综合整治规划

对城市水环境现状进行综合分析评估,确认属于黑臭水体的,要根据《国务院水污染防治行动计划》中的要求,结合住房和城乡建设部颁布的《黑臭水体整治工作指南》,明确治理的时序。黑臭水体治理以控源截污为本,统筹考虑近期与远期,治标与治本,生态与安全,景观与功能等多重关系,因地制宜地提出黑臭水体的治理措施。

结合城市水环境现状、容量与功能分区,围绕城市水环境总量控制目标,明确达标路径,制订包括点源监管与控制,面源污染控制(源头、中间、末端)水自净能力提升的水环境治理系统技术方案,并明确各类技术设施实施路径。要坚决反对以恢复水动力为理由的各类调水冲污、河湖连通等措施。

对城市现状排水体制进行梳理,在充分分析论证的基础上,识别出近期需要改造的合流制系统。对于具备雨污分流改造条件的,要加大改造力度。对于近期不具备改造条件的,要做好截污,并结合海绵城市建设和调蓄设施建设,辅以管网修复等措施,综合控制合流制年均溢流污染次数和溢流污水总量。

明确并优化污水处理厂、污水(截污)调节、湿地等独立占地的重大设施布局、用地、功能、规模,充分考虑污水处理再生水用于生态补水,恢复河流水动力,并复核水环境目标的可达性。

有条件的城市和水环境问题较为突出的城市综合采用数学模型、监测、信息化等手段提高规划的科学性,加强实施管理。

3. 水生态修复规划

结合城市产汇流特征和水系现状,围绕城市水生态目标,明确达标路径,制订年径流总量控制率的管控分解方案、生态岸线恢复和保护的布局方案,并兼顾水文化的需求,明确重要水系岸线的功能、形态和总体控制要求。

4. 水安全保障规划

充分分析现状,评估城市现状排水能力和内涝风险。

结合城市易涝区治理、排水防涝工程现状及规划,围绕城市水安全目标,制订综合考虑渗、滞、蓄、净、用、排等多种措施组合的城市排水防涝系统技术方案,明确源头径流控制系统、管渠系统、内涝防治系统各自承担的径流控制目标、实施路径、标准、建设要求。

对于现状建成区,要以优先治理易涝点为突破口,合理优化排水分区,逐步改造城市排水主干系统,提高建设标准,系统提升城市排水防涝能力。

明确调蓄池、滞洪区、泵站、超标径流通道等可能独立占地的市政重大设施布局、用地、功能、规模。明确对竖向、易涝区用地性质等的管控要求,并复核水安全目标的可达性。有条件的城市和水安全问题较为突出的城市综合采用数学模型、监测、信息化等手段提高规划的科学性,加强实施管理。

第六节 海绵城市规划主要模型技术

一、模型应用方向与意义

1. 海绵城市规划模型应用的方向

数学模型是海绵城市规划的重要辅助工具。应用数学模型,可以有效支撑海绵城市规划、设计优化、运行等不同阶段的建设工作。在海绵城市规划设计应用方面,数学模型可以应用于规划范围现状评估,包括现状水文状况评估以及现状、内涝风险评估;也可应用于规划设计方案的评估与优化,包括辅助排水防涝规划方案制定、年径流总量控制率等指标分解与优化、海绵城市设计方案的评估与优化等方面。

2. 海绵城市规划模型应用的目的和意义

2014年10月,住房和城乡建设部发布《海绵城市建设技术指南(试行)》,极大地推动了海绵城市建设模式在全国的推广应用。指南推荐采用模型法和容积法作为年径流总量控制率控制指标分解和低影响开发设施规模计算的方法,并针对容积法提供计算案例借鉴。由于年径流总量控制率目标融合了多项目标,径流污染控制目标、径流峰值削减目标、雨水资源化利用目标可通过径流总量控制实现。相比数学模型法,容积法仅能计算实现年径流总量控制率规划设计目标所需的调蓄容积,无法表达雨水径流路径的组织,并计算量化年径流总量控制率目标所发生的复杂的水文效应以及评估其峰值削减效应、径流污染控制目标等。因此,采用数学模型法辅助海绵城市规划方案的设计有着重要的意义。

数学模型法能够弥补容积法实际应用方面的不足。数学模型是对自然界中复杂水循环过程的近似描述,是研究水文循环和水动力的重要工具,是城市水文循环分析与城市排水系统辅助管理与设计的有效手段。采用数学模型法进行年径流总量控制率指标分解和低影响开发设施规模计算时,通过构建不同尺度和精度的模型,可实现年径流总量控制率、径流污染削减效应和径流峰值削减效应等多目标效益评估,更加科学合理地分解目标和确定设施规模,提高规划的指导性和可操作性,弥补容积法的不足。

数学模型法能为海绵城市规划设计和工程应用提供指导。通过数学模型软件的模拟,能够使海绵城市技术措施设计和应用更加科学有效,同时,数学模型法能够以排水分区为研究单位,评估分区目标的可达性,优化规划设计方案。此外,模型的模拟结果还能够用于规划方案评估、决策、教育和政策研究,为规划方案的调整和优化提供理论性的指导,能够将海绵城市理念量化地落实到城市的规划设计,为城市建设过程中落实海绵城市技术设施提供指导。

二、模型构建与率定

通常情况下,模型构建的基础工作主要包括基础资料收集、模型的建立以及模型参数的率定和验证 3 个方面的内容。

1. 基础资料收集

(1)资料需求

基础数据的准确性与完整性是模型构建的基础。海绵城市规划模型软件所需主要数据包括气象数据、下垫面数据、排水防涝设施数据、河道数据、水量水质监测数据以及其他数据。此外,还可参考《城市排水防涝设施数据采集与维护技术规范》(GB/T 51187—2016)以及相应模型软件数据要求开展数据的收集。

(2)资料精度及格式

为保障模型运行的稳定性以及模型结果的准确性和可靠性,模型的数据应满足一定的数据精度和格式要求。在开展模型基础数据收集时应尽量保障数据的精度和格式要求,模型构建时减少对数据的评估、整理过程产生的数据误差,在保证模型准确性的同时,减少建模工作量。

2. 模型的建立

模型的建立是将现实世界部分简化并进行数字化的过程。海绵城市模型的建立过程主要包括数据整理、模型概化、模型参数输入、拓扑关系检查、模型调试运行 5 个步骤。

3. 模型参数的率定和验证

模型参数的率定和验证是模型构建的必备阶段,能降低模型模拟结果与现实的误差,提高模型的准确性和可靠性。

模型的参数涉及水文参数和水力参数,参数的数量较多。通常情况下,需要开展参数的敏感性分析,确定敏感性参数,进而开展模型参数的率定和验证,具体的方法如下所述。

参数敏感性分析是通过改变模型参数的初始值,来识别该参数对模型输出结果重要性的一种方法。在城市径流的水文和水质模拟研究中,模型参数的率定和验证过程中最重要的基础工作是参数的敏感性分析,通过对参数进行敏感性分析,确定参数对模型结果影响程度,全面掌握各项参数的重要性。对模型结果影响大的参数,需要精确地校准;对模型结果影响小的参数,可以通过经验及实际情况取值。有针对性地对模型参数进行率定与校核,提高模型的精确性,降低工作量。

模型参数敏感性分析包括全局和局部敏感性分析。对模型的每项参数和参数之间的相互关系进行详细分析后,通过对单个或者多个参数进行变换,以此来评价各项参数对模型输出结果的重要性,这种方法被称为全局敏感性分析法;而只对模型的单个参数进行变换,采用单一变量法,保持其余参数不变,以此来评价单个参数对模型输出结果的重要性,这种方法被称为局部敏感性分析法。全局敏感性分析方法有多元回归法、区域敏感性法、Sobol 方差分解法和基于贝叶斯理论的普适似然度法,局部敏感性分析法有摩尔斯筛选法和修正摩尔斯筛选法。

全局敏感性分析法的优点在于综合分析模型所有参数对模型输出结果的影响,又分析所有参数相互之间的关系,可精确地分析出高、中和低敏感性参数,但是其缺点在于分析方法较为复杂且工作量大。该方法对简单模型因其参数少较为适用,而对复杂模型参数较多不太适用。而局部敏感性分析法优点在于有选择性地分析了对模型输出结果影响较重要的参数,大大减轻了分析和计算的工作量,又因其分析方法和原理较为简单,广泛应用在各种模型的参数敏感性分析中;其缺点在于未对模型所有参数进行综合分析,得到的分析结果精确度低于全局分析法。

摩尔斯筛选法是目前局部分析法中比较常用的一种方法,是单一变量法。每次只选取参数中的一个变量 x_i,对该变量随机改变号,但需保证在该变量的值域范围内变化,最后运行模型得到不同 x_i 的目标函数 $y(x)=y(x_1,x_2,x_3,\cdots,x_n)$ 的值。

第四章 海绵城市的技术研发

　　海绵城市建设中观尺度低影响开发设施的主要功能是对降雨径流的水量和水质、污染物进行源头控制，以及对雨水资源的可持续利用。然而，绿色屋顶、生态植草沟和雨水花园等低影响开发技术对不同气候及土壤条件的城市绿地的适用性不同，因此其结构和技术特点均需要根据应用对象予以再研发。此外，针对绿地功能的不同，低影响开发技术的规模、结构特征和组合方式也相应地存在差异。虽然，根据 SSA-SWMM 模型的演算，可估算绿色屋顶、生态植草沟和雨水花园等低影响开发技术的规模、设计参数及组合方式，但其在实践应用中的雨洪调控效能还需要通过控制性模拟实验进行验证。

第一节　绿色屋顶技术研究

　　绿色屋顶(green roof)即在建筑物、构筑物顶部进行植物种植及配置，且不与自然土层连接的绿化方式，包括多种屋顶种植方式。绿色屋顶作为城市立体绿化的一部分，具有隔热降温、景观美化及雨洪吸纳、径流阻滞等雨洪调节功能，有助于还原城市水文特征。绿色屋顶主要包括拓展型(extensive green roof)和密集型(extensive green roof)两种(图 4-1)。由于城市建筑的荷载有限，虽然其乔—灌草复层结构对雨水的蓄积能力较强，但维护成本和难度都相对较大，而维护成本较低的拓展型绿色屋顶则在实践中应用广泛。

一、拓展型绿色屋顶的特征概述

　　拓展型屋顶绿化，也被称为简单式屋顶绿化、轻型屋顶绿化或草坪式屋顶绿化，是指根据建筑屋面荷载，采用适生草本植物或攀缘植物进行屋面覆盖的屋顶绿化方式，植物主要选择宿根花卉、景天类及耐旱的禾草类植物，基质厚度为 50～300 mm。其主要特点是：

　　①屋面荷载要求低，施工后增加的质量不大于 100 kg/m²，适用于各类屋顶。

②总造价低,不到密集型屋顶绿化的30%。一般密集型屋顶绿化的造价为300~500元/m²,而上海1 000 m²以上的拓展型屋顶绿化的建造成本则低于100元。

③管理方便,养护管理频率低,3~4次/年即可保持景观效果。

④不易造成屋顶渗漏,采用的景天类、禾本类及宿根花卉的植株矮小,根系小,地面覆盖力强,因此不会造成渗水,也不会因大风的吹动作用对屋面结构造成损坏,其防水层还能保护并延长屋面结构的使用寿命。

2003年,上海市政府就屋顶绿化实施方法进行相关调研及计划制订,并成为我国第一个以立法形式对屋顶绿化进行规范的城市。2006年10月,上海市绿化部门在《上海市绿化管理条例》中增加屋顶绿化,为屋顶绿化的推广提供法律层面支持。

类 型	拓展型		密集型		拓展型		密集型	
排水设施	基质层				排水板			
植被组成	景天草本	景天草本宿根	宿根草本灌木	草本灌木乔木	景天草本	景天草本宿根	宿根草本灌木	草本灌木乔木
干重/(kg·m⁻²)	93	137	219	337	68	112	166	254
持水质量/(kg·m⁻²)	127	200	341	512	112	180	278	415
雨水蓄积量/%	50	60	70	80	50	60	70	80

图4-1 拓展型与密集型绿色屋顶的基本特征比较

该条例增加了相应的鼓励措施,如密集型屋顶绿化的补贴标准为200元/m²;半密集型屋顶绿化的补贴标准为100元/m²;拓展型屋顶绿化的补贴标准为50元/m²;单个示范项目最高可获得600万元政府补贴。截至2011年年底,上海市城区范围内12层以下的非居住建筑的可绿化屋顶总面积为1 900万m²,已完成屋顶绿化累计115万m²,仅占6%。上海市政府虽然在政策上大力扶持屋顶绿化发展,但是受现有技术的限制,屋顶绿化的造价及后期维护成本偏高,极大地阻碍了屋顶绿化在上海的大面积推广。另一方面,在上海现有的2亿m²屋顶中,薄板平屋面占很大比例,其屋面承载能力相对较弱,如若采用密集型屋顶绿化模式,则建造成本和后期维护成本过高,无法被普通市民接受。而拓展型屋顶绿化因其对建筑荷载要求低、管理方便、养护管理费用低,突破了密集型屋顶绿化的诸多限制,可以解决阻碍屋顶绿化在上海大面积推广的技术和经济难题。因此,在上海城市社区分散性绿色基础设施的建设中,拓展型绿色屋顶的广泛应用对雨水径流水量和污染物的调控具有积极的生态和社会效益。

二、人工降雨径流滞蓄模拟实验屋顶绿化

通过基质的吸附作用、基质空隙的阻拦和蓄积作用、植被吸收和蒸腾作用等方式对雨水

进行迟滞和蓄积。已有研究结果表明,在不同的降雨强度、种植层厚度及屋面坡度等条件下,屋顶绿化对雨水的滞蓄率可以达到 20% ~ 100%,洪峰径流量可消减 44.2%,屋面产流时间延迟可达 90 min。

1. 模拟实验材料选择

由于拓展型屋顶绿化主要针对承载能力较差的建筑物屋顶,因此对种植基质的理化性质要求则相对严苛,不仅要保证植物的良好生长,还应满足质量轻、材料来源广、价格低廉、清洁无毒、通风排水性能好、持水量大等优点。目前,国内拓展型绿色屋顶的建设所选择的植物生长介质主要为人工基质。人工基质中改良土主要是由轻质骨料、排水材料、肥料和壤土混合制成;超轻量基质主要分为表面覆盖层、植物生长层和蓄排水层 3 个部分。栽培基质根据组成成分的不同可分为有机基质和无机基质两类;其中,无机基质主要包括蛭石、珍珠岩、砾石和砂等;有机基质的主要组成成分为泥炭、稻壳、蔗渣、椰糠、树皮等,其容重应为100 ~ 800 kg/m³,以 500 kg/m³ 为最佳,总孔隙度在 600% 左右,pH 值为 5.5 ~ 7.0(表 4-1)。综上所述,本实验采用的基质为壤土、无机基质珍珠岩和有机基质椰糠按比例混合制成的改良土及保水剂。

表 4-1 常见基质的基本理化性质

机制名称	pH 值	总孔隙度/%	容重/(kg·m⁻³)
壤土	6.2	66.00	110.00 ~ 170.00
炉渣	7.20	57.70	70.00
珍珠岩	7.40	93.20	16.00
岩棉	5.80 ~ 7.00	96.00	11.00
草炭	5.80	84.40	21.00
锯木屑	6.20	78.30	19.00
碳化稻壳	6.50	82.50	15.00
椰糠	4.40 ~ 5.90	80.00	10.00 ~ 25.00

此外,拓展型屋顶绿化因其对屋顶承载能力要求低、管理方便、养护费用低等优点,突破了密集型屋顶绿化的诸多限制,可帮助解决屋顶绿化在上海大面积推广过程中面临的技术和经济难题。因此,在上海市大力推广和利用拓展型屋顶绿化,对新旧建筑进行拓展型屋顶绿化改造,将产生不可估量的生态、经济和社会效益。按照上海市"十二五"规划,将完成100 万 m² 屋顶绿化。又因拓展型屋顶绿化基质层薄,植物的蒸腾作用和土壤中水分蒸发较快,其所需水分远多于地面绿化。这意味着城市绿化用水量会急剧增加,而上海市绿化灌溉用水主要利用自来水,这无疑是对水质型缺水城市上海提出了更大的难题。这部分新增用水量需要拓展型屋顶绿化通过自身节水来解决,拓展型屋顶绿化在节水的同时也减少了灌溉系统的能耗。因此,如何将雨水最大限度地滞蓄在屋顶成为解决拓展型屋顶绿化灌溉用

水紧缺问题的有效措施。

保水剂又被称为保湿剂、高吸水性树脂、高分子吸水剂,是用高吸水性树脂制成的高保水性有机高分子聚合物。保水剂遇水后发生电解,离解成带正负电的离子,因这种带正负电的离子和水的亲和作用极强,使得保水剂具有极强的吸水性,可吸收超过自身百倍甚至千倍的水。又因保水剂的分子结构中具有网状分子链,分子结构交联,常规物理方法无法将分子网络吸收的水分挤出,故具有极强的保水性。保水剂在吸水膨胀后变成水凝胶,这种水凝胶通过缓慢释放自身储存的水分为植物生长提供保障,通常一次吸足水后可供植物吸收长达2个月。

庄文化等通过在大田试验中添加聚丙烯酸钠,并研究其对冬小麦生长及产量的影响发现,聚丙烯酸钠的使用能够改善土壤结构,降低土壤容重,降低冬小麦在整个生育期的耗水总量,显著提高水分利用效率。冯吉等通过研究保水剂在屋顶绿化草坪草高羊茅栽培中的应用发现,当保水剂施用浓度为0.5%,施用于距土层表面5 cm处时节水量最多。谭国波等通过田间试验发现,保水剂的添加可显著提高基质保水性并降低表层土的水分蒸发量,雨后进行的测量结果更显著。可见,保水剂在拓展型屋顶绿化中的应用,可有效提升基质保水性,减少拓展型屋顶绿化灌溉次数,解决灌溉用水紧缺的问题并降低维护成本。

2. 模拟实验方法设计

试验平台设计为45°倾斜的坡面,其上放置尺寸为685 mm×525 mm×390 mm的试验箱,并根据上海常见拓展型绿色屋顶的种植结构,由上至下依次为植被层(佛甲草)、基质层、过滤层和排水层(图4-2、图4-3)。选用基质厚度、基质配比以及聚丙烯酸钠用量,采用三因素三水平正交设计进行试验(表4-2)。根据因子水平表及 $L_9(3^4)$ 正交表,可以得到9种试验设计组合。其中,聚丙烯酸钠根据基质体积称取相应质量后,均匀平铺于基质表面下50 mm处,后覆盖基质。

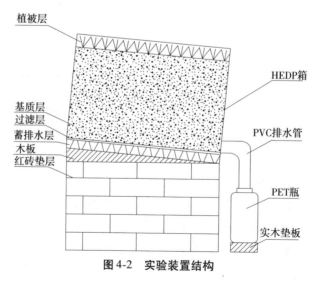

图4-2 实验装置结构

图 4-3 人工模拟降雨器及试验装置

由于单一基质存在质量过轻、过重或者通气不良等缺点,为克服上述诸多缺点,本试验采用壤土、无机基质珍珠岩和有机基质椰糠按比例混合制成的改良土作为试验基质(表4-3)。参照《土壤理化分析》的相关方法,对改良土的 pH 值、总孔隙度和湿容重等理化性质进行测定。

表 4-2 拓展型绿色屋顶基质 $L_9(3^4)$ 正交试验设计

试验编号	因 素		
	基质厚度/mm	基质配比 (壤土∶珍珠岩∶椰糠)	聚丙烯酸钠用量 /(g·L^{-1})
1	100	1∶1∶1	0
2	100	1∶2∶1	2
3	100	1∶1∶2	4
4	200	1∶1∶1	2
5	200	1∶2∶1	4
6	200	1∶1∶2	0
7	300	1∶1∶1	4
8	300	1∶2∶1	0
9	300	1∶1∶2	2

表 4-3 基质特性有关参数

基质配比 (壤土∶珍珠岩∶椰糠)	pH 值	总孔隙度	湿容重/(N·m^{-3})
1∶1∶1	8.32	70.05	1 440

续表

基质配比 （壤土：珍珠岩：椰糠）	pH 值	总孔隙度	湿容重/（N·m⁻³）
1：2：1	8.19	74.38	1 180
1：1：2	8.05	73.60	1 240

注：屋顶绿化基质的湿容重一般应小于 1 300 N/m³。

人工降雨模拟器如图 4-3 所示，通过人工模拟降雨进行屋顶绿化对降雨径流滞蓄效果的实验，人工模拟降雨每次降水时间为 60 min，模拟降雨强度分别为小雨（5 ~ 8 mm）、中雨（13 ~ 22 mm）、大雨（43 ~ 45 mm）和暴雨（52 ~ 78 mm）；用雨量筒采集和测定降雨量，计时初始产流时间，以公式（4-1）计算拓展型绿色屋顶对雨水的滞蓄率。利用 SPSS Statistics 软件进行单因素方差（One-Way ANOVA）分析检验，利用 duncan 法进行差异显著性分析。

$$\varphi = \frac{P - R}{P} \times 100\% \tag{4-1}$$

式中　φ——雨水滞蓄率；

　　　P——降雨量；

　　　R——径流量；

　　　$P - R$——滞蓄量。

人工降雨模拟实验及测试分析的装备见表 4-4。

表 4-4　人工降雨模拟实验及测试分析的装备

设　备	型　号	规　格	用　途
人工降雨	自制	降雨强度/（mm·min⁻¹）：0.43 ~ 1.25 降雨范围/m²：1.2×1.2	模拟大雨、暴雨降雨条件
雨量桶	国产	最小单位/mm：1	测量降雨量
量筒	国产	最小单位/mm：1	测量径流量
PET 瓶	国产	容积/mL：500	保存水样
可见分光光度计	国产	波长范围/nm：200 ~ 1 000	测氨氮
氨氮蒸馏装置	国产	规格/mL：500	预蒸馏
石墨炉原子吸收分光光度计	国产	波长范围/nm：190 ~ 900	测 Pb

此外，为验证拓展型绿色屋顶对降雨径流水质的净化作用，根据上海市雨水化学特征相关指标，选择雨水中浓度较高的污染物氨氮（NH_4^+—N）、铅（Pb）和锌（Zn）作为测定指标。参考上海市雨水污染物浓度进行溶液配制，其中氨氮采用氯化铵（分析纯）配置，浓度为 5 mg/L；Pb 采用氯化铅配置，浓度为 260 μg/L；Zn 采用氯化锌配置，浓度为 60 μg/L。取样

方法参考美国国家污染物排放削减（NPDES）水样取样指南，根据实验室分析测定指标氨氮、Pb 和 Zn 所需混合水样总体积，确定本试验所需混合水样体积为 500 mL；行人工模拟降雨试验，降雨历时 30 min，间隔为 7 d。人工模拟降雨试验开始前，在试验平台中放置 5 个雨量筒，测降雨量及收集雨水水样。从产流开始计时，分别于第 0、10、20、30、40 min 各采集 1 min 的瞬时水样。采集 5 个瞬时水样混合均匀，并从中取 1 L 混合水样。分别从 3 场人工模拟降雨试验中取 3 次混合水样，每个混合水样的单个指标均重复测定 3 次。其中，氨氮的测定采用《水质-氨氮的测定-纳氏试剂分光光度法》（HJ 535—2009）；Pb 的测定采用《土壤质量-铅、镉的测定-石墨炉原子吸收分光光度法》（GB/T 17141—1997）；Zn 的测定采用《土壤质量-铜、锌的测定-火焰原子吸收分光光度法》（GB/T 17138—1997）。

由于污染物浓度在同一场降雨中会发生极大的变化，因此，为了更好地体现降雨事件中污染物的变化特征，通常采用雨水污染物的事件平均浓度（EMC）作为测定指标，即降雨全过程的径流加权平均浓度，表达式为公式（4-2）；而污染物去除率的计算标准如公式（4-3）：

$$EMC - C = \frac{M}{V} = \frac{\int C(t)Q(t)}{Q(t)} \approx \frac{\sum C(t)Q(t)}{\sum Q(t)} \tag{4-2}$$

式中　M——径流全过程中某一污染物的总量；

　　　V——径流全过程中某一污染物的径流总体积；

　　　$C(t)$——某一污染物随径流时间变化的浓度；

　　　$Q(t)$——随径流时间变化的径流量。

$$R = \frac{C_i - C_0}{C_i} \times 100\% \tag{4-3}$$

式中　R——污染物去除比；

　　　C_i——进水污染物浓度；

　　　C_0——出水浓度。

3. 模拟实验结果分析

（1）降雨滞蓄率正交试验的结果

对正交试验结果表中数据进行极差分析，首先要计算每个因素同一水平下的试验值之和（K_i，$i=1,2,3$），再计算出同一因素不同水平间的极差 R 值。在正交试验中，各因素的主次是由极差（R）的大小衡量的。极差（R）越大，说明该因素在这个试验中对试验结果的影响较大；反之，极差（R）越小，说明该因素在这个试验中对试验的影响就越小。从表4-5 可知，不同试验组合间，拓展型绿色屋顶的雨水滞蓄率也存在显著的差异性。根据，三因素的极差（R）计算结果，就各因素按照其对雨水滞蓄率的影响大小而言，基质厚度>聚丙烯酸钠用量>基质配比。其中，当基质厚度为 300 mm 时，平均雨水滞蓄率最高达到 57.52%。

表 4-5　拓展型绿色屋顶的雨水滞蓄率正交试验结果的极差分析

试验编号	基质厚度 /mm	基质配比 （壤土∶珍珠岩∶椰糠）	聚丙烯酸钠用量 /(g·L⁻¹)	平均雨水滞蓄率 /%
1	100	1∶1∶1	0	19.21
2	100	1∶2∶1	2	20.30
3	100	1∶1∶2	4	25.70
4	200	1∶1∶1	2	27.24
5	200	1∶2∶1	4	33.21
6	200	1∶1∶2	0	36.30
7	300	1∶1∶1	4	57.52
8	300	1∶2∶1	0	48.24
9	300	1∶1∶2	2	43.26
K_1	65.21	103.97	103.75	
K_2	96.76	101.75	90.80	
K_3	149.02	105.26	116.43	
R	84	4	26	

A1、A2、A3 分别代表基质厚度为 100 mm、200 mm、300 mm；B1、B2、B3 基质配比分别为
1∶1∶1、1∶2∶1、1∶1∶2；C1、C2、C3 代表聚丙烯酸钠分别为 0 g/L、2 g/L、4 g/L。

绿色屋顶试验组合雨水滞蓄率方差分析结果见表 4-6。由雨水滞蓄率多因素方差分析
结果可以看出，影响雨水滞蓄率的主要因素为基质厚度，对雨水滞蓄率的影响达到显著水平
（$P<0.05$）（图 4-4）。而基质配比和聚丙烯酸钠用量对雨水滞蓄率的影响不显著。

表 4-6　三因素对雨水滞蓄率影响的方差分析结果

来　源	平方和	自由度	均　方	F 值	P 值
校正模型	1 306.148	6	217.691	7.287	0.126
截距	10 745.396	1	10 745.396	359.694	0.003
基质厚度	1 194.560	2	597.280	19.993	0.048
基质配比	2.101	2	1.051	0.035	0.966
聚丙烯酸钠用量	109.487	2	54.743	1.832	0.353
误差	59.747	2	29.874		
总计	12 111.291	9			
校正的总计	1 365.896	8			

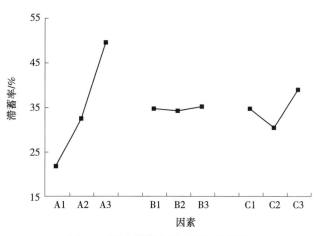

图 4-4　雨水滞蓄率因素指标趋势图

由于不同的试验组合之间,只有基质厚度对雨水滞蓄率有显著影响。因此用 duncan 检验对基质厚度不同水平对雨水滞蓄率的影响进行两两比较分析。分析结果见表 4-7。单因素方差分析结果显示了基质厚度不同水平对雨水滞蓄率的影响。当基质厚度为 300 mm 时,雨水滞蓄率达到最大;当基质厚度降低到 200 mm 时,雨水滞蓄率有所下降,但是没有达到显著水平;当其厚度降低到 100 mm 时,雨水滞蓄率显著下降。这和极差分析的结果相同。

表 4-7　基质厚度不同水平对雨水滞蓄率影响的差异显著性分析

水平/mm	雨水滞蓄率均值	$P_{0.05}$
100	21.737	A
200	32.250	Ab
300	49.673	b

此外,各个因素不同的指标水平对屋顶绿化雨水滞蓄率的影响趋势,即对于拓展型绿色屋顶的基质厚度而言,当厚度为 300 mm 时,屋顶绿化的雨水滞蓄率最高;当厚度为 200 mm 时次之;当厚度为 100 mm 时最低。而对于屋顶绿化的基质配比来说,当壤土∶珍珠岩∶椰糠=1∶1∶2 时,雨水滞蓄率最高;当壤土∶珍珠岩∶椰糠=1∶1∶1 时次之;当壤土∶珍珠岩∶椰糠=1∶2∶1 时最低。这说明,3 种基质中椰糠对雨水的精蓄作用最强,而珍珠岩的作用最小。对于添加的保水剂(聚丙烯酸钠)用量,当用量为 4 g/L 时,雨水滞蓄率最高;不添加聚丙烯酸钠时次之;当用量为 2 g/L 时最低。综合上述,为在拓展型绿色屋顶设计时得到最大的雨水径流滞蓄效能,理想的设计结构为基质厚度 300 mm,基质配比为壤土∶珍珠岩∶椰糠=1∶1∶2,且保水剂聚丙烯酸钠的最佳用量为 11 g/L。

（2）初始产流时间正交试验结果

由表 4-8 可知,不同试验组间,拓展型绿色屋顶的初始产流时间不尽相同。根据三因素的极差（R）计算结果,可将各因素按照其对初始产流时间影响的大小排序为:基质厚度>聚丙烯酸钠用量>基质配比。其中,当基质厚度为 300 mm 时,平均初始产流时间推迟最久,高达 80 min。不同的因素水平对屋顶绿化初始产流时间的影响趋势不同,如当基质厚度为 300 mm 时,屋顶绿化的初始产流时间最长,厚度为 200 mm 时次之,厚度为 100 mm 时,初始产流时间最短。同样,绿色屋顶的基质配比当壤土∶珍珠岩∶椰糠＝1∶1∶2,绿色屋顶的初始产流时间推迟最久;当壤土∶珍珠岩∶椰糠＝1∶1∶2 时次之;当壤土∶珍珠岩∶椰糠＝1∶1∶1 时,初始产流时间最短;而当选择不同的保水剂(聚丙烯酸钠)用量时,当其浓度为 4 g/L 时绿色屋顶对初始产流时间推迟最久,0 g/L 时次之,而浓度为 2 g/L 时最短。

表 4-8　拓展型绿色屋顶的初始产流时间正交实验结果的极差分析

试验编号	基质厚度/mm	基质配比(壤土∶珍珠岩∶椰糠)	聚丙烯酸钠用量/(g·L⁻¹)	平均初始产流时间/min
1	100	1∶1∶1	0	59
2	100	1∶2∶1	2	61
3	100	1∶1∶2	4	67
4	200	1∶1∶1	2	61
5	200	1∶2∶1	4	67
6	200	1∶1∶2	0	68
7	300	1∶1∶1	4	73
8	300	1∶2∶1	0	80
9	300	1∶1∶2	2	66
K_1	188	193	207	
K_2	196	209	189	
K_3	219	201	208	
R	32	16	19	

图 4-5 所示为初始产流时间的因素指标趋势图,表明了不同的因素水平对屋顶绿化初始产流时间的影响趋势。从图中可以看出,A3>A2>A1,即当厚度为 300 mm 时,屋顶绿化的初始产流时间最长,厚度为 200 mm 时次之,厚度为 100 mm 时,初始产流时间最短。B2>B3>B1,即对于屋顶绿化的基质配比来说,当壤土∶珍珠岩∶椰糠＝1∶2∶1,屋顶绿化的初始产流时间推迟最久;当壤土∶珍珠岩∶椰糠＝1∶1∶2 时次之;当壤土∶珍珠岩∶椰糠＝1∶1∶1 时,初始产流时间最短。C3>C1>C2,即当选择不同的聚丙烯酸钠用量时,浓度为 4 g/L 时,初始产流时间推迟最久,0 g/L 时次之,而浓度为 2 g/L 时最短。

A1、A2、A3 分别代表基质厚度为 100 mm、200 mm、300 mm;B1、B2、B3 分别基质配比为

1：1：1、1：2：1、1：1：2；C1、C2、C3 分别代表聚丙烯酸钠为 0 g/L、2 g/L、4 g/L。

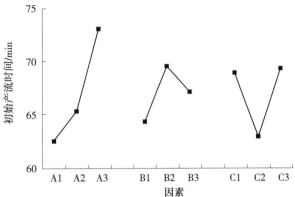

图 4-5　初始产流时间因素指标趋势图

各试验组合初始产流时间的方差分析结果见表 4-9。各试验组合均不能对初始产流时间产生显著的影响。

表 4-9　三因素对初始产流时间影响方差分析结果

来　源	平方和	自由度	均　方	F 值	P 值
校正模型	299.333	6	49.889	2.291	0.335
截距	40 267.111	1	40 267.111	1 849.000	0.001
基质厚度	181.556	2	90.778	4.168	0.193
基质配比	37.556	2	18.778	0.862	0.537
聚丙烯酸钠用量	80.222	2	40.111	1.842	0.352
误差	43.556	2	21.778		
总计	40 610.000	9			
校正的总计	342.889	8			

（3）径流污染物 EMC 正交试验结果

从表 4-10 可知,基质厚度、配比和保水剂含量等因素对污染物氨氮 EMC 的影响有显著差异性,即基质厚度的影响>聚丙烯酸钠用量>基质配比。其中,当基质厚度为 300 mm 时,污染物氨氮的最低 EMC 为 0.45 mg/L,当厚度为 100 mm 时,污染物氨氮的 EMC：最高;厚度为 200 mm 次之。当基质配比为壤土：珍珠岩：椰糠=1：2：1 时,污染物氨氮的 EMC 最高;当配比为壤土：珍珠岩：椰糠=1：1：1 时次之;当壤土：珍珠岩：椰糠=1：1：2 时最低。当聚丙烯酸钠用量为 4 g/L 时污染物氨氮的 EMC 最高;用量为 0 g/L 时次之;用量为 2 g/L 时最低,即绿色屋顶的净化效果最好。综上所述,为了降低污染物氨氮的 EMC,最佳的基质厚度为 200 mm,相对较好的基质配比为壤土：珍珠岩：椰糠=1：1：2,聚丙烯酸钠用量为 2 g/L。

表4-10 拓展型绿色屋顶对氨氮(NH_4^+—N)的EMC正交试验结果的极差分析

试验编号	基质厚度/mm	基质配比（壤土：珍珠岩：椰糠）	聚丙烯酸钠用量/(g·L^{-1})	事件平均浓度/(mg·L^{-1})
1	100	1：1：1	0	1.38
2	100	1：2：1	2	1.43
3	100	1：1：2	4	1.47
4	200	1：1：1	2	0.56
5	200	1：2：1	4	1.22
6	200	1：1：2	0	1.00
7	300	1：1：1	4	1.17
8	300	1：2：1	0	1.42
9	300	1：1：2	2	0.45
K_1	4.28	3.11	3.80	
K_2	2.77	4.06	2.43	
K_3	3.04	2.93	3.86	
R	1.51	1.13	1.43	

此外，对屋面雨水径流重金属Pb的EMC影响的极差分析见表4-11。各因素按其对重金属Pb的EMC的影响大小排序为：基质厚度>聚丙烯酸钠用量>基质配比。其中，当基质厚度为200 mm和300 mm时，重金属Pb的EMC最低为0 mg/L。不同的因素水平对重金属Pb的EMC的影响趋势为：当基质层厚度为100 mm时，重金属Pb的EMC最高；厚度为300 mm时次之；厚度为200 mm时最低。当基质配比为壤土：珍珠岩：椰糠=1：2：1时，径流中铅的EMC最高；当壤土：珍珠岩：椰糠=1：1：2时次之；当壤土：珍珠岩：椰糠=1：1：1时最低。而当聚丙烯酸钠为0 g/L时，重金属Pb平均浓度最高；当用量为4 g/L时次之；当用量为2 g/L时最低。由上述分析可知，为了降低雨水径流中重金属间的EMC，最佳的设计方案为基质厚度200 mm，基质配比为壤土：珍珠岩：椰糠=1：1：1，保水剂聚丙烯酸钠用量为2 g/L。

表4-11 拓展型绿色屋顶对铅(Pb)的EMC正交试验结果的极差分析

试验编号	基质厚度/mm	基质配比（壤土：珍珠岩：椰糠）	聚丙烯酸钠用量/(g·L^{-1})	事件平均浓度/(mg·L^{-1})
1	100	1：1：1	0	0.02
2	100	1：2：1	2	0.02
3	100	1：1：2	4	0.02

续表

试验编号	基质厚度 /mm	基质配比 (壤土：珍珠岩：椰糠)	聚丙烯酸钠用量 /(g·L^{-1})	事件平均浓度 /(mg·L^{-1})
4	200	1:1:1	2	0.56
5	200	1:2:1	4	0.00
6	200	1:1:2	0	0.01
7	300	1:1:1	4	0.00
8	300	1:2:1	0	0.02
9	300	1:1:2	2	0.00
K_1	0.05	0.02	0.05	
K_2	0.01	0.04	0.02	
K_3	0.03	0.03	0.02	
R	0.04	0.02	0.03	

由各因素对屋面雨水径流重金属 Zn 的 EMC 影响的极差分析(表4-12)可知,其对重金属 Zn 的 EMC 的影响排序分别为:基质配比>聚丙烯酸钠用量>基质厚度。其中,当基质配比为壤土：珍珠岩：椰糠＝1:2:1时,重金属 Zn 的 EMC 最高;当壤土：珍珠岩：椰糠＝1:1:2时次之;当壤土：珍珠岩：椰糠＝1:1:1时最低,重金属 Zn 的 EMC 最低为0.02 μg/L。

表4-12 拓展型绿色屋顶对锌(Zn)的 EMC 正交试验结果的极差分析

试验编号	基质厚度 /mm	基质配比 (壤土：珍珠岩：椰糠)	聚丙烯酸钠用量 /(g·L^{-1})	事件平均浓度 /(mg·L^{-1})
1	100	1:1:1	0	0.02
2	100	1:2:1	2	0.02
3	100	1:1:2	4	0.02
4	200	1:1:1	2	0.56
5	200	1:2:1	4	0.00
6	200	1:1:2	0	0.01
7	300	1:1:1	4	0.00
8	300	1:2:1	0	0.02
9	300	1:1:2	2	0.00
K_1	0.08	0.06	0.08	

续表

试验编号	基质厚度 /mm	基质配比 （壤土：珍珠岩：椰糠）	聚丙烯酸钠用量 /(g·L⁻¹)	事件平均浓度 /(mg·L⁻¹)
K_2	0.06	0.09	0.07	
K_3	0.09	0.08	0.09	
R	0.01	0.03	0.02	

当聚丙烯酸钠用量为 0 g/L 和 4 g/L 时,重金属 Zn 的 EMC 最高;用量为 2 g/L 时最低。当基质厚度为 300 mm 时,重金属 Zn 的 EMC 最高;厚度为 100 mm 时次之;厚度为 200 mm 时最低。综上所述,为了降低重金属 Zn 的 EMC,最佳的基质厚度用量为 200 mm,相对较好的基质配比为壤土：珍珠岩：椰糠=1：1：1,且相对较好的聚丙烯酸钠用量为 2 g/L。

屋面雨水径流污染物氨氮的 EMC 的因素指标趋势如图 4-6 所示,表明了不同的因素水平对污染物氨氮的 EMC 的影响趋势。从图中可以看出,A1>A3>A2,即当厚度为 100 mm 时,污染物氨氮的 EMC 最高;厚度为 300 mm 时次之;厚度为 200 mm 最低。B2>B1>B3,即当壤土：珍珠岩：椰糠=1：2：1 时,污染物氨氮的 EMC 最高;当壤土：珍珠岩：椰糠=1：1：1 时次之;当壤土：珍珠岩：椰糠=1：1：2 时最低。C3>C1>C2,即当聚丙烯酸钠用量为 4 g/L 时污染物氨氮的 EMC 最高;用量为 0 g/L 时次之;用量为 2 g/L 时最低。

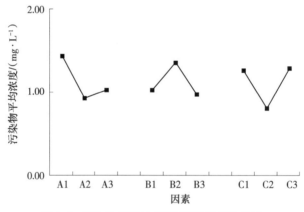

图 4-6　污染物氨氮的 EMC 因素指标趋势图

A1、A2、A3 分别代表基质厚度为 100 mm、200 mm、300 mm;B1、B2、B3 分别代表基质配比为 1：1：1、1：2：1、1：1：2;C1、C2、C3 分别代表聚丙烯酸钠用量为 0 g/L、2 g/L、4 g/L。

A1、A2、A3 分别代表基质厚度为 100 mm、200 mm、300 mm;B1、B2、B3 分别代表基质配比为 1：1：1、1：2：1、1：1：2;C1、C2、C3 分别代表聚丙烯酸钠用量为 0 g/L、2 g/L、4 g/L。

A1、A2、A3 分别代表基质厚度为 100 mm、200 mm、300 mm;B1、B2、B3 分别代表基质配比为 1：1：1、1：2：1、1：1：2;C1、C2、C3 分别代表聚丙烯酸钠用量为 0 g/L、2 g/L、4 g/L。

屋顶绿化不同试验组合间屋面雨水径流污染物氨氮、Pb 和 Zn 的 EMC 方差分析结果见表 4-13、表 4-14、表 4-15。从多因素方差分析结果表中可知,各试验组合对污染物氨氮、Pb

和 Zn 的 EMC 均无显著差异(图 4-7、图 4-8)。

表 4-13　三因素对污染物氨氮的 EMC 影响的方差分析结果

来　源	平方和	自由度	均　方	F　值	P　值
校正模型	1.112	6	0.185	6.876	0.132
截距	11.334	1	11.334	420.660	0.002
基质厚度	0.428	2	0.214	7.949	0.113
基质配比	0.253	2	0.127	4.701	0.175
聚丙烯酸钠用量	0.430	2	0.215	7.979	0.111
误差	0.054	2	0.027		
总计	12.500	9			
校正的总计	1.166	8			

表 4-14　三因素对重金属 Pb 的 EMC 影响的方差分析结果

来　源	平方和	自由度	均　方	F　值	P　值
校正模型	0.001	6	0.000	3.667	0.230
截距	0.001	1	0.001	27.000	0.035
基质厚度	0.000	2	0.000	7.000	0.125
基质配比	6.667E-5	2	3.333E-5	1.000	0.500
聚丙烯酸钠用量	0.000	2	0.000	3.000	0.250
误差	6.667E-5	2	3.333E-5		
总计	0.002	9			
校正的总计	0.001	8			

表 4-15　三因素对重金属 Zn 的 EMC 影响的方差分析结果

来　源	平方和	自由度	均　方	F　值	P　值
校正模型	0.000	6	3.333E-5	0.271	0.126
截距	0.006	1	0.006	0.002	0.000
基质厚度	2.222E-5	2	1.111E-5	0.500	0.258
基质配比	0.000	2	7.778E-5	0.125	0.069
聚丙烯酸钠用量	2.222E-5	2	1.111E-5	0.500	0.155
误差	2.222E-5	2	1.111E-5		
总计	0.006	9			
校正的总计	0.000	8			

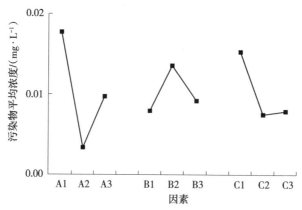

图 4-7　重金属 Pb 的 EMC 因素指标趋势图

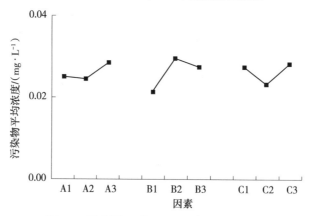

图 4-8　重金属 Zn 的 EMC 因素指标趋势图

（4）污染物去除率正交分析

各试验组合对污染物氨氮去除率影响的极差分析见表 4-16，基质厚度对污染物氨氮去除率的影响最大，聚丙烯酸钠用量次之，基质配比对其影响最微弱。其中，当基质厚度为 200 mm 时，污染物氨氮去除率最高；厚度为 300 mm 时次之；厚度为 100 mm 时最低。当聚丙烯酸钠用量为 2 g/L 时，污染物氨氮去除率最高，用量为 0 g/L 时次之，用量为 4 g/L 时最低。而当基质配比为壤土：珍珠岩：椰糠=1：1：2 时，污染物氨氮去除率最高；当壤土：珍珠岩：椰糠=1：1：1 时次之；当壤土：珍珠岩：椰糠=1：2：1 时最低。综上可知，为了提高径流污染物氨氮去除率，基质厚度为 200 mm，基质配比为壤土：珍珠岩：椰糠=1：1：2，聚丙烯酸钠用量为 2 g/L。

表 4-16　拓展型绿色屋顶对氨氮（$NH_4^+—N$）的去除率正交试验结果的极差分析

试验编号	基质厚度/mm	基质配比（壤土：珍珠岩：椰糠）	聚丙烯酸钠用量/（g·L⁻¹）	事件平均浓度/（mg·L⁻¹）
1	100	1：1：1	0	77.42
2	100	1：2：1	2	76.87
3	100	1：1：2	4	76.10

续表

试验编号	基质厚度/mm	基质配比 (壤土：珍珠岩：椰糠)	聚丙烯酸钠用量 /(g·L⁻¹)	事件平均浓度 /(mg·L⁻¹)
4	200	1：1：1	2	91.19
5	200	1：2：1	4	80.99
6	200	1：1：2	0	84.52
7	300	1：1：1	4	81.53
8	300	1：2：1	0	77.73
9	300	1：1：2	2	92.78
K_1	230.39	250.14	239.67	
K_2	256.70	235.59	260.84	
K_3	252.04	253.40	238.62	
R	26.31	17.81	22.22	

表4-17表明,各试验因素按其对重金属Pb去除率的影响大小排序为:基质厚度>聚丙烯酸钠用量>基质配比。其中,当基质厚度为200 mm时,可得到最高的重金属Pb去除率为98.81%,厚度为300 mm时次之,厚度为100 mm时最低。当聚丙烯酸钠用量为4 g/L时,重金属Pb去除率最高,浓度为2 g/L时次之,浓度为0 g/L时最低。而当基质配比为壤土：珍珠岩：椰糠=1：1：1时,重金属Pb去除率最高;当壤土：珍珠岩：椰糠=1：1：2时次之;当壤土：珍珠岩：椰糠=1：2：1时最低。由上述分析可知,为了提高拓展型绿色屋顶对雨水径流中重金属铅(Pb)的去除率,基质厚度可为200 mm,基质配比为壤土：珍珠岩：椰糠=1：1：1,保水剂聚丙烯酸钠的用量为4 g/L。

表4-17 拓展型绿色屋顶对铅(Pb)的去除率正交实验结果的极差分析

试验编号	基质厚度/mm	基质配比 (壤土：珍珠岩：椰糠)	聚丙烯酸钠用量 /(g·L⁻¹)	事件平均浓度 /(mg·L⁻¹)
1	100	1：1：1	0	92.41
2	100	1：2：1	2	93.96
3	100	1：1：2	4	93.95
4	200	1：1：1	2	98.81
5	200	1：2：1	4	97.98
6	200	1：1：2	0	96.84
7	300	1：1：1	4	98.74
8	300	1：2：1	0	93.80
9	300	1：1：2	2	97.62

续表

试验编号	基质厚度/mm	基质配比 (壤土：珍珠岩：椰糠)	聚丙烯酸钠用量 /(g·L^{-1})	事件平均浓度 /(mg·L^{-1})
K_1	280.33	289.96	283.05	
K_2	292.63	285.74	290.39	
K_3	290.15	288.41	290.67	
R	13.31	4.22	7.62	

见表4-18,不同因素对重金属 Zn 去除率的影响不同,即基质配比的影响高于聚丙烯酸钠用量和基质厚度。其中,当基质配比为壤土：珍珠岩：椰糠=1：1：1 时,可得到最高的径流重金属锌(Zn)去除率(94.55%);当基质配比为壤土：珍珠岩：椰糠=1：1：2 时,污染物去除率次之;当壤土：珍珠岩：椰糠=1：2：1 时最低。当聚丙烯酸钠用量为 2 g/L 时,重金属 Zn 去除率最高,浓度为 0 g/L 时次之,浓度为 4 g/L 时最低。当基质厚度为 200 mm 时,重金属 Zn 去除率最高;厚度为 100 mm 时次之;厚度为 300 mm 时最低。由上述分析可知,为了提高重金属 Zn 去除率,基质厚度可选择 200 mm,基质配比可以为壤土：珍珠岩：椰糠=1：1：1,聚丙烯酸钠用最为 2 g/L。

表4-18 拓展型绿色屋顶对锌(Zn)的去除率正交实验结果的极差分析

试验编号	基质厚度/mm	基质配比 (壤土：珍珠岩：椰糠)	聚丙烯酸钠用量 /(g·L^{-1})	事件平均浓度 /(mg·L^{-1})
1	100	1：1：1	0	93.55
2	100	1：2：1	2	92.52
3	100	1：1：2	4	90.81
4	200	1：1：1	2	94.55
5	200	1：2：1	4	90.88
6	200	1：1：2	0	91.95
7	300	1：1：1	4	92.51
8	300	1：2：1	0	89.65
9	300	1：1：2	2	91.88
K_1	276.88	280.60	275.14	
K_2	277.38	273.05	278.95	
K_3	274.04	274.65	274.212	
R	3.34	7.55	4.74	

污染物氨氮去除率的因素指标趋势如图 4-9 所示,表明了不同的因素水平对污染物氨氮去除率的影响趋势。由图可知,A2>A3>A1,即当基质厚度为 200 mm 时,污染物氨氮去除

率最高;厚度为 300 mm 时次之;厚度为 100 mm 时最低。B3>B1>B2,即当壤土：珍珠岩：椰糠=1：1：2 时,污染物氨氮去除率最高;当壤土：珍珠岩：椰糠=1：1：1 时次之;当壤土：珍珠岩：椰糠=1：2：1 时最低。C2>C1>C3,即当聚丙烯酸钠用量为 2 g/L 时,污染物氨氮去除率最高;用量为 0 g/L 时次之;用量为 4 g/L 时最低。

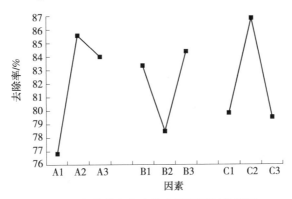

图 4-9　污染物氨氮去除率因素指标趋势图

A1、A2、A3 分别代表基质厚度为 100 mm、200 mm、300 mm;B1、B2、B3 分别代表基质配比为 1：1：1、1：2：1、1：1：2;C1、C2、C3 分别代表聚丙烯酸钠用量为 0 g/L,2 g/L、4 g/L。

A1、A2、A3 分别代表基质厚度为 100 mm、200 mm、300 mm;B1、B2、B3 分别代表基质配比为 1：1：1、1：2：1、1：1：2;C1、C2、C3 分别代表聚丙烯酸钠用量为 0 g/L,2 g/L、4 g/L。

重金属 Pb 去除率的因素指标趋势如图 4-10 所示,表明了不同的因素水平对重金属 Pb 除率的影响趋势。从图 4-10 可以看出,A2>A3>A1,即当基质厚度为 200 mm 时,重金属 Pb 去除率最高;厚度为 300 mm 时次之;厚度为 100 mm 时最低。B1>B3>B2,即当壤土：珍珠岩：椰糠=1：1：1 时,重金属 Pb 去除率最高;当壤土：珍珠岩：椰糠=1：1：2 时次之;当壤土：珍珠岩：椰糠=1：2：1 时最低。C3>C2>C1,即当聚丙烯酸钠用量为 4 g/L 时,重金属 Pb 去除率最高,浓度为 2 g/L 时次之,浓度为 0 g/L 时最低。

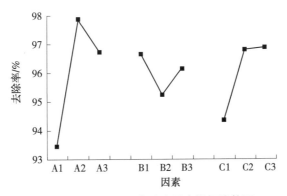

图 4-10　重金属 Pb 去除率因素指标趋势图

重金属 Zn 去除率的因素指标趋势如图 4-11 所示,表明了不同的因素水平对重金属 Zn 去除率的影响趋势。由图可知,A2>A1>A3,即当基质厚度为 200 mm 时,重金属 Zn 去除率最高;厚度为 100 mm 时次之;厚度为 300 mm 时最低。B1>B3>B2,即当壤土：珍珠岩：椰

糠=1∶1∶1时,重金属 Zn 去除率最高;当壤土∶珍珠岩∶椰糠=1∶1∶2 时次之;当壤土∶珍珠岩∶椰糠=1∶2∶1 时最低。C2>C1>C3,即当聚丙烯酸钠用量为 2 g/L 时,重金属 Zn 去除率最高,浓度为 0 g/L 时次之,浓度为 4 g/L 时最低。

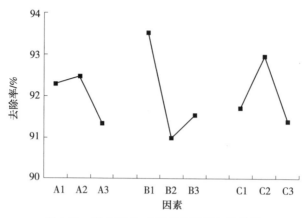

图 4-11　重金属 Zn 去除率因素指标趋势图

屋顶绿化不同试验组合间污染物氨氮、Pb 和 Zn 去除率方差分析结果见表 4-19、表 4-20、表 4-21。从多因素方差分析结果表中可知,各试验组合主要影响重金属 Pb 去除率,而不同试验组合之间,污染物氨氮和 Zn 去除率没有显著差异。

重金属 Pb 去除率的多因素方差分析结果显示,影响重金属 Pb 去除率的主要因素为基质厚度,其对重金属 Pb 去除率的影响达到显著水平($P<0.05$)。基质配比和聚丙烯酸钠用量对重金属 Pb 去除率的影响均不显著。

表 4-19　三因素对污染氨氮去除率影响的方差分析结果

来　源	平方和	自由度	均　方	F 值	P 值
校正模型	296.131	6	49.355	0.271	0.115
截距	60 701.462	1	60 701.462	9 854.862	0.000
基质厚度	131.406	2	65.703	10.667	0.086
基质配比	59.947	2	29.974	4.866	0.170
聚丙烯酸钠用量	104.778	2	52.389	8.505	0.105
误差	12.319	2	6.160		
总计	61 009.912	9			
校正的总计	308.450	8			

表 4-20　三因素对重金属 Pb 去除率影响的方差分析结果

来　源	平方和	自由度	均　方	F 值	P 值
校正模型	47.265	6	7.877	10.642	0.088

海绵城市建设与雨水资源综合利用

来　源	平方和	自由度	均　方	F 值	P 值
截距	82 965.121	1	82 965.121	112 083.053	0.000
基质厚度	31.780	2	15.890	21.467	0.045
基质配比	3.038	2	1.519	2.052	0.328
聚丙烯酸钠用量	12.446	2	6.223	8.407	0.106
误差	1.480	2	0.740		
总计	83 013.866	9			
校正的总计	48.745	8			

表 4-21　三因素对重金属 Zn 去除率影响的方差分析结果

来　源	平方和	自由度	均　方	F 值	P 值
校正模型	16.967	6	2.828	8.455	0.110
截距	76 231.210	1	76 231.21	227 941.423	0.000
基质厚度	2.163	2	1.082	3.235	0.236
基质配比	10.591	2	5.296	15.835	0.059
聚丙烯酸钠用量	4.212	2	2.106	6.297	0.137
误差	0.669	2	0.334		
总计	76 248.845	9			
校正的总计	17 635	8			

由于各试验组合中,只有基质厚度对重金属 Pb 去除率产生显著的影响。因此,用 duncan 检验对基质厚度不同水平对重金属 Pb 去除率的影响进行两两比较分析,分析结果见表 4-22。试验数据显示,不同的基质厚度对重金属 Pb 去除率的影响达到了显著的水平($P<0.05$)。当基质厚度为 300 mm 和 200 mm 时,重金属 Pb 去除效果相似,去除率最高;当基质厚度为 100 mm 时,重金属 Pb 去除率显著下降。因此,提升重金属 Pb 去除率的较适合基质厚度为 200 mm 和 300 mm。

表 4-22　不同基质厚度对重金属 Pb 去除率

水平/mm	去除率均值/%	$P_{0.05}$
100	93.440 0	a
200	96.720 0	b
300	97.876 7	b

根据以上试验结果可知,上海市拓展型屋顶绿化可显著净化雨水污染物。在暴雨情况

下,上海市拓展型屋顶绿化对雨水污染物氨氮的最高去除率可达 92.78%,污染物氨氮的 EMC 可降低至 0.45 mg/L,达到地表水Ⅱ类标准,远优于雨水中的平均浓度 5 mg/L;对重金属 Pb 的最高去除率可达 98.81%,重金属 Pb 的 EMC 可降低至 0 μg/L,达到地表水Ⅰ类标准,远优于雨水中的平均浓度 260 μg/L;对雨水重金属 Zn 的最高去除率可达 94.55%,径流中的重金属 Zn 平均浓度可降低至 0.02 μg/L,达到地表水Ⅰ类标准,远优于雨水中的平均浓度 60 μg/L。因此,拓展型屋顶绿化的应用推广可减轻上海市地表径流污染,减轻上海市城市水体污染。

在本试验条件下,确定了最适宜基质厚度为 200 mm,暂时无法确定最适宜基质配比和聚丙烯酸钠用量。但是,当基质配比为壤土:珍珠岩:椰糠=1:1:2 时,对氨氮的净化效果最好;当基质配比为壤土:珍珠岩:椰糠=1:1:1 时,对 Pb 和 Zn 的净化效果最好。在聚丙烯酸钠的用量上,当用量为 2 g/L 时,对氨氮和 Zn 的净化效果达到最佳;当用量为 4 g/L 时,对 Pb 的净化效果达到最佳。

三、拓展型绿色屋顶雨水管理效能

1. 拓展型绿色屋顶对径流的滞蓄效能

试验结果表明上海市拓展型屋顶绿化对雨水的滞蓄作用显著。在小雨情况下,雨水可被全部吸收;在暴雨情况下,雨水滞蓄率最高可达 63.54%,初始产流时间最长可推迟34 min。而上海的灾害性降雨多为暴雨和短时强降雨,当上海的降雨达到 5 年一遇强降雨标准时,就会造成城市短时积水,并对城市生态环境产生一定的影响。而拓展型绿色屋顶则可有效减轻上海市城市灰色基础设施的负荷,推迟径流峰值。

由上述试验结果可知,不同试验组合之间,初始产流时间并无显著差异。相比较而言,对初始产流时间影响最大的因素是基质的厚度。当基质厚度为 300 mm 时,绿色屋顶对初始产流时间推迟最久,平均初始产流时间最久可推迟 80 min;当基质厚度为 200 mm 时,初始产流时间推迟显著减少;当基质厚度为 100 mm 时最短。此外,聚丙烯酸钠用量的不同也能对推迟初始产流时间产生较大的影响。当用量为 4 g/L 时,初始产流时间推迟的最久,0 g/L时次之,而当用量为 2 g/L 时推迟最短,即聚丙烯酸钠并非推迟初始产流的主要因素。而基质配比对推迟初始产流时间的影响最小,其中基质配比为壤土:珍珠岩:椰糠=1:2:1时,绿色屋顶对径流峰值出现时间推迟最久。

由上述分析可知,为使拓展型绿色屋顶对雨水径流滞蓄效能最大化,理想的设计结构为基质厚度 300 mm,基质配比为壤土:珍珠岩:椰糠=1:1:2,且保水剂聚丙烯酸钠的最佳用量为 4 g/L。而为了使拓展型绿色屋顶对降雨的初始产流时间推迟最长,最佳的基质厚度为 300 mm,相对较好的基质配比为壤土:珍珠岩:椰糠=1:2:1,且聚丙烯酸钠应选择的用量为 4 g/L。

2. 拓展型绿色屋顶对径流的净化效能

根据以上试验结果可知,上海市拓展型绿色屋顶对降雨中的氨氮、铅、锌等污染物具有显著的净化作用。例如,在暴雨情况下,上海市拓展型屋顶绿化对雨水污染物氨氮的最高去除率可达92.78%,污染物氨氮的 EMC 可降低至0.45 mg/L,达到地表水Ⅱ类标准,远优于雨水中的平均浓度5 mg/L;对重金属铅(Pb)的最高去除率可达98.81%,重金属 Pb 的 EMC 可降低至0 μg/L,达到地表水Ⅰ类标准,远优于雨水中的平均浓度260 μg/L;对雨水重金属锌(Zn)的最高去除率可达94.55%,径流中的重金属 Zn 平均浓度可降低至0.02 μg/L,达到地表水Ⅰ类标准,远优于雨水中的平均浓度60 μg/L。因此,拓展型绿色屋顶的广泛应用可有效减轻上海市地表径流污染。

在影响上海市拓展型绿色屋顶对径流污染物净化作用的因素中,基质厚度对拓展型屋顶绿化雨水净化作用的影响程度最大,当基质厚度为200 mm 时,对雨水污染物氨氮、Pb、Zn 的净化效果最好,污染物去除率最高分别可达91.19%、98.81%、94.55%。保水剂聚丙烯酸钠的影响次之,当保水剂用量为4 g/L 时,对 Pb 的净化效果达到最佳;用量为2 g/L 时,对氨氮和 Zn 的净化效果最好。而基质配比对雨水水质净化效果的影响则最小,当基质配比为壤土:珍珠岩:椰糠=1:1:2 时,对氨氮的净化效果最好;当基质配比为壤土:珍珠岩:椰糠=1:1:1 时,对 Pb、Zn 的净化效果较好。

综上所述,为使雨水径流的滞蓄作用和污染物净化效能发挥到最大化,拓展型屋顶绿化设计中最适宜基质厚度为200 mm,当基质配比为壤土:珍珠岩:椰糠=1:1:2 时,对氨氮的净化效果最好;当基质配比为壤土:珍珠岩:椰糠=1:1:1 时,对重金属铅和锌的净化效果最好。在保水剂聚丙烯酸钠的用量上,则当其用量为2 g/L 时,对氨氮和锌的净化效果达到最佳;当用量为4 g/L 时,对铅的净化效果达到最佳。

第二节　生态植草沟技术研究

一、生态植草沟的特征概述

植草沟的概念较早在西方国家提出,指地表径流通过的植被洼地(grass swales),后来戴波等人在《市政暴雨管理》(*Municipal storrnwater management*)一书中对植草沟的类型进行了划分,根据植草沟对降雨径流处理过程的不同,将植草沟分为标准传输植草沟(standard conveyance swales)、干植草沟(dry swales)和湿植草沟(wet swales)。其中,标准传输植草沟的处理效果较差,湿植草沟由于积水滋生蚊蝇的问题而不适合应用于城市内部,干植草沟处理降雨径流的结构较复杂但功能最为完善,因此干植草沟在城市中有更大的研究前景和应用价值(图4-12)。

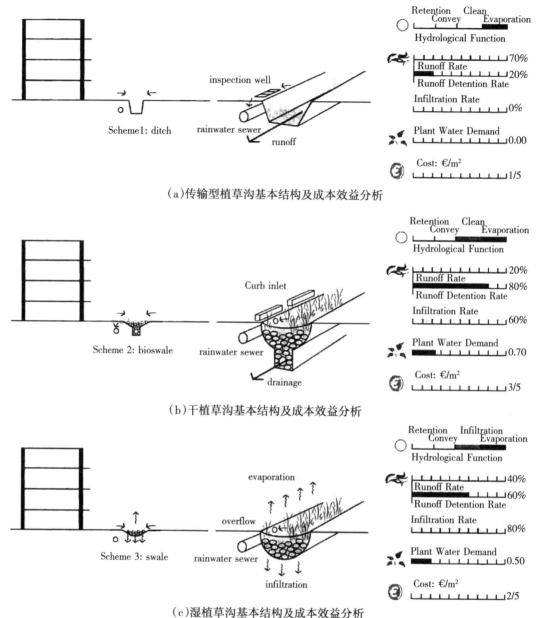

图 4-12　植草沟分类及环境功能与维护成本比较

　　生态植草沟是生态滤沟向植草沟概念的回归,突出其种植植被的特征,与没有植被的滤沟相区别;同时生态植草沟是干植草沟的改良和提升,就地对降雨径流进行调蓄和净化,在城市中比另外两种类型的植草沟具有更好的适用性。因此,生态植草沟是一种适用于城市的植被沟渠,由滤料层和植被层构成,用于调蓄降雨径流和削减降雨径流污染物的生态措施。

二、生态植草沟的降雨模拟实验

已有的上海地区降雨径流的研究表明,降雨径流中污染物的主要成分为悬浮颗粒物(TSS)、人有机污染物和不同程度的氮磷污染物,同时降雨径流的水量变化和水质变化大,较强降雨条件下初试冲刷效应明显。因此,生态植草沟的设计需要满足较强的抗冲刷能力和去污能力。选择适合在城市社区环境中应用的干植草沟进行降雨模拟实验,设计"植被层+过滤层"的结构,植被层的植物叶片和根系可有效阻滞降雨径流作为缓冲,过滤层的滤料过滤净化径流污染物。同时,兼顾植草沟表面植被正常生长的需要和降雨径流较好的下渗效果,能有效吸纳阻滞降雨径流,替代传统雨水排水管网的部分功能,延缓降雨洪峰、削减降雨径流,具有有效削减降雨污染的作用。

1. 生态植草沟的实验材料选择

研究表明降雨径流在生态植草沟内下渗过滤的净化过程中,滤料对径流污染物的吸附截留作用显著。径流污染物中的悬浮颗粒污染物在经过滤料时,经由一系列复杂的物理化学过程得以去除,如悬浮颗粒物粒径大于滤料的空隙将被拦截;悬浮颗粒物与滤料表面发生碰撞和接触,以被吸附;径流污染物可被滤料阻滞蓄纳、截留和沉淀。目前,水处理生态设施常用的基质滤料有沸石、碎石、粉煤灰和砌块砖等,其物理化学性状差异性较大,对径流和污染物的处理效果也有较大差异。

其中,沸石是一类具有架装结构的天然硅酸盐矿物,其内部具有较多空腔,空腔内还存在很多水一类含水矿物。由于其结构的特殊性,沸石内部充满细微的孔穴和通道,具有吸附性、离子交换性和催化等性能,被用作吸附剂和离子交换剂被广泛应用于净化和污水处理等领域,尤其在废水脱氮方面,沸石对氨氮具有很强的吸附性能。形成的生物膜可借助微生物的硝化和反硝化反应有效去除含氮污染物。但沸石的脱磷效果不佳,同时价格较高,不适合实际推广使用。

碎石是由天然岩石(或卵石)经破碎、筛分而得,俗称瓜子片,主要来源为青石、石灰石,粒径为 10～20 mm。碎石多棱角,表面粗糙,比表面积大,虽然单一碎石填料对污染物的去除效果不好,但因强度高、结构稳定,价格便宜、来源广泛,常作为雨水花园、人工湿地等水处理设施的基础填料。

粉煤灰为燃煤电厂燃烧煤粉后的高温烟气产物,是燃煤颗粒中矿物质品粒一系列变化形成,主要成分为二氧化硅、氧化铝和铝硅酸盐。粉煤灰的直接利用效率不高,通过改性后,可利用多孔性和比表面积大的优点,用于吸附废水中的有害污染物,其中对重金属离子、有机物、悬浮物和总磷都有较好的去除效果。粉煤灰较多地应用于废水处理领域,存在吸附容量小、不够稳定的问题,同时吸附饱和后处置不当易对土壤和水体造成二次污染,故不适合在植草沟等开放设施中使用。

砌块砖为粉煤灰、炉渣、石膏和水泥等为主要原料,经特殊工艺制成的多孔材料。由于其主要原材料为粉煤灰,对污染物的去除具有类似的效果,是对粉煤灰改良的不同形式基质滤料,可在生物滤池和人工湿地等生态水处理设施中广泛使用。砌块砖碎料具有原材料来源广、价格低廉、容重轻、结构稳定的优点,同时在对污染物去除方面,其空隙率大、磷吸附高,同时不产生二次污染,是较好的滤料。

综合分析以上各滤料的性质,选用碎石和砌块砖作为滤料(表4-23)。

表4-23　生态植草沟结构层的滤料选择及规格参数

滤　料	粒径 /mm	空隙率 /%	孔隙率 /%	比表面积 /(cm² · g⁻¹)
碎石	10 ~ 20	36	1.5	0.3
砌块砖	20 ~ 40	51.52	38.9	56.15×10⁴

此外,根据上海地区的降雨径流水量和水质情况,设计植草沟结构为种植层和滤料层。其中,种植层为种植土和植被,其植被为百慕大草(Cynodon dactylo),种植土为常规园林用土;滤料层为砌块砖和碎石;结构尺寸统一为200 cm×40 cm×60 cm(长×宽×厚),主要的变量因素为各层结构的厚度(表4-24)。通过改变生态植草沟的各结构层的厚度,可进行实证分析种植土和不同滤料对降雨径流污染物的削减效应。在城市社区分散性绿色基础设施的设计中,需根据区域的环境条件和汇水面积,合理设置植草沟的长度、宽度反厚度及渗排水管在滤料层中的高度。为满足生态植草沟的应用需求和实验的可行性,设定植草沟的宽度为40 cm,植草沟表面修整为弧形凹面,下凹最低处低于边缘最高处5 cm,弧形对应半径为40 cm,弧度为π/3(图4-13)。

表4-24　生态植草沟结构层的厚度及实验分组

植草沟分组	植草沟编号	种植土厚度/cm	滤料层厚度/cm	砌块砖厚度/cm	碎石厚度/cm
Ⅰ	1	20	40	40	0
	2			30	10
	3			20	20
	4			10	30
	5			0	40
Ⅱ	6	30	30	30	0
	7			20	10
	8			10	20
	9			0	30
Ⅲ	10	40	20	20	0
	11			10	10
	12			0	20

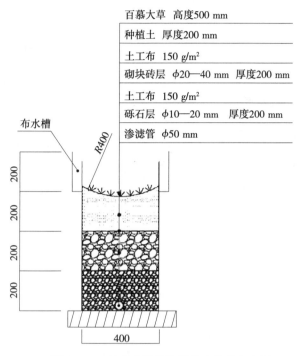

百慕大草　高度500 mm

种植土　厚度200 mm

土工布　150 g/m²

砌块砖层　φ20—40 mm　厚度200 mm

土工布　150 g/m²

砾石层　φ10—20 mm　厚度200 mm

渗滤管　φ50 mm

布水槽

图 4-13　3 号生态植草沟的基本结构示意图

实验设计了 3 层结构总厚度为 60 cm 的 12 条生态植草沟,其中 1~5 号 5 条植草沟设定种植土厚度为 20 cm,改变 40 cm 厚的滤料层中砌块砖层和碎石层的厚度,作为分组Ⅰ;6~9 号 4 条植草沟设定种植土厚度为 30 cm,改变 30 cm 厚的滤料层中砌块砖层和碎石层的厚度,作为分组Ⅱ;10、11、12 号 3 条植草沟设定种植土厚度为 40 cm,改变 20 cm 厚的滤料层中砌块砖层和碎石层的厚度,作为分组Ⅲ。设置 3 个分组的目的是通过组间对比研究,分析植草沟中种植土的变化对降雨径流处理效果的影响;另一方面通过组内对比研究,分析植草沟中滤料层的变化对降雨径流的处理效果影响;同时,3 种厚度的种植土条件也可以满足不同场地的应用和不同植被的生长需求。

2. 生态植草沟的模拟实验设计

生态植草沟的室内人工降雨模拟实验,选取最小的长方形植草沟单元,模拟降雨径流从一侧平缓均匀地流入植草沟中,以尽可能模拟实际路面的径流汇入情况。同时为检测植草沟的净化效应,需从植草沟底部收集过滤处理之后的水体。根据实验需求和上海城市绿地的应用可行性,设计植草沟的实验装置(图 4-14),包括 PE 板种植槽、布水槽、穿孔渗水管、溢流口、水箱、调速水泵和进水管,其中种植槽长 2 m,宽 40 cm,深 80 cm,可确保植草沟的独立性,使进出水不受外界条件的影响。此外,装置两侧设有布水槽,与进水管相连,进水时水体首先进入布水槽,充满布水槽后溢出,均匀平缓地流入植草沟内。进水管与调速水泵和水箱相连,调速水泵可控制进水流速来模拟不同降雨强度下的降雨径流;通过在水箱中配制不同浓度污染物的实验水体,可以模拟不同污染程度的降雨径流。种植槽内底部设置一根

PVC渗排水管,连接出水口向外排水,实验过程中出水口收集的水体即为植草沟处理后的降雨径流。

图4-14 生态植草沟室内人工降雨模拟实验装置

实验开始前需先在实验装置的种植槽内布置植草沟,后将碎石和砌块砖冲洗干净,确保不影响实验结果,按照每条植草沟的结构厚度,依次往种植槽内装填铺设碎石、土工布、砌块砖、土工布和种植土,然后种植植被,本实验统一选取百慕大草作为植被。设置完毕后,整个植草沟厚度为60 cm,植草沟表面距离溢流口为蓄水空间,可蓄水50 L,当植草沟表面积水超过此容量时,可从溢流口排走。实验布置准备就绪后,等结构和植被稳定后才可开始实验。

(1)生态植草沟对降雨径流流量的调蓄实验设计

生态植草沟对降雨径流的调蓄实验主要通过模拟不同雨强条件下的降雨径流,测定不同植草沟的出水水量情况,分析研究不同植草沟对径流洪峰的延缓情况和对径流量的削减情况。由于较小的雨强下降雨径流较小,植草沟对较小的降雨径流没有太大的研究意义,因此主要研究大雨和暴雨情况下植草沟对降雨径流的调蓄效应。

实验设计3个实验组12条植草沟,设置1组大雨和2组暴雨实验,模拟降雨径流的流速根据上海市降雨强度及植草沟汇水面积确定,即进水流速(mL/min)=雨量(mm/h)×汇水面积(m^2)×104/60,其中设计汇水面积为植草沟面积的5倍。3个实验组分别为:实验组Ⅰ模拟12 mm/h(大雨)降雨强度下的降雨径流,进水流速为800 mL/min;实验组Ⅱ模拟24 mm/h(暴雨)降雨强度下的降雨径流,进水流速为1 600 mL/min;实验组Ⅲ模拟30 mm/h(暴雨)降雨强度下的降雨径流,进水流速为2 000 mL/min。当模拟降雨径流逐渐从布水槽中溢出均匀流入种植槽中的植草沟内时,开始计时。模拟径流在植草沟内逐渐下渗,经渗排水管从出水口流出,每分钟测量记录植草沟的出水量,40 min后停止。绘制每条植草沟出水量关于时间(t)的散点图,并对其进行拟合分析。

(2)生态植草沟对降雨径流污染物的削减实验设计

生态植草沟对降雨径流污染物的削减实验主要通过模拟不同污染物浓度的降雨径流,测定不同植草沟的出水水质情况,分析研究不同植草沟对降雨径流中的总悬浮物(TSS)、化学需氧量(COD)、氨氮(NH_4^+—N)和总磷(TP)的削减情况。根据上海市道路降雨径流的水质情况和国家地表水环境Ⅴ类标准,设置3个浓度梯度模拟降雨径流污染物含量(表4-25)。在水箱中配置好以上浓度的实验用水,首先用聚乙烯塑料瓶收集500 mL的进水水样,启动调节水泵,以2 L/min的进水流速进水,以5 min作为时间间隔收集水样,每个水样收集500 mL,收集5个出水水样。

表4-25 生态植草沟模拟降雨径流污染物浓度梯度

测定污染物	TSS/(mg·L^{-1})	COD/(mg·L^{-1})	NH$_4^+$—N/(mg·L^{-1})	TP/(mg·L^{-1})
浓度A	100	50.0	1.00	0.30
浓度B	200	100.0	2.00	0.60
浓度C	600	300.0	6.00	2.00

其中,选用硅藻土、葡萄糖、碳酸氢铵和磷酸二氢钾模拟降雨径流中的总悬浮物(TSS)、化学需氧量(COD)、氨氮(NH$_4^+$—N)和总磷(TP)。3个实验组分别为:浓度A为最低浓度,4种污染物TSS、COD、NH$_4^+$—N和TP的浓度分别为100 mg/L、50.0 mg/L、1.00 mg/L和0.30 mg/L;浓度B为中间浓度,4种污染物TSS、COD、NH$_4^+$—N和TP的浓度分别为200 mg/L、100.0 mg/L、2.00 mg/L和0.60 mg/L,为A浓度的两倍;C为最高浓度,4种污染物TSS、COD、NH$_4^+$—N和TP的浓度分别为600 mg/L、300.0 mg/L、6.00 mg/L和2.00 mg/L,约为B浓度的3倍。

模拟3个浓度污染物的降雨径流,分别称取5.0 g硅藻土、2.358 g葡萄糖、0.282 g碳酸氢铵和0.061 g一水磷酸二氢钙,溶解于装有50 L水的水箱中,作为浓度A的实验用水;浓度B的模拟降雨径流用水则分别称取10.0 g硅藻土、4.717 g葡萄糖、0.564 g碳酸氢铵和0.122 g一水磷酸二氢钙,溶解于50 L水;浓度C的模拟降雨径流用水则分别称取30.0 g硅藻土、14.151 g葡萄糖、1.693 g碳酸氢铵和0.406 g一水磷酸二氢钙,溶解于50 L水。

在水箱中配置好以上一个浓度的实验用水,首先用聚乙烯塑料瓶收集500 mL的进水水样,启动调节水泵,以2 L/min的进水流速向植草沟的实验装置内进水,实验进水充满布水槽后平缓均匀溢出进入。以5 min作为时间间隔收集水样,收集水样前需用水样润洗聚乙烯瓶3次,每个水样收集500 mL,收集5个出水水样后停止实验。实验结束后暂停24 h,等植草沟恢复稳定后,继续下一组实验,对12条植草沟重复3个浓度的实验,共计36次实验,收集水样216个。

对每次生态植草沟对降雨径流污染物的削减实验水样中的总悬浮物(TSS)、化学需氧量(COD)、氨氮(NH$_4^+$—N)和总磷(TP)的浓度进行测定。测定方法为浊度换算法、《水质化学需氧量的测定快速消解分光光度法》(HJ/T 399—2007)、《水质氨氮的测定纳氏试剂分光光度法》(HJ 535—2009)和《水质总磷的测定钼酸铵分光光度法》(GB 11893—89)。用Excel绘制生态植草沟对降雨径流的调蓄实验中得到的出水量Q出关于时间t的散点图,并对其进行拟合,如公式(4-4);利用SPSS软件进行方差分析和多重比较。

$$Q = a \ln t + b \tag{4-4}$$

式中 Q——每分钟出水量；

      t——时间；

      a、b——常数。

分别令公式(4-5)中 $Q=0$、$Q=Q_m$ 可分别计算得到出水时间和洪峰到达时间：

$$t_0 = e^{-\frac{b}{a}} \tag{4-5}$$

$$t_m = e^{\frac{Q_m-b}{a}} \tag{4-6}$$

式中 t_0——计算出水时间；

      a、b——常数；

      t_m——洪峰到达时间；

      Q_m——洪峰径流量。

分析植草沟对降雨径流的调蓄效应，计算降雨径流的削减率，计算公式为：

$$R_Q = \frac{Q_{进} - Q_{出}}{Q_{进}} \times 100\% \tag{4-7}$$

式中 R_Q——径流水量削减率；

      $Q_{进}$——总进水量；

      $Q_{出}$——总出水量。

分析植草沟对各降雨径流污染物的净化效应，计算各污染物削减率，计算公式为：

$$R_C = \frac{C_{进} - C_{出}}{C_{进}} \times 100\% \tag{4-8}$$

式中 R_C——污染物浓度削减率；

      $C_{进}$——进水污染物浓度；

      $C_{出}$——出水污染物浓度。

3. 生态植草沟的实验结果分析

（1）生态植草沟对降雨径流的水量调蓄实验结果

生态植草沟对降雨径流的处理过程为垂直方向的渗透，对径流的削减主要发生在种植土层和滤料层对径流的吸收，当植草沟整体蓄水达到饱和时，径流削减能力达到最大，同时渗排水管中出水达到稳定最大值。生态植草沟对降雨径流的调蓄效应要体现在两个方面，即对径流洪峰到达时间的延缓和对降雨径流量的削减。

生态植草沟对降雨径流的调蓄实验共设置了3个实验组，3个实验组模拟了3个不同的降雨强度，分别为12 mm/h(大雨)、24 mm/h(暴雨)和30 mm/h(暴雨)。在3个不同的降雨强度下，12条植草沟对模拟降雨径流的调蓄效应有较大差异，单独每一种模拟降雨条件下生态植草沟的调蓄效应进行初步分析，有助于后期对生态植草沟的种植土层和滤料层开展对比分析，同时了解生态植草沟对不同降雨强度的降雨径流的调蓄情况。

通过模拟降雨实验，得到在12 mm/h(大雨)的降雨强度下1～12号植草沟在前30 min的出水量如图4-15所示。从图中可以看出，在达到稳定出水的时刻前，每分钟的出水量呈对数增长的趋势,在时间为 20～30 min 的一段时间内,每分钟出水量逐渐停止增长并维持在 800 mL 左右,即达到峰值。从图中较难看出每条植草沟的初始出水时间和到达洪峰的时间,因此按照公式(4-4)对其进行对数曲线拟合,得到相应的对数函数表达式,各函数表达式的方程系数见表 4-26,并以此计算得到 12 条植草沟在 12 mm/h(大雨)的降雨强度下的出水时间 t_0 和到达洪峰时间 t_m。从表 4-26 中可以看出,在 12 mm/h(大雨)的降雨强度下出水时间最早的植草沟是 11 号,为 1.3 min;出水时间最晚的是 1 号、4 号和 9 号,均为 3.8 min。

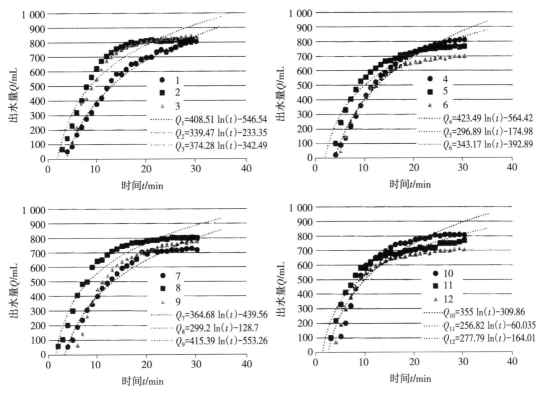

图 4-15　生态植草沟在 12 mm/h 雨强下出水量及拟合曲线方程图

表 4-26　雨强为 12 mm/h 植草沟出水时间 t_0 和到达洪峰时间 t_m

植草沟编号	实验组 I(12 mm/h)			
	系数 a	系数 b	t_0/min	t_m/min
1	408.5	−546.5	3.8	27.0
2	339.4	−233.3	2.0	21.0
3	374.2	−342.4	2.5	21.2
4	423.5	−564.4	3.8	25.1
5	296.9	−175.0	1.8	26.7
6	343.2	−392.9	3.1	32.3
7	364.7	−439.6	3.3	29.9

续表

植草沟编号	实验组 I (12 mm/h)			
	系数 a	系数 b	t_0/min	t_m/min
8	299.2	−128.7	1.5	22.3
9	415.4	−553.3	3.8	26.0
10	355	−309.9	2.4	22.8
11	256.8	−60.0	1.3	28.5
12	277.8	−164.0	1.8	32.1

另外,在 12 mm/h(大雨)的降雨强度下到达洪峰时间最晚的植草沟是 6 号,延缓洪峰 32.3 min;到达洪峰最早的是 2 号,延缓洪峰 21.0。因此在 12 mm/h(大雨)的降雨强度下 12 条植草沟中对洪峰延缓最佳的是 6 号植草沟,延缓洪峰 32.3 min。

通过计算总出水量与总进水量的比值,得到 12 条植草沟在 12 mm/h 降雨情况下对降雨径流的削减率(图 4-16)。12 条植草沟对降雨径流的削减率存在较大差异,其中对降雨径流削减率最高的是 4 号植草沟,削减率达到 33.8%;对降雨径流削减率最低的是 8 号植草沟,削减率为 19.7%。

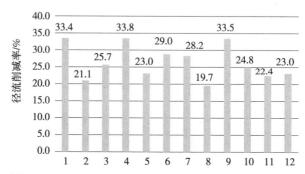

图 4-16　12 mm/h 降雨强度下植草沟对降雨径流的削减率

通过模拟降雨实验,得到在 24 mm/h(暴雨)的降雨强度下 1~12 号植草沟在前 30 min 的出水量如图 4-17 所示。从图中可以看出,在达到稳定出水的时刻前,每分钟的出水量呈对数增长的趋势,在时间为 20~30 min 一段时间内,每分钟出水量逐渐停止增长并维持在 1 600 mL 左右,即达到峰值。从表 4-27、图 4-17 中可以看出,在 24 mm/h(暴雨)的降雨强度下出水时间最早的植草沟是 10 号,为 0.3 min;出水时间最晚的植草沟是 2 号,为 3.8 min。在 24 mm/h(暴雨)的降雨强度下到达洪峰时间最晚的植草沟是 6 号,延缓洪峰 30.7 min;到达洪峰最早的是 11 号,延缓洪峰 20.0 min。因此在 24 mm/h(暴雨)的降雨强度下 12 条植草沟中对洪峰延缓最佳的是 6 号植草沟,延缓洪峰 30.7 min。

通过计算总出水量与总进水量的比值,得到 12 条植草沟在 24 mm/h 对降雨径流的削减率(图 4-18)。12 条植草沟对降雨径流的削减率存在较大差异,其中对降雨径流削减率最高的是 2 号植草沟,削减率达到 29.6%;对降雨径流削减率最低的是 11 号植草沟,削减率为 11.2%。

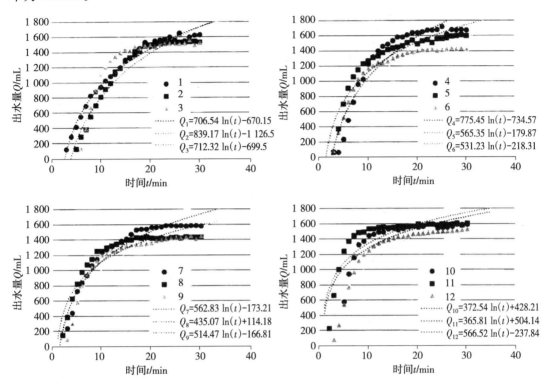

图 4-17 植草沟在 24 mm/h 雨强下出水量及拟合曲线方程图

表 4-27 雨强为 24 mm/h 植草沟出水量曲线拟合方程系数及 t_0 和 t_m

植草沟编号	实验组 II(24 mm/h)			
	系数 a	系数 b	t_0/min	t_m/min
1	706.5	−670.1	2.6	24.9
2	839.2	−1 126	3.8	25.8
3	712.3	−699.5	2.7	25.2
4	775.4	−734.5	2.6	20.3
5	565.3	−179.8	1.4	23.3
6	531.2	−218.3	1.5	30.7
7	562.8	−173.2	1.4	23.3
8	435.1	−114.12	0.8	30.4
9	514.5	−166.8	1.4	31.0
10	372.5	428.2	0.3	23.2
11	365.8	504.1	0.3	20.0
12	566.5	−237.8	1.5	25.6

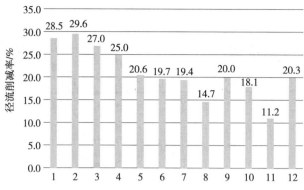

图 4-18　24 mm/h 降雨强度下植草沟对降雨径流的削减率

通过模拟降雨实验,得到在 30 mm/h(暴雨)的降雨强度下 1～12 号植草沟在前 30 min 的出水量(图 4-19)。从图中可以看出,在达到稳定出水的时刻前,每分钟的出水量呈对数增长的趋势,在时间为 15～30 min。一段时间内,每分钟出水量逐渐停止增长并维持在 2 000 mL 左右,即达到峰值。从表 4-28 中看出在 30 mm/h(暴雨)的降雨强度下出水时间最早的植草沟是 11 号,为 0.3 min;出水时间最晚的植草沟是 2 号,为 3.7 min。在 30 mm/h(暴雨)的降雨强度下到达洪峰时间最晚的植草沟是 12 号,延缓洪峰 28.8 min;到达洪峰最早的是 10 号,延缓洪峰 17.5 min。因此在 30 min/h(暴雨)的降雨强度下 12 条植草沟中对洪峰延缓最佳的是 12 号植草沟,延缓洪峰 28.8 min。

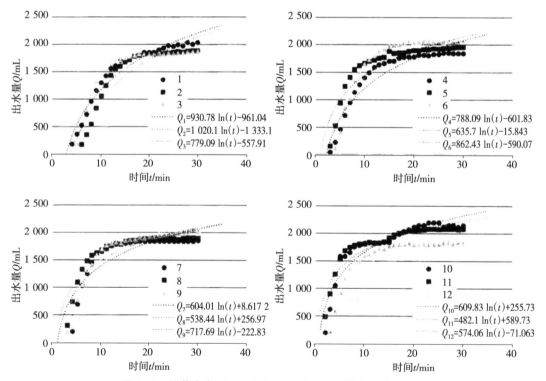

图 4-19　植草沟在 30 mm/h 雨强下出水量及拟合曲线方程图

表 4-28 雨强为 30 mm/h 植草沟出水量曲线拟合方程系数及 t_0 和 t_m

植草沟编号	实验组Ⅲ（24 mm/h）			
	系数 a	系数 b	t_0/min	t_m/min
1	930.7	−961.0	2.8	24.1
2	1 020.0	−1 333	3.7	26.2
3	799.0	−557.9	2.0	24.6
4	788.0	−601.8	2.1	27.2
5	635.7	−15.84	1.0	23.8
6	862.4	−590.0	2.0	20.2
7	604.0	8.617	1.0	27.0
8	538.4	256.9	0.6	25.5
9	717.6	−222.8	1.4	22.1
10	609.8	255.7	0.7	17.5
11	482.1	589.73	0.3	18.6
12	574.0	71.0	0.9	28.8

通过计算总出水量与总进水量的比值,得到 12 条植草沟在 30 mm/h 对降雨径流的削减率(图 4-20)。12 条植草沟对降雨径流的削减率存在较大差异,其中对降雨径流削减率最高的是 2 号植草沟,削减率达到 28.4%;对降雨径流削减率最低的是 11 号植草沟,削减率为 13.0%。

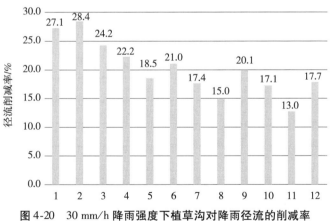

图 4-20 30 mm/h 降雨强度下植草沟对降雨径流的削减率

常规情况下,需对植草沟的水力负荷进行计算,但由于干植草沟的极强的渗透能力,只能对其进行大致估算,以种植土厚度最大的 3 条植草沟为对象,其面积为 0.8 m²,每分钟渗透出水超过 2 L,说明其水力负荷能力远超过 2.5×10³ m³/(m²·min),即 4.2×10⁻⁵ m³/(m²·s)。

由图 4-20 可知,实验中的 12 条植草沟对降雨径流的平均削减率差异显著,其中平均削减率最高的是 1 号植草沟,为 29.7%;削减率最低的是 11 号植草沟,为 15.5%。根据削减率与出水时间和到达洪峰的时间存在的关联,可以得出削减率较低的植草沟的出水时间或到达洪峰的时间相对较早。

此外,不同降雨强度下(12 mm/h,24 mm/h,30 mm/h)生态植草沟对径流的削减和延迟洪峰的能力存在显著差异。由表 4-29 可知,在不同降雨强度下,随着植草沟内种植土厚度的增加,系数 a 和 t_0 均表现出减小的趋势。在 12 mm/h、24 mm/h 雨强下,种植土厚度为 30 cm 的植草沟的 t_m 最大,表明其达到洪峰的时间最晚,对降雨径流洪峰的延缓效果最好;在 30 mm/h 雨强下,种植土厚度为 20 cm 的植草沟的 t_z 最大。对 3 个实验组的 t_m 求平均值可得,植草沟对洪峰延缓时间排序为 Ⅱ > Ⅰ > Ⅲ,其中分组 Ⅱ 植草沟对洪峰延缓平均时间最久,为 26.4 min,其结构为 30 cm 种植土+30 cm 滤料层。

表 4-29　生态植草沟不同降雨强度下平均计算出水时间 t_0 和洪峰到达时间 t_m

植草沟分组	种植土厚度	实验组 Ⅰ(12 mm/h)			实验组 Ⅱ(24 mm/h)			实验组 Ⅲ(30 mm/h)		
		系数 a	t_0	t_m	系数 a	t_0	t_m	系数 a	t_0	t_m
Ⅰ	20	368.52	2.8	24.1	719.76	2.6	23.8	834.75	2.3	25.2
Ⅱ	30	355.61	2.9	27.5	510.9	1.3	28.5	680.64	1.2	23.1
Ⅲ	40	296.53	1.8	27.1	434.95	0.7	23.2	555.33	0.6	21.1

由表 4-30 可知,不同种植土厚度的植草沟对径流的削减率存在显著差异,随着种植土厚度的增大,植草沟对径流的削减率呈现减小的趋势,种植土厚度为 20 cm 的植草沟径流的平均削减率最大,为 25.9%。其中,在 12 mm/h 的雨强条件下,种植土厚度为 20、30 cm 的植草沟均具有良好的削减效果。但是,相对滤料层而言,种植对径流的削减率效果较差,在降雨径流量较大的区域应选用种植土厚度较小、滤料层较厚的植草沟结构。

表 4-30　生态植草沟在不同降雨强度下对径流的削减率

植草沟分组	种植土厚度/cm	实验组 Ⅰ(12 mm/h) 径流削减率/%	实验组 Ⅱ(24 mm/h) 径流削减率/%	实验组 Ⅲ(30 mm/h) 径流削减率/%	平均径流削减率/%
Ⅰ	20	27.4	26.1	24.1	25.9
Ⅱ	30	27.6	18.5	18.4	21.5
Ⅲ	40	23.4	16.5	15.9	18.6

从已有结果分析可知,植草沟的滤料层比种植土对降雨径流的削减效果更好,植草沟滤料层分为砌块砖层和碎石层,因此需要对两者厚度变化对降雨径流的调蓄效应进行比较,并且分析两者的作用机理,获得最佳的厚度结构。已有结果表明,种植土厚度为 20 cm 的植草沟对降雨径流的削减效果最好,同时为了尽量较小种植土的影响,选择 3 个分组植草沟对滤料层的影响进行研究分析。

比较分组 Ⅰ 中 1~5 号植草沟的初始出水时间 t_0 和达到洪峰时间 t_m(表 4-31),3 个不同降雨强度条件下 5 条植草沟达到出水量峰值的时间各有差异。其中,在 12 mm/h(大雨)的降雨强度下,5 条植草沟中对降雨径流洪峰的延缓效应最好的植草沟是 1 号,出水延缓为 3.8 min,洪峰延缓为 27.0 min;在 24 mm/h(暴雨)的降雨强度下,5 条植草沟中对降雨径流洪峰的延缓效应最好的植草沟是 2 号,出水延缓为 3.8 min,洪峰延缓为 25.8 min;在 30 mm/h(暴雨)的降雨强度下,5 条植草沟中对降雨径流洪峰的延缓效应较好的植草沟是 2 号和 4 号,出水延缓分别为 3.7 min 和 2.1 min,洪峰延缓分别为 26.2 min 和 27.2 min。比较 5 条植草沟对洪峰的平均延缓时间,可得到排序为 1>5>2>4>3,其中 1 号植草沟平均延缓洪峰最久,达到 25.3 min。结果表明,植草沟滤料层内部结构的变化对降雨径流的延缓效应的影响不显著,其中对降雨径流延缓效果最佳的生态植草沟结构为:20 cm 种植土+40 cm 砌块砖。

表 4-31　分组植草沟的 t_0 和 t_m

植草沟编号	实验组Ⅰ(12 mm/h)		实验组Ⅱ(24 mm/h)		实验组Ⅲ(30 mm/h)		平　均	
	t_0/min	t_m/min	t_0/min	t_m/min	t_0/min	t_m/min	t_0/min	t_m/min
1	3.8	27.0	2.6	24.9	2.8	24.1	3.1	25.3
2	2.0	21.0	3.8	25.8	3.7	26.2	3.2	24.3
3	2.5	21.2	2.7	25.2	2.0	24.6	2.4	23.7
4	3.8	25.1	2.6	20.3	2.1	27.2	2.8	24.2
5	1.8	26.7	1.4	23.3	1.0	23.8	1.4	24.6

1~5 号条植草沟在 3 个不同雨强条件下对降雨径流量的削减率如图 4-21 所示,图中结果表明,5 条植草沟对降雨径流削减效应的排序为:1>4>2>3>5。其中削减率最高的是 1 号植草沟(20 cm 种植土+40 cm 砌块砖),平均削减为 29.7%,削减率最低的是 5 号植草沟,平均削减率为 20.7%。结果表明,5 条不同结构参数的植草沟对降雨径流的削减率不同,可能的原因是:砌块砖和碎石内部结构的不同和堆积结构存在差异。比较砌块砖和碎石的空隙率和孔隙率,砌块砖的空隙率和孔隙率都远大于碎石,能够蓄存滞留较多水量,对降雨径流的削减能力大于碎石。

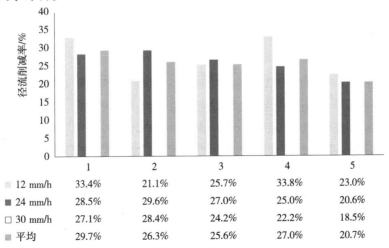

	1	2	3	4	5
■ 12 mm/h	33.4%	21.1%	25.7%	33.8%	23.0%
■ 24 mm/h	28.5%	29.6%	27.0%	25.0%	20.6%
□ 30 mm/h	27.1%	28.4%	24.2%	22.2%	18.5%
■ 平均	29.7%	26.3%	25.6%	27.0%	20.7%

图 4-21　分组Ⅰ中 5 条生态植草沟在不同雨强下对降雨径流的削减率

由图 4-21 可知,1 号、4 号和 5 号植草沟随着雨强的增加削减率都呈下降的趋势,而 2 号和 3 号植草沟随着雨强的增加削减率呈先上升后下降的趋势,即在 12 mm/h 的雨强下,4 号植草沟(20 cm 种植土+10 cm 砌块砖+30 cm 碎石)对降雨径流的削减率最高;在 24 mm/h 和 30 mm/h 的雨强下,2 号植草沟(20 cm 种植土+30 cm 砌块砖+10 cm 碎石)对降雨径流的削减率均最高。该实验结果表明,生态植草沟不同的结构组合(种植层+滤料层)对不同降雨的条件下的径流削减效应有着直接和间接的影响,这可能与生态植草沟滤料层中砌块砖和碎石的组成成分及结构有关。例如,砌块砖的空隙率和孔隙率都远大于碎石,能够蓄存滞留较多水量,对降雨径流的削减能力大于碎石。

比较分组 II 中 6~9 号植草沟的初始出水时间 t_0 和达到洪峰时间 t_m(表 4-32),3 个不同降雨强度条件下 4 条植草沟达到出水量峰值的时间各有差异。其中,在 12 mm/h(大雨)的降雨强度下,4 植草沟中对降雨径流洪峰的延缓效应最好的植草沟是 6 号,出水延缓为 3.1 min,洪峰延缓为 32.3 min;在 24 mm/h(暴雨)的降雨强度下,4 条植草沟中对降雨径流洪峰的延缓效应较好的植草沟是 6 号和 9 号,出水延缓分别为 1.5 min 和 1.4 min,洪峰延缓分别为 30.7 min 和 31.0 min;在 30 mm/h(暴雨)的降雨强度下,4 条植草沟中对降雨径流洪峰的延缓效应最好的植草沟是 7 号,出水延缓为 1.0 min,洪峰延缓为 27.0 min。比较 4 条植草沟对洪峰的平均延缓时间,可得到排序为 6>2>9>8,其中 6 号植草沟平均延缓洪峰最久,达到 27.7 min。结果表明,植草沟滤料层内部结构的变化对降雨径流的延缓效应的影响不显著,其中对降雨径流延缓效果最佳的生态植草沟结构为:30 cm 种植土+30 m 砌块砖。

表 4-32　分组 II 植草沟的 t_0 和 t_m

植草沟编号	实验组 I(12 mm/h)		实验组 II(24 mm/h)		实验组 III(30 mm/h)		平　均	
	t_0/min	t_m/min	t_0/min	t_m/min	t_0/min	t_m/min	t_0/min	t_m/min
6	3.1	32.3	1.5	30.7	2	20.2	2.2	27.7
7	3.3	29.9	1.4	23.3	1	27	1.9	26.7
8	1.5	22.3	0.8	30.4	0.6	25.5	1.0	26.1
9	3.8	26	1.4	31	1.4	22.1	2.2	26.4

比较分组 II 中 6~9 号条植草沟在不同雨强条件下对降雨径流量的削减率如图 4-22 所示,分组 II 中 4 条植草沟对降雨径流削减效应的排序为:9>6>7>8。其中,削减率最高的是 9 号植草沟(30 cm 种植土+30 cm 碎石),平均削减为 24.6%,削减率最低的是 8 号植草沟,平均削减率为 16.5%。该实验结果表明,不同结构参数的植草沟对降雨径流的削减率不同,但呈现的变化趋势为着碎石层厚度的增加削减率先减小后增大。与分组 I 表现不同的可能原因是砌块砖和碎石的总厚度减小及种植土厚度的增加,导致植草沟对径流的削减效应差异不显著。

比较分组 III 中 10~12 号植草沟的初始出水时间 t_0 和达到洪峰时间 t_m(表 4-33),3 个不同降雨强度条件下 3 条植草沟达到出水量峰值的时间各有差异。其中,在 12 mm/h(大雨)

的降雨强度下,3 条植草沟中对降雨径流洪峰的延缓效应最好的植草沟是 12 号,出水延缓为 1.8 min,洪峰延缓为 32.1 min;在 24 mm/h(暴雨)的降雨强度下,3 条植草沟中对降雨径流洪峰的延缓效应最好的植草沟是 12 号,出水延缓为 0.9 min,洪峰延缓为 25.6 min;在 30 mm/h(暴雨)的降雨强度下,3 条植草沟中对降雨径流洪峰的延缓效应最好的植草沟是 12 号,出水延缓为 1.4 min,洪峰延缓为 28.8 min。比较 3 条植草沟对洪峰的平均延缓时间,可得到排序为 12>11>10,其中 12 号植草沟平均延缓洪峰最久,达到 28.8 min。结果表明,在分组Ⅲ的 3 条植草沟中,碎石层厚度越大的植草沟对降雨径流的延缓效果最好,其中对降雨径流延缓效果最佳的生态植草沟结构为:40 cm 种植土+20 cm 碎石。

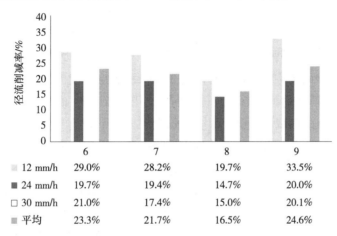

	6	7	8	9
▨ 12 mm/h	29.0%	28.2%	19.7%	33.5%
■ 24 mm/h	19.7%	19.4%	14.7%	20.0%
□ 30 mm/h	21.0%	17.4%	15.0%	20.1%
▨ 平均	23.3%	21.7%	16.5%	24.6%

图 4-22　分组Ⅱ中 4 条生态植草沟在不同雨强下对降雨径流的削减率

如图 4-23 所示,比较分组Ⅲ中 10 ~ 12 号条植草沟在不同雨强条件下对降雨径流量的削减效能的排序为:12>11>10。其中,削减率最高的是 12 号植草沟(40 cm 种植土+20 cm 碎石),平均削减为 20.4%,削减率最低的是 11 号植草沟,平均削减率为 15.5%。结果表明,不同结构参数的植草沟对降雨径流的削减率不同,但呈现的变化趋势与分组Ⅱ中表现的相同,可能的原因是砌块砖和碎石对径流都有一定的削减效应,但两者组合时部分功能相互抵消,导致单一滤料比两种滤料组合削减率更高。

表 4-33　分组Ⅲ植草沟的 t_0 和 t_m

植草沟编号	实验组Ⅰ(12 mm/h)		实验组Ⅱ(24 mm/h)		实验组Ⅲ(30 mm/h)		平　均	
	t_0/min	t_m/min	t_0/min	t_m/min	t_0/min	t_m/min	t_0/min	t_m/min
10	2.4	22.8	0.3	23.2	0.7	17.5	1.1	21.2
11	1.3	28.5	0.3	20	0.3	18.6	0.6	22.4
12	1.8	32.1	1.5	25.6	0.9	28.8	1.4	28.8

综上所述,通过植草沟对降雨径流调蓄效应实验结果分析,可以得出以下结论:12 条植草沟对降雨径流的渗透能力均极强,水力负荷能力远大于 $4.2×10^{-5}/(m^2 \cdot s)$。理论上 $1 m^2$ 的植草沟 1 h 可以处理超过 $0.15 m^3$ 的降雨径流,相当于在 1 年重现期下,可处理超过 4 倍

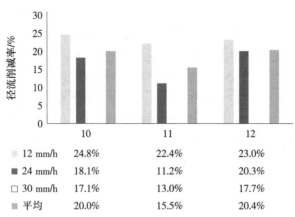

	10	11	12
12 mm/h	24.8%	22.4%	23.0%
24 mm/h	18.1%	11.2%	20.3%
30 mm/h	17.1%	13.0%	17.7%
平均	20.0%	15.5%	20.4%

图 4-23　分组Ⅲ中 3 条生态植草沟在不同雨强下对降雨径流的削减率

面积的硬质地面的降雨径流。种植土厚度为 30 cm,滤料层厚度为 30 cm 的分组Ⅱ植草沟对洪峰的延缓效果最佳,平均延缓 26.4 min;种植土厚度为 20 cm,滤料层厚度为 40 cm 的分组 Ⅰ植草沟对降雨径流的削减率最高,平均削减 25.9% 的径流量。同时种植土与滤料相比,对降雨径流的削减效果较差。分组Ⅰ植草沟中对降雨径流洪峰延缓最佳的结构为 20 cm 种植土+40 cm 砌块砖,对降雨径流削减率最高的结构为 20 cm 种植土+40 cm 砌块砖;分组Ⅱ植草沟中对降雨径流洪峰延缓最佳的结构为 30 cm 种植土+30 cm 砌块砖,对降雨径流削减率最高的结构为 30 cm 种植土+30 cm 碎石;分组Ⅲ植草沟中对降雨径流洪峰延缓和对降雨径流削减率最佳的结构均为 40 cm 种植土+20 cm 碎石。在降雨径流量较大的区域如停车场、广场、道路等,较适合应用的植草沟结构为 20 cm 种植土+40 cm 砌块砖,20 cm 种植土+30 cm 砌块砖+10 cm 碎石;在降雨径流量较小的区域如绿地周边和居住小区等,较适合应用的植草沟为 30 cm 种植土+30 cm 碎石,40 cm 种植土+20 cm 碎石。

(2)生态植草沟对降雨径流的污染物削减实验结果

生态植草沟对降雨径流污染物的削减效应研究主要分为生态植草沟种植土层和滤料层厚度变化对降雨径流污染物的削减效应。按照植草沟分组研究生态植草沟种植土厚度变化对降雨径流污染物的削减效应影响,其中分组Ⅰ为种植土厚度为 20 cm 的 1~5 号植草沟,分组Ⅱ为种植土厚度为 30 cm 的 6~9 号植草沟,分组Ⅲ为种植土厚度为 40 cm 的 10~12 号植草沟(表 4-34)。污染物浓度设置为 A、B、C 3 个浓度梯度。

表 4-34　植草沟对降雨径流污染物的削减率

植草沟编号	TSS 的削减率/%			COD 的削减率/%			NH_4^+—N 的削减率/%			TP 的削减率/%		
	A 浓度	B 浓度	C 浓度	A 浓度	B 浓度	C 浓度	A 浓度	B 浓度	C 浓度	A 浓度	B 浓度	C 浓度
1	91.1	94.2	97.6	43.7	45.7	58.1	60.7	58.1	67.2	85.9	85.9	90.0
2	76.7	93.4	97.7	33.2	57.0	69.8	68.6	69.8	78.6	77.8	91.3	86.8
3	71.2	58.4	85.5	56.4	72.3	74.2	58.5	74.2	76.2	62.0	81.0	64.3
4	82.4	58.8	92.6	49.3	83.7	75.2	72.4	75.5	84.6	27.5	81.7	87.8
5	64.5	71.0	63.7	69.0	76.1	65.5	47.4	65.5	71.2	34.3	64.6	58.1

植草沟编号	TSS 的削减率/%			COD 的削减率/%			NH$_4^+$—N 的削减率/%			TP 的削减率/%		
	A 浓度	B 浓度	C 浓度	A 浓度	B 浓度	C 浓度	A 浓度	B 浓度	C 浓度	A 浓度	B 浓度	C 浓度
6	52.1	55.6	78.6	40.3	65.5	72.2	60.5	72.2	77.7	79.6	72.9	69.6
7	55.4	82.4	94.8	56.3	84.9	80.4	74.7	80.4	84.2	88.2	92.2	90.7
8	38.9	56.4	66.5	34.4	43.5	53.8	42.2	53.8	53.1	46.9	41.3	60.1
9	46.1	44.9	77.8	62.3	67.5	72.9	39.8	72.9	64.2	17.7	73.0	70.1
10	26.5	43.9	85.9	42.7	53.1	61.7	28.5	61.7	57.4	29.8	23.5	79.1
11	50.9	36.9	81.5	46.6	50.8	54.0	23.7	54.0	55.3	25.9	52.6	70.1
12	60.5	27.2	68.9	55.5	56.9	61.1	44.0	61.1	61.7	12.8	28.3	71.5

对 12 条植草沟进行 3 个实验组的降雨径流污染物的削减实验,共进行了 36 次实验,每次实验取水样 6 个,共计 216 个水样。对降雨径流污染物的削减实验中取得的水样中的总悬浮物(TSS)、化学需氧量(COD)、氨氮(NH$_4^+$—N)和总磷(TP)共 4 个污染物指标进行测定,将进水污染物浓度和出水污染物浓度根据公式进行计算,得到 12 条植草沟在 3 个浓度下对 4 种降雨径流污染物的削减率。

按照植草沟分组研究生态植草沟种植土对降雨径流污染物的削减效应影响,其中分组 Ⅰ 为种植土厚度为 20 cm 的 1~5 号植草沟,分组 Ⅱ 为种植土厚度为 30 cm 的 6~9 号植草沟,分组因为种植土厚度为 40 cm 的 10~12 号植草沟。3 个分组的植草沟对降雨径流中总悬浮物(TSS)、化学需氧量(COD)、氨氮(NH$_4^+$—N)和总磷(TP)的平均削减率见表 4-35。在植草沟总厚度为 60 cm 不变的情况下,其种植土层厚度的变化对其功能有着极其重要的影响,通过比较分析 3 个分组植草沟的削减率研究生态植草沟种植土变化对降雨径流污染物的削减效应的影响。

表 4-35 不同种植土厚度生态植草沟对降雨径流污染物的削减率

分组	种植土厚度/cm	TSS 的削减率/%			COD 的削减率/%			NH$_4^+$—N 的削减率/%			TP 的削减率/%		
		A	B	C	A	B	C	A	B	C	A	B	C
Ⅰ	20	77.2	75.2	87.4	50.3	66.9	64.3	61.5	68.6	75.5	57.5	80.9	77.4
Ⅱ	30	48.1	59.8	79.4	48.3	65.4	71.4	54.3	69.8	69.8	58.1	69.8	72.6
Ⅲ	40	46.0	36.0	78.7	48.2	54.6	53.6	32.1	58.9	58.1	22.8	34.8	73.6

通过方差分析和多重比较,得到分组 Ⅰ、Ⅱ、Ⅲ 3 组植草沟在 A、B、C 3 个浓度下对 TSS 的平均削减率(图 4-24)。植草沟分组对径流中 TSS 污染物的削减率排序为:Ⅰ>Ⅱ>Ⅲ。其中,分组 Ⅰ 的植草沟对 TSS 的削减率最高,平均削减率达到 79.9%;分组 Ⅲ 的植草沟对 TSS 的削减率最低,平均削减率为 53.6%。平均削减率最高的分组 Ⅰ 植草沟的结构为 20 cm 种植土+40 cm 滤料层,其对 A、B、C 3 个浓度 TSS 的削减率分别为 64%~91%、58%~94% 和 64%~98%。

该结果表明,植草沟中种植土层厚度越小、滤料层厚度越大,其对 TSS 的削减率越高。

这与种植土和滤料的物理性状有关,一方面滤料的孔隙率高,对悬浮颗粒的吸附远高于种植土;另一方面,种植土本身由于水流冲蚀,会产生悬浮颗粒,自身成为发生污染的污染源。在大雨或小雨的情况下,种植土对 TSS 的削减效应良好;但暴雨时将有所削弱。虽然,对初期降雨径流仍有较好的削减效果,但后续的大量的径流可能会冲蚀植草沟,对植草沟表层土壤造成破坏同时裹挟产生大量颗粒物。

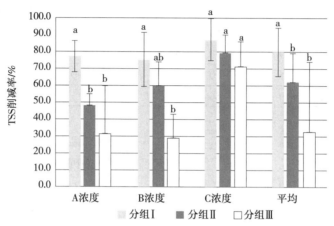

图 4-24　不同分组生态植草沟对径流中 TSS 的削减率

在实际应用中,径流量较大 TSS 污染较严重的区域应选取分组 I 的植草沟,即结构为 20 cm 种植土+40 cm 滤料层的植草沟,同时选择植被时使用覆盖度较高、根系较密的草坪草等;在径流量较小即汇水面积较小的区域,可以选择分组 II、III 的植草沟,在选择植被时也可以适当选取宿根花卉和低矮灌木。

通过方差分析和多重比较,得到分组 I、II、III 3 组植草沟在 A、B、C 3 个浓度下对 COD 的平均削减率(图 4-25),从图中可以看出,3 组植草沟对 COD 的削减率存在差异,其中在 COD 浓度为 50.0 mg/L(A 浓度)下,分组 I 的削减率略高于分组 II 和 III,但不显著;COD 浓度为 100 mg/L(B 浓度)时,削减率大小排序为分组 I > II > III,差异不显著;COD 浓度为 300 mg/L(C 浓度)时,削减率大小排序为分组 I > II > III,差异不显著。

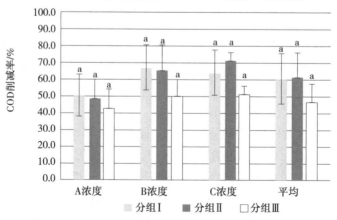

图 4-25　不同分组生态植草沟对径流中 COD 的削减率

3个分组植草沟对径流中污染物 COD 的平均削减率排序为：Ⅱ>Ⅰ>Ⅲ。其中,分组Ⅱ的植草沟对 COD 的削减率最高,平均削减率达到 61.7%;分组Ⅲ的植草沟对 COD 的削减率最低,平均削减率为 52.2%。平均削减率最高的分组Ⅱ植草沟的结构为 30 cm 种植土+30 cm 滤料层,其对 A、B、C 3 个浓度 COD 的削减率分别为 34.4% ~ 62.3%、43.5% ~ 84.9% 和 67.0% ~ 75.1%。结果表明,植草沟中种植土厚度的变化对其 COD 的削减率没有显著影响。分析原因可能为,种植土中有大量的微生物对 COD 有较强的削减效果,但同时种植土中也含有较多有机物,有部分有机物会随着降雨径流的渗透而流出,提高 COD 的浓度。两个过程相互影响,导致种植土和滤料层对 COD 的削减效果没有显著差异。

通过方差分析和多重比较,得到分组Ⅰ、Ⅱ、Ⅲ 3 组植草沟在 A、B、C 3 个浓度下对 NH_4^+—N 的平均削减率(图 4-26),从图中可以看出,3 组植草沟对 NH_4^+—N 的削减率存在显著差异,其中在 NH_4^+—N 浓度为 1.0 mg/L(A 浓度)下,分组Ⅰ的削减率高于分组Ⅱ,并显著高于分组Ⅲ;NH_4^+—N 浓度为 2.0 mg/L(B 浓度)时,削减率大小排序为分组Ⅱ>Ⅰ>Ⅲ,差异不显著;NH_4^+—N 浓度为 6.0 mg/L(C 浓度)时,分组Ⅰ的削减率高于分组Ⅱ,并显著高于分组Ⅲ。

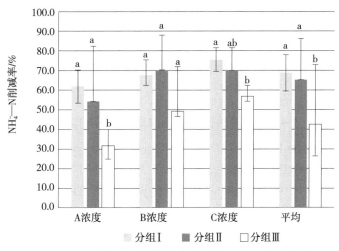

图 4-26　不同分组生态植草沟对径流中 NH_4^+—N 的削减率

根据 NH_4^+—N 的平均削减率对 3 个分组植草沟进行排序为Ⅰ>Ⅱ>Ⅲ。其中,分组Ⅰ的植草沟对 NH_4^+—N 的平均削减率高达到 68.6%;分组Ⅲ的植草沟对 NH_4^+—N 的削减率最低,平均削减率为 49.7%。平均削减率最高的分组Ⅰ植草沟的结构为 20 cm 种植土+40 cm 滤料层,其对 A、B、C 浓度 NH_4^+—N 的削减率分别为 47.4% ~ 72.4%、58.1% ~ 75.5% 和 67.2% ~ 84.6%。结果表明,种植土厚度为 20 cm 和 30 cm 的植草沟在不同浓度下对 NH_4^+—N 的削减率差异不显著,植草沟厚度为 40 cm 的植草沟对 NH_4^+—N 的削减率较小。植草沟中种植土层厚度越小、滤料层厚度越大,其对 NH_4^+—N 的削减率越高,滤料对 NH_4^+—N 的削减效应高于种植土。原因可能是种植土与滤料相比,孔隙率和空隙率较小,太过质密不易形成生物膜,对 NH_4^+—N 的吸附消解能力较低。

因此在实际应用中,NH_4^+—N 污染较严重的区域应选取分组Ⅰ和分组Ⅱ的植草沟,即结构为 20 cm 种植土+40 cm 滤料层和 30 cm 种植土+30 cm 滤料层的植草沟,对植被的选择上没有特别需要注意,只要和周边绿化相协调搭配即可。

通过方差分析和多重比较,得到分组Ⅰ、Ⅱ、Ⅲ 3 组植草沟在 A、B、C 3 个浓度下对 TP 的平均削减率(图 4-27),从图中可以看出,3 组植草沟对 TP 的削减率存在显著差异,其中在 TP 浓度为 0.30 mg/L(A 浓度)下,分组Ⅱ的削减率略高于分组Ⅰ,并显著高于分组Ⅲ;TP 浓度为 0.60 mg/L(B 浓度)时,分组Ⅰ的削减率高于分组Ⅱ,并显著高于分组Ⅲ;TP 浓度为 2.00 mg/L(C 浓度)时,3 个分组削减率差异不显著,大小排序为分组Ⅰ>Ⅲ>Ⅱ。

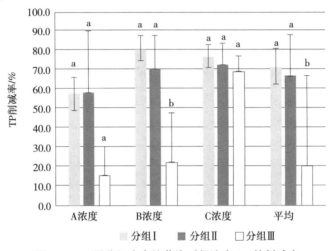

图 4-27 不同分组生态植草沟对径流中 TP 的削减率

由图 4-27 可知,分组Ⅰ的植草沟对 TP 的削减率最高,平均削减率达到 71.9%;分组Ⅲ的植草沟对 TP 的削减率最低,平均削减率为 43.7%。平均削减率最高的分组Ⅰ植草沟的结构为 20 cm 种植土+4.0 cm 滤料层,其对 A、B、C 浓度 TP 的削减率分别为 27.5% ~ 85.9%、64.6% ~91.3%和 58.1% ~90.0%。该结果表明,在 TP 浓度较低时,种植土厚度为 20 cm 和 30 cm 的植草沟对 TP 的削减效果没有显著差异,单明显高于种植土厚度为 40 cm 的植草沟;在 TP 浓度高时,种植土厚度为 20 cm、30 cm 和 40 cm 的植草沟对 TP 的削减效果没有显著差异,削减率均较高。植草沟中种植土层厚度越小、滤料层厚度越大,其对 TP 的削减率越高。原因可能是,降雨径流中的 TP 主要靠介质的吸附除去,滤料层的孔隙率和比表面积都大于种植土,对 TP 的削减效果也好于相同厚度的种植土。

因此在实际应用中,针对 TP 污染的控制,应选择分组Ⅰ和分组Ⅱ的植草沟,即结构为 20 cm 种植土+40 cm 滤料层和 30 cm 种植土+30 cm 滤料层的植草沟。

综上所述,通过对比研究生态植草沟种植土对污染物的削减效应,可以得出如下结论:在进水量为 2 L/min,模拟 30 mm/h(暴雨)的降雨径流条件下,植草沟中种植土层厚度越小、滤料层厚度越大,其对 TSS、NH_4^+—N 和 TP 的削减率越高,对 COD 的削减率没有显著变化。比较 4 种污染物的削减情况,植草沟对 TSS 和 TP 的削减率变化较为一致,两者的削减过程和机理存在一定的相关性,均通过介质的孔隙和表面吸附去除。在 3 个厚度的植草沟分组中,对 TSS、COD、NH_4^+—N 和 TP 削减效果最佳的植草沟为分组Ⅰ,结构为 20 cm 种植土+40 cm 滤料层,其对 TSS、COD、NH_4^+—N 和 TP 的平均削减率分别为 79.9%、60.5%、68.6% 和 71.9%。在实际应用时,推荐采用此类结构的植草沟,同时在后续分析研究中,也可选取分组Ⅰ中的 5 条植草沟展开对比研究。根据 3 个分组的去污能力和种植土厚度,在降雨径流污染物浓度较高同时无较高景观种植要求的区域适合用分组Ⅰ的生态植草沟,在污染物浓度较高同时要求有一定景观种植要求的区域适合用分组Ⅱ,在污染物浓度低同时需要有种植景观的区域适合用分组Ⅲ。

由上述分析可知,滤料层对污染物的削减能力高于种植土,对植草沟中滤料层的污染削减效应展开研究十分有必要。为了尽可能减小种植土层的影响和最佳的对比效果,对 TSS、COD、NH_4^+—N 和 TP 平均削减效果最佳分组Ⅰ的植草沟进行重点对比分析(图 4-28)。同时为了适应不同的应用区域的景观种植要求,对分组Ⅱ、Ⅲ进行简单的方差分析。

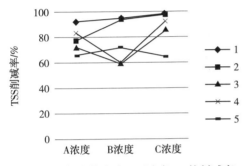

(a)分组Ⅰ中5条植草沟对不同浓度TSS的削减率　　(b)分组Ⅰ中5条植草沟对不同浓度COD的削减率

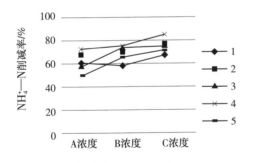
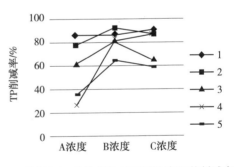

(c)分组Ⅰ中5条植草沟对不同浓度NH_4^+—N的削减率　　(d)分组Ⅰ中5条植草沟对不同浓度TP的削减率

图 4-28　分组Ⅰ中生态植草沟对径流污染物的削减率

分组Ⅰ中 1~5 号植草沟的滤料层厚度为 40 cm;分组Ⅱ 6~9 号植草沟的滤料层厚度为 30 cm;分组Ⅲ中 10~12 号植草沟的滤料层厚度为 20 cm。由图 4-29 可知,随着 TSS 浓度的变化,分组Ⅰ中 4 条植草沟对其削减率呈现出一定的变化趋势,其中 1、2 号植草沟对 TSS 的削减率随着 TSS 浓度的增大而增大,3、4 号植草沟对 TSS 的削减率随着 TSS 浓度的增大呈现先减小后增大的趋势,5 号植草沟对 TSS 的削减率随着 TSS 浓度的增大呈现先增大后减小的趋势。结果表明,在 3 个不同 TSS 浓度下,1 号植草沟对 TSS 均具有明显的削减效果,应优先考虑应用,其结构为 20 cm 种植土+40 cm 砌块砖。

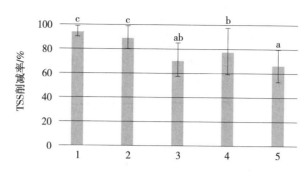

图 4-29　分组 I 植草沟对 TSS 的平均削减率

如图 4-30 所示,在 COD 为 A 浓度(50 mg/L)的情况下,5 号植草沟有最佳削减效果,其结构为 20 cm 种植土+40 cm 碎石;在 COD 为 B 浓度(100 mg/L)和 C 浓度(300 mg/L)的情况下,4 号植草沟有最佳削减效果,其结构为 20 cm 种植土+10 砌块砖+30 cm 碎石。在不同 NH_4^+—N 浓度下,4 号植草沟均具有明显的削减效果,其结构为 20 cm 种植土+10 cm 砌块砖+30 cm 碎石。在 TP 为 A 浓度(0.3 mg/L)和 C 浓度(2.0 mg/L)的情况下,1 号植草沟有最佳削减效果,其结构为 20 cm 种植土+40 cm 砌块砖;在 TP 为 B 浓度(0.6 mg/L)的情况下,2 号植草沟有最佳削减效果,其结构为 20 cm 种植土+30 cm 砌块砖+10 cm 碎石。

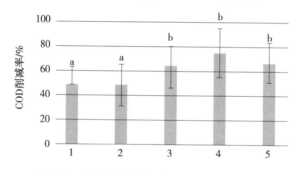

图 4-30　分组 I 植草沟对 COD 的平均削减率

通过对分组 II 的 6~9 号植草沟的削减率进行方差分析和多重比较,得到 4 条植草沟在 A、B、C 3 个浓度下 TSS 的平均削减率。4 条植草沟对 TSS 的削减率存在差异,但不显著,其削减率的大小排序为 7>6>9>8,7 号植草沟对 TSS 的削减率最高,达到 77.5%;8 号植草沟的削减最低,为 53.9%。图中规律不明显,可能原因是种植土厚度的干扰。结果表明,分组 II 中的对 TSS 净化效应最优的生态植草沟结构是:30 cm 种植土+20 cm 砌块砖+10 cm 碎石,削减率最高可达到 77.5%。

通过对分组 III 的 10~12 号植草沟的削减率进行方差分析和多重比较,得到 3 条植草沟在 A、B、C 3 个浓度下 TSS 的平均削减率(图 4-31)。3 条植草沟对 TSS 的削减率存在差异,但不显著,其削减率的大小排序为 11>12>10,11 号植草沟对 TSS 的削减率最高,达到 56.4%;10 号草沟的削减最低,为 52.1%。从图中没有看出明显的规律,可能原因是种植土厚度的干扰导致相互之间的差异过小。分组 III 中的对 TSS 净化效应最优的生态植草沟结构是:40 cm 种植土+10 cm 砌块砖+10 cm 碎石,污染物去除率达到 56.4%。分组 II

中的对 COD 净化效应最优的生态植草沟结构是:30 cm 种植土+20 cm 砌块砖+10 cm 碎石,污染物去除率达到 72.5%。

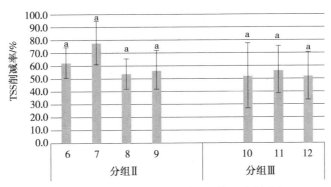

图 4-31 分组Ⅱ、Ⅲ植草沟对 TSS 的平均削减率

通过方差分析和多重比较,得到分组Ⅰ的 5 条植草沟在 A、B、C 3 个浓度下对 COD 的平均削减率,从图 4-32 中可以看出,5 条植草沟对 COD 的削减率差异显著,其中 4 号植草沟对 TSS 的削减率最高,达到 74.5%;2 号植草沟的削减率最低为 48.0%。可能原因是砌块砖孔隙率大,但形成的有效生物膜面积小,对可溶性有机物的吸附削减能力较弱,而碎石层的总生物膜面积大,对 COD 的附削减能力较强。因此,分组Ⅰ中对 COD 净化效应最优的生态植草沟结构是:20 cm 种植土+10 cm 砌块砖+30 cm 碎石。

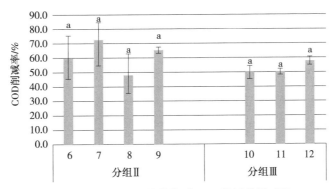

图 4-32 分组Ⅱ、Ⅲ植草沟对 COD 的平均削减率

5 条植草沟在 3 个不同浓度下对 COD 的削减率变化中可以看出,随着 COD 浓度的变化,5 条植草沟对其削减率呈现出一定的变化趋势,其中 1、4 号植草沟对 COD 的削减率随着 COD 的浓度增大而增大,2、3、5 号植草沟的削减率随着 COD 浓度的增大呈现先增大后减小的趋势。结果表明,在 COD 为 A 浓度(50 mg/L)的情况下,5 号植草沟有最佳削减效果,其结构为 20 cm 种植土+40 cm 碎石;在 COD 为 B 浓度(100 mg/L)和 C 浓度(300 mg/L)的情况下,4 号植草沟有最佳削减效果,其结构为 20 cm 种植土+10 砌块砖+30 cm 碎石。

通过对分组Ⅱ的 6~9 号植草沟的削减率进行方差分析和多重比较,得到 4 条植草沟在 A、B、C 3 个浓度下 COD 的平均削减。4 条植草沟对 COD 的削减率存在差异,但不显著,其削减率的大小排序为 7>6>9>8,7 号植草沟对 COD 的削减率最高,达到 72.5%;8 号植草沟的削减最低,为48.3%。从图中没有看出明显的规律,可能原因是种植土厚度的干扰。结果表明,分组Ⅱ中的对COD净化效应最优的生态植草沟结构是:30 cm种植土+20 cm砌块砖+10 m碎石。

通过对分组Ⅲ的10~12号植草沟的削减率进行方差分析和多重比较,得到3条植草沟在A、B、C 3个浓度下COD的平均削减率。3条植草沟对COD的削减率存在差异,但不显著,其削减率的大小排序为12>10>11,12号植草沟对COD的削减率最高,达到57.8%;11号植草沟的削减最低,为49.3%。从图中没有看出明显的规律,可能原因是种植土厚度的干扰导致相互之间的差异过小。结果表明,分组Ⅲ中的对COD净化效应最优的生态植草沟结构是:40 cm种植土+20 cm碎石。

通过方差分析和多重比较,得到分组Ⅰ的5条植草沟在A、B、C 3个浓度下对NH_4^+—N的平均削减率,从图4-33中可以看出,5条植草沟对NH_4^+—N的削减率差异显著,其中4号植草沟对NH_4^+—N的削减率最高,达到77.5%;5号植草沟的削减率最低,为66.4%。可能原因是生物硝化与反硝化对NH_4^+—N的削减需要较复杂的有氧、缺氧微环境,砌块砖和碎石对NH_4^+—N的削减有不同的作用机理,单一滤料发生的硝化或反硝化反应对NH_4^+—N的削减能力较小,两种滤料的组合结构则可以较好地满足NH_4^+—N削减所需的有氧、缺氧环境条件。因此,分组Ⅰ中对NH_4^+—N净化效应最优的生态植草沟结构是:20 cm种植土+10 cm砌块砖+30 cm碎石。

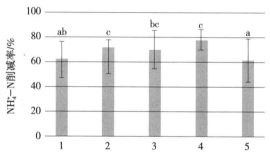

图4-33 分组Ⅰ植草沟对NH_4^+—N的平均削减率

从5条植草沟在3个不同浓度下对NH_4^+—N的削减率变化中可以看出,随着NH_4^+—N浓度的变化,5条植草沟对其削减率呈现出一定的变化趋势,其中1号植草沟对NH_4^+—N的削减率随着NH_4^+—N浓度的增大呈现先减小后增大的趋势,2、3、4、5号植草沟对NH_4^+—N的削减率随着NH_4^+—N浓度的增大而增大。结果表明,在3个不同NH_4^+—N浓度下,4号植草沟均具有明显的削减效果,应优先考虑应用,其结构为20 cm种植土+10 cm砌块砖+30 cm碎石。

通过对分组Ⅱ的6~9号植草沟的削减率进行方差分析和多重比较,得到4条植草沟在A、B、C 3个浓度下NH_4^+—N的平均削减率。4条植草沟对NH_4^+—N的削减率存在显著差异,其削减率的大小排序为7>6>9>8,7号植草沟对NH_4^+—N的削减率最高,达到79.8%;8号植草沟的削减最低,为49.7%。从图中没有看出明显的规律,可能原因是种植土厚度的干扰。结果表明,分组Ⅱ中的对NH_4^+—N净化效应最优的生态植草沟结构是:30 cm种植土

+20 cm 砌块砖+10 cm 碎石。

通过对分组Ⅲ的 10~12 号植草沟的削减率进行方差分析和多重比较,得到 3 条植草沟在 A、B、C 3 个浓度下 NH_4^+—N 的平均削减率。3 条植草沟对 NH_4^+—N 的削减率存在差异,但不显著,其削减率的大小排序为 12>10>11,12 号植草沟对 NH_4^+—N 的削减率最高,达到55.6%;11 号植草沟的削减最低,为 44.4%。从图中没有看出明显的规律,可能原因是种植土厚度的干扰导致相互之间的差异过小。结果表明,分组Ⅲ中的对 NH_4^+—N 净化效应最优的生态植草沟结构是:40 cm 种植土+20 cm 碎石。

分组Ⅱ、Ⅲ植草沟对 NH_4^+—N 的平均削减率如图 4-34 所示。

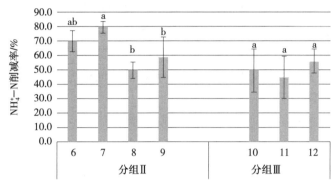

图 4-34　分组Ⅱ、Ⅲ植草沟对 NH_4^+—N 的平均削减率

通过方差分析和多重比较,得到分组Ⅰ的 5 条植草沟在 A、B、C 3 个浓度下对 TP 的平均削减率,从图 4-35 中可以看出,5 条植草沟对 TP 的削减率差异显著,其对 TP 削减率排序为:1>2>3>4>5。其中 1 号植草沟对 TP 的削减率最高,达到 87.3%;5 号植草沟的削减率最低,为 52.4%。可见植草沟中砌块砖厚度越大,其对 TP 的削减率越大,可能原因是砌块砖孔隙率高和比表面积大,对 TP 吸附作用强,同时砌块砖对 TSS 的削减效果强。因此,分组Ⅰ中对 TP 净化效应最优的生态植草沟结构是:20 cm 种植土+40 cm 砌块砖。

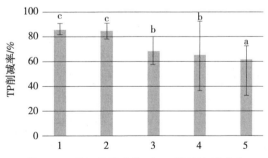

图 4-35　分组Ⅰ植草沟对 TP 的平均削减率

从 5 条植草沟在 3 个不同浓度下对 TP 的削减率变化中可以看出,随着 TP 浓度的变化,5 条植草沟对其削减率呈现出一定的变化趋势,其中 1、4 号植草沟对 TP 的削减率随着 TP 浓度的增大而增大,2、3、5 号植草沟对 TP 的削减率随着 TP 浓度的增大呈现先增大后减小的趋势。结果表明,在 TP 为 A 浓度(0.3 mg/L)和 C 浓度(2.0 mg/L)的情况下,1 号植草沟有最佳削减效果,其结构为 20 cm 种植土+40 cm 砌块砖;在 TP 为 B 浓度(0.6 mg/L)的情况

下，2 号植草沟有最佳削减效果，其结构为 20 cm 种植土+30 cm 砌块砖+10 cm 碎石。

如图 4-36 所示，通过对分组 Ⅱ 的 6～9 号植草沟的削减率进行方差分析和多重比较，得到 4 条植草沟在 A、B、C 3 个浓度下 TP 的平均削减率。4 条植草沟对 TP 的削减率存在显著差异，其削减率的大小排序为 7>6>9>8，7 号植草沟对 TP 的削减率最高，达到 90.4%；8 号植草沟的削减最低，为 49.4%。从图中没有看出明显的规律，可能原因是种植土厚度的干扰。结果表明，分组 Ⅱ 中的对 TP 净化效应最优的生态植草沟结构是：30 cm 种植土+20 cm 砌块砖+10 cm 碎石。

通过对分组 Ⅲ 的 10～12 号植草沟的削减率进行方差分析和多重比较，得到 3 条植草沟在 A、B、C 3 个浓度下 TP 的平均削减率。3 条植草沟对 TP 的削减率存在差异，但不显著，其削减率的大小排序为 12>10>11，12 号植草沟对 TP 的削减率最高，达到 49.5%；11 号植草沟的削减最低，为 37.5。从图中没有看出明显的规律，可能原因是种植土厚度的干扰导致相互之间的差异过小。结果表明，分组 Ⅲ 中的对 TP 净化效应最优的生态植草沟结构是：40 cm 种植土+10 cm 砌块砖+10 cm 碎石。

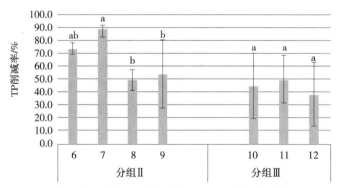

图 4-36　分组 Ⅱ、Ⅲ 植草沟对 TP 的平均削减率

上述实验结果表明，通过对比研究生态植草沟滤料层对污染物的削减效应，可以得出以下结论：分组 Ⅰ 的植草沟中对削减 TSS 和 TP 最优的结构是 20 m 种植土+40 m 砌块砖；对削减 COD 最优的结构是 20 m 种植土+10 cm 砌块砖+30 cm 碎石；对削减 NH_4^+—N 最优的结构是 20 cm 种植土+10 cm 砌块砖+30 cm 碎石。综合 4 种污染物的削减效应，最佳的植草沟结构是 20 cm 种植土+30 cm 砌块砖+10 cm 碎石，此结构的生态植草沟对 TSS、COD、NH_4^+—N 和 TP 的削减率分别为 89.3%、48.0%、72.3% 和 85.3%。分组 Ⅱ 的植草沟中对削减 4 种污染物最优的结构是 30 cm 种植土+20 cm 砌块砖+10 cm 碎石，此结构的生态植草沟对 TSS、COD、NH_4^+—N 和 TP 的削减率分别为 77.5%、72.5%、79% 和 90.4%。分组 Ⅲ 的植草沟中对削减 TSS 和 TP 最优的结构是 40 cm 种植土+10 cm 砌块砖+10 cm 碎石；对削减 COD 和 NH_4^+—N 最优的结构是 40 cm 种植土+20 cm 碎石。最佳的植草沟结构是 40 cm 种植土+10 cm 砌块砖+10 cm 碎石，此结构的生态植草沟对 TSS、COD、NH_4^+—N 和 TP 的削减率分别为 56.4%、19.3%、44.4% 和 49.5%。在降雨径流污染物浓度较大的区域如停车场、广场、道路等，较适合应用的植草沟结构为 20 cm 种植土+40 cm 砌块砖，20 cm 种植土+30 cm 砌块砖+10 cm 碎石，30 cm 种植土+20 cm 砌块砖+10 cm 碎石；在降雨径流污染物浓度较小的区域如绿地周边、公园和居住小区等，

可考虑应用的植草沟为 40 cm 种植土+10 cm 砌块砖+10 cm 碎石。

三、生态植草沟的雨水管理效能

1. 生态植草沟对雨水径流的调蓄效能

生态植草沟对降雨径流的渗透能力较强,水力负荷能力远大于 $4.2×10^{-5}$ $m^3/(m^2 \cdot s)$。理论上 1 m^2 的植草沟 1 h 可以处理超过 0.15 m^3 的降雨径流,相当于在 1 年重现期下,可处理超过 4 倍面积的硬质地面的降雨径流。实验结果表明,种植土厚度为 30 cm,滤料层厚度为 30 cm 的分组 II 植草沟对径流洪峰的延缓效果最佳,平均延缓 26.4 min;种植土厚度为 20 cm,滤料层厚度为 40 cm 的分组 I 植草沟对降雨径流的削减率最高,平均削减 25.9% 的径流量。

同时,与种植土相比,滤料对降雨径流的削减效果较好。分组 I 植草沟中对降雨径流洪峰延缓最佳的结构为 20 cm 种植土+40 cm 砌块砖,对降雨径流削减率最高的结构为 20 cm 种植土+40 cm 砌块砖 5 分组 II 植草沟中对降雨径流洪峰延缓最佳的结构为 30 cm 种植土+30 cm 砌块砖,对降雨径流削减率最高的结构为 30 cm 种植土+30 cm 碎石;分组 III 植草沟中对降雨径流洪峰延缓和对降雨径流削减率最佳的结构均为 40 cm 种植土+20 cm 碎石。

根据上述结论,在生态植草沟的实践应用中,在降雨径流量较大的区域如停车场、广场、道路等,适合应用的植草沟结构为 20 cm 种植土+40 cm 砌块砖,或 20 cm 种植土+30 cm 砌块砖+10 cm 碎石;在降雨径流量较小的区域如绿地和居住小区等,较适合应用的植草沟为 30 cm 种植土+30 cm 碎石,或 40 cm 种植土+20 cm 碎石。

2. 生态植草沟对雨水径流的净化效能

根据模拟实验得出的结论,分组 I 的植草沟中对削减 TSS 和 TP 去除效果最好的结构是 20 cm 种植土+40 cm 砌块砖;对削减 COD 最优的结构是 20 cm 种植土+10 cm 砌块砖+30 cm 碎石;对削减 NH_4^+—N 最优的结构是 20 cm 种植土+10 cm 砌块砖+30 cm 碎石。综合 4 种降雨径流主要污染物的削减效应,最佳的植草沟结构是 20 cm 种植土+30 cm 砌块砖+10 cm 碎石,此结构的生态植草沟对 TSS、COD、NH_4^+—N 和 TP 的削减率分别为 89.3%、48.0%、72.3% 和 85.3%。同样,分组 II 的植草沟最优的结构是 30 cm 种植土+20 cm 砌块砖+10 cm 碎石,其对 TSS、COD、NH_4^+—N 和 TP 的削减率分别为 77.5%、72.5%、79% 和 90.4%。分组 III 的植草沟中对削减 TSS 和 TP 效率最高的结构是 40 cm 种植土+10 cm 砌块砖+10 cm 碎石;对削减 COD 和 NH_4^+—N 最优的结构是 40 cm 种植土+20 cm 碎石。综合 4 种降雨径流主要污染物的削减效应,最适宜的植草沟结构是 40 cm 种植土+10 cm 砌块砖+10 cm 碎石,此结构的生态植草沟对 TSS、COD、NH_4^+—N 和 TP 的削减率分别为 56.4%、49.3%、44.4% 和 49.5%。

根据上述结论,在城市社区中生态植草沟的实践应用中,在降雨径流污染物浓度较高同时无较高景观种植要求的区域适合用分组 I 的生态植草沟,在污染物浓度较高同时要求有一定景观种植要求的区域适合用分组 II,在污染物浓度低同时需要有种植景观的区域适合用分组 III。

或者,在径流量较大 TSS 污染较严重的区域应选取分组 I 的植草沟,即结构为 20 cm 种植土+40 cm 滤料层,选择植被时使用覆盖度较高、根系较密的草坪草等;在径流量较小即汇水面积较小的区域,可以选择分组 II、III 的植草沟结构类型,而在选择植被时则可以适当选取宿根花卉和低矮灌木。3 组植草沟对 COD 均有较好的削减效果,种植土厚度变化对 COD 削减没有显著影响,但种植土本身的成分中不宜含有过多的有机污染物。在 NH_4^+—N 污染较严重的区域应选取分组 I 和分组 II 的植草沟,即结构为 20 cm 种植土+40 cm 滤料层和 30 cm 种植土+30 cm 滤料层的植草沟,对植被的选择上没有特殊要求。针对 TP 污染的控制,应选择分组 I 和分组 II 的植草沟,即结构为 20 cm 种植土+40 cm 滤料层和 30 cm 种植土+30 cm 滤料层的植草沟。

此外,在降雨径流污染物浓度较大的区域,如停车场、广场、道路等,适合应用的植草沟结构为 20 cm 种植土+40 cm 砌块砖,20 cm 种植土+30 cm 砌块砖+10 cm 碎石,或者 30 cm 种植土+20 cm 砌块砖+10 cm 碎石;在降雨径流污染物浓度较小的区域如绿地、公园和居住小区等,可考虑植草沟结构为 40 cm 种植土+10 cm 砌块砖+10 cm 碎石。

四、上海生态植草沟的应用模式

根据人工降雨模拟实验的分析结论,筛选对降雨径流调蓄效应和径流污染物的削减效能较高的结构参数,上海城市社区中适用的生态植草沟的结构参数主要包括:20 cm 种植土+40 cm 砌块砖,20 cm 种植土+30 cm 砌块砖+10 cm 碎石,30 cm 种植土+20 cm 砌块砖+10 cm 碎石和 10 cm 种植土+10 cm 砌块砖+10 cm 碎石。以上述筛选的结构参数的生态植草沟对降雨径流调蓄效应和径流污染物的削减效应等雨洪调蓄功能为基础,针对上海城市社区中地面停车场、广场和道路等降雨径流的主要特征、面源污染的发生位置、生态植草沟的适用范围等,构建适用于上海城市中观尺度低影响开发设施之生态、植草沟的应用模式 3 种。

(1)地面停车场

上海地区由于经济发达,机动车数量增长速度快,导致停车场数量剧增。露天的地面停车场由于具有较大的硬化不透水地面具有较高的径流系数,在发生降雨事件时会迅速产生大量的降雨径流,对市政排水管网带来极大压力,增加了城市内涝灾害发生的风险。同时由于停车场内机动车辆的尾气排放和轮胎磨损,降雨冲刷停车场地面后,形成污染物浓度很高的降雨径流,严重影响收纳水体的水质,是面源、污染的重要组成部分。因此十分有必要在地面停车场附近设置生态植草沟,对其降雨径流进行调蓄并控制径流污染。

根据地面铺装情况,露天地面停车场进可大致分为两类:一类是不透水铺装的停车场;另一类则为较生态的采用透水铺装或植草地坪的停车场。前者需应用调蓄能力强、去污效果好的生态植草沟,而后者因综合径流系数较前者低,污染程度也较低,可应用调蓄和去污效果稍差的生态植草沟。

(2)广场

城市广场的类型多种多样,包括市政广场、商业广场、居住区广场和公园广场等,而广场最大的特性就是其地面主要以不透水铺装为主,导致其在降雨天气时容易产生较大的雨水径流。虽然部分广场已经采用了透水铺装的方式进行修建,但绝大部分的广场还是以传统的石材及混凝土材料为主。大面积的不透水铺装易产生较快速度的雨水径流,同时大面积的铺装上由于没有树木的遮挡,所富集的以颗粒物为主的污染物也是不透水铺装的一大问题。如果在广场的周边铺设生态植草沟,运用生态植草沟本身的渗滤功能,充分吸收大面积的硬质不透水铺装产生的降雨径流,减轻降雨径流对城市市政雨水管网的压力。因此,在广场周边布置一定量的生态植草沟意义重大。

针对广场的不同建设方法及材料,大致可将其分为两大类,包括可透水铺装和不透水铺装。针对不同类型的广场所设置的植草沟应有不同的侧重点,针对可透水铺装广场所设置的植草沟,应注意与广场风格、形式和景观上的契合,同时考虑其生态功能,防止可透水铺装在大雨或是大暴雨时期所产生的降雨径流;而针对不透水铺装的广场,生态植草沟的选择以雨洪调蓄和污染削减为主,这将在其自身的结构层中有所体现。

(3)道路

通过对道路的功能及形式进行界定,可将道路分为两大类:生活型和交通型。其中生活型主要以人行为主,周边的绿化建设相对比较完善,绿化率也比较高,通常这一类的道路受到污染的概率较小,其中主要污染物包括空气所带动的悬浮物的沉积,以及人们通行时所产生的少部分污染,而此类道路在降雨过程中所产生的雨水径流也较为容易被其周边的绿化所吸收;交通型的道路则受到各方面较大的影响,这一类道路自身的绿化配置较为简单或是较为单一,整体绿化量达不到对其污染削减的要求,其中城市交通主干道一般是受到污染最为严重的道路,这一类的道路过往车辆较多,大量的汽车尾气以及轮胎的磨损,在经历过降雨的冲刷后,受到严重污染的雨水径流将直接进入城市的排水系统,给城市水系带来了非常严重的污染。因此,针对这两类道路的具体功能性质,可设计出两种有所侧重点的生态植草沟进行功能完善。

其中,针对生活型道路的生态植草沟设计,主要重心放在生态功能的同时,也要注重其对景观的贡献。而针对交通型道路,生态植草沟的设计就要以功能为主,针对严重的污染径流进行结构的选择和植物的配植。

针对上海地区降雨径流和面源污染的现状,同时根据应用位置场所的实际需求,结合本文对生态植草沟结构功能的研究,构建功能型和景观型的生态植草沟应用模式。

功能型生态植草沟模式是根据应用地点的降雨径流水量水质控制需求提出的,以功能为导向、以调蓄降雨径流和削减径流污染物为目标的生态植草沟。其优点是对降雨径流有较好的调蓄效果和净化效果,可以适用于大多数地点,减少相应区域的内涝灾害风险,缓解面源污染等问题。其不足之处是形式单一导致景观性较一般,不能满足应用地点周边使用人群的景观需求。

景观型生态植草沟模式是兼顾降雨径流水量水质控制需求和周边使用人群景观需求的生态植草沟。其优点是功能与形式的有机结合,功能上满足对降雨径流的调蓄和对径流污染物的削减,形式上通过布局和植物造景满足周边使用人群的景观美学需求。可能的不足之处是相对削弱了生态植草沟对雨洪调蓄和污染物净化的能力,对特殊降雨事件的应对能力较差,适用范围存在一定的局限性。

功能型和景观型的生态植草沟在地面停车场、广场和道路的应用具有不同的侧重点:地面停车场主要应用功能型的生态植草沟,景观型的植草沟在局部按具体需要应用;广场主要应用景观型生态植草沟,功能型的植草沟在广场重点污染位置进行应用;道路按使用类型进行应用,交通型道路主要应用功能型生态植草沟,生活型道路主要应用景观型生态植草沟。

1. 适用于地面停车场的功能型生态植草沟模式

由于位于上海城市社区中的地面停车场的在降雨过程中产生的地表径流量和污染物含量均较高,并且对其径流调蓄和污染控制的环境功能要求较高,对其景观功能及休闲游憩、等社会文化功能要求较低。因此,雨洪调蓄功能型生态植草沟为上海城市社区地面停车场主要的应用模式(图4-37、表4-36)。

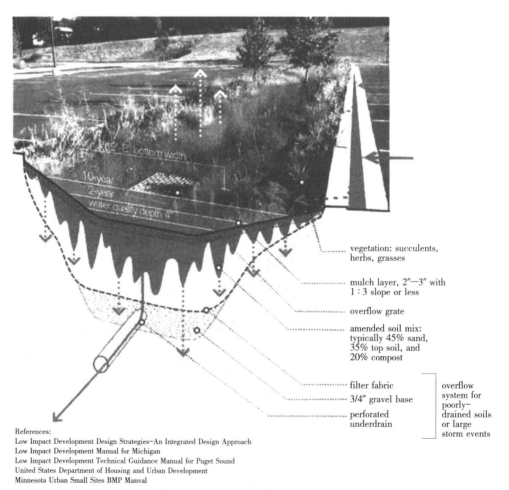

图4-37　适用于地面停车场的功能型生态植草沟设计模式效果

(1)结构参数

根据前文的模拟实验结果,生态植草沟的种植土层厚度和滤料层厚度对降雨径流的调蓄效应有较大影响,生态植草沟的砌块砖层厚度和碎石层厚度对降雨径流的污染物削减效应有重要影响。不同地面类型的停车场产生的降雨径流的水量和水质情况有一定差异,不透水铺装的停车场,其径流系数约为 0.9,产生降雨径流量大,降雨径流中的 TSS 和 COD 污染严重。因此,适用的生态植草沟结构为 20 cm 种植土+40 cm 砌块砖和 20 cm 种植土+30 cm 砌块砖+10 cm 碎石;另一类采用透水铺装或植草地坪的停车场,径流系数较小为 0.6,由于地面材质的影响,降雨径流污染物浓度较全硬质地面的停车场低,适用的生态植草沟结构为 30 cm 种植土+20 cm 砌块砖+10 cm 碎石。

表 4-36 适用于地面停车场的功能型生态植草沟模式

地面停车场分类	不透水铺装停车场		透水铺装或植草地坪的停车场
结构参数	20 cm 种植土 + 40 cm 砌块砖	20 cm 种植土 + 30 cm 砌块砖 +10 cm 碎石	30 cm 种植土 +20 cm 砌块砖+10 cm 碎石
结构示意图	200 mm厚种植土 土工布 400 mm厚φ20~40砌块砖 φ50渗透管、接雨水管 素土夯实	200 mm厚种植土 土工布 300 mm厚φ20~40砌块砖 φ50渗透管、接雨水管 100 mm厚φ10~20碎石层 素土夯实	300 mm厚种植土 土工布 200 mm厚φ20~40砌块砖 φ50渗透管、接雨水管 100 mm厚φ10~20碎石层 素土夯实
应用规模	面积为停车场面积的 1/4 中小型停车场中宽 1.5~2 m 大型停车场中宽 2 m		面积为停车场面积的 1/8~1/10 中小型停车场中宽 0.6~1 m 大型停车场中宽 1 m
植物配植	马蹄金、狗牙根、细叶麦冬、瓜子黄杨、龟甲冬青和小叶栀子等		大雨情况下削减率为 22%~25% 暴雨情况下削减率为 11%~15%
预期效果 — 径流削减率	大雨情况下削减率为 28%~30% 暴雨情况下削减率为 17%~19%	大雨情况下削减率为 20%~25% 暴雨情况下削减率为 28%~30%	大雨情况下削减率为 22%~25% 暴雨情况下削减率为 11%~15%
预期效果 — 污染物削减率	TSS:95%~97% COD:55%~60% NH_4^+—N:67%~78% TP:86%~90%		TSS:90%~95% COD:75%~78% NH_4^+—N:75%~80% TP:88%~92%

（2）适用规模

根据生态植草沟的水力负荷能力生态植草沟可以处理自身面积4倍以上的汇水面积的降雨径流。针对不透水铺装的地面停车场,若地面停车场较小,可沿着停车场四周布置宽度为1.5~2 m的生态植草沟;若地面停车场较大,停车位超过100个或面积超过2 000 m²的较大型地面停车场,可在每两个停车位之间设置2 m宽的生态植草沟。若停车场为透水性铺装或植草地坪,可将中小型停车场的生态植草沟的宽度减至0.6~1 m,将较大型停车场的生态植草沟宽度设为1 m。或者,利用停车场地面的排水坡度对降雨径流进行设计引导,以此减少生态植草沟的数量或缩短生态植草沟长度,将生态植草沟的总面积减少到停车场总面积的1/8~1/10。

（3）植物配植

由于功能型生态植草沟以调蓄降雨径流和削减径流污染物为主要目标,相应的生态植草沟结构中种植土层厚度较薄,且景观和游憩、需求不高。因此,选择根系较浅较、去污能力强的乡土植物,以地被和低矮灌木为主。由于停车场的降雨径流量较大,对生态植草沟的表面有一定冲蚀,因此还需筛选对土壤固着能力强、覆盖较高的根系发达、茎叶繁茂的灌木和草本植物,且在粗放管理的情况下抗逆性和耐贫瘠能力均较高的植物。综上所述,适用于停车场的功能型生态植草沟的植物有马蹄金、狗牙根、细叶麦冬、瓜子黄杨、龟甲冬青和小叶栀子等。

（4）环境效能

根据前文的模拟实验结果,对适用于停车场的功能型生态植草沟的径流调蓄效果和污染物削减效果进行估算。上海市的平均年降雨量约为1 120 mm,而不透水铺装的地面停车场的径流系数为0.85~0.95,1 m²停车场1年约产生1 m³的降雨径流,其径流中TSS污染浓度约600~900 mg/L,CDD浓度为400~800 mg/L,NH_4^+—N浓度为2.0~2.5 mg/L,TP浓度为0.5~1.0 mg/L。

根据上海城市的降雨径流情况,在不透水铺装停车场中,应用的生态植草沟结构为20 cm种植土+10 m砌块砖和20 cm种植土+30 cm砌块砖+10 cm碎石,1 m²生态植草沟平均1年可处理3~3.5 m³的降雨径流,大雨(8~16 mm/h)情况下对降雨径流削减率分别为30%~35%和20%~25%,暴雨(>16 mm/h)情况下降雨径流削减率分别为27%~29%和28%~30%。在设计的应用规模下,预计可处理整个汇水面积内70%~85%的降雨径流,超出的部分径流通过溢流排出。对该浓度范围的总悬浮物(TSS)、化学需氧量(COD)、氨氮(NH_4^+—N)和总磷(TP)的削减率分别为95%~97%、55%~60%、67%~78%、86%~90%。

采用透水铺装或植草地坪地面停车场的径流系数为0.35~0.5,1 m²停车场1年约产生0.5 m³的降雨径流,估算其径流中TSS污染浓度约为400 mg/L,COD浓度为200~400 mg/L,NH_4^+—N浓度为1.0~1.5 mg/L,TP浓度为0.5~0.8 mg/L。适宜的生态植草沟的应用结构为30 cm种植土+20 cm砌块砖+10 cm碎石的生态植草沟,1 m²生态植草沟平均1年处理1.5~2 m³的降雨径流,对降雨径流的削减率为20%~28%。在设计的应用规模下,预计可处理整个汇水面积内 80%~90% 的降雨径流,超出的径流通过溢流排出。对该浓度范围的总悬浮物(TSS)、化学需氧量(COD)、氨氮(NH_4^+—N)和总磷(TP)的削减率分别为 90%~95%、75%~78%、75%~80%、88%~92%。

2. 适用于广场的功能型生态植草沟模式

城市中广场的主要功能为居民提供集会、游憩、休闲等活动的场所,不透水铺装面积偏大,一般设置在交通干道的交汇处,便于交通集中和疏散,既承担集散等灰色基础设施功能,也承担社会服务功能。适合上海城市广场的生态植草沟的结构参数、适用规模、植物配植和环境效能见表4-37。

表 4-37　适用于广场的功能型生态植草沟

地面停车场分类	不透水铺装广场		透水铺装广场
结构参数	30 cm 种植土+20 cm 砌块砖+10 cm 碎石		
结构示意图	 300 mm厚种植土 土工布 200 mm厚ϕ20~40砌块砖 ϕ50渗透管、接雨水管 100 mm厚ϕ10~20碎石层 素土夯实		
适用规模	面积为停车场面积的1/4 宽度为1.5~2 m		面积为广场面积的1/8~1/10 宽度>0.6 m
植物配植	狗牙根、葱兰、细叶麦冬、金叶苔草、细茎针茅、血草、花叶蔓长春、鸢尾、紫娇花、杜鹃和千屈菜等		
环境效能	径流削减率	大雨情况下削减率为22%~25% 暴雨情况下削减率为11%~15%	
	污染物削减率	TSS:90%~95% COD:75%~78% NH_4^+—N:80%~85% TP:90%~92%	TSS:90%~95% COD:75%~78% NH_4^+—N:75%~80% TP:88%~92%

(1)结构参数

不同覆盖方式的广场产生的降雨径流的水量和水质情况有一定差异,如不透水铺装广场的径流系数约为0.9,产生径流量大,由于休闲游憩、活动的影响,其降雨径流中的 TSS、COD 和 NH_4^+—N 污染严重。因此,适用的生态植草沟结构为 30 cm 种植土+20 cm 砌块砖 +10 cm 碎石。而透水铺装广场的径流系数较小(0.35~0.5),降雨径流污染物浓度相对较低,且由于广场的游憩、休闲活动功能,对生态植草沟的景观性要求较高。因此,适用的生态植草沟结构为 30 cm 种植土+20 cm 砌块砖+10 cm 碎石。

(2)适用规模

针对不透水铺装地面的广场,可沿着广场四周布置宽度为 1.5~2 m 的功能型生态植草沟,也可以在整个广场条带状散布生态植草沟,宽度为 1.5~2 m,生态植草沟的总面积要求约为广场的1/4。对于透水性铺装的广场,可根据广场的综合净流系数,按比例适当缩小生态植草沟的面积,但为确保生态植草沟功能的完整性,其宽度不宜小于 0.6 m。同时,由于广场的休闲游憩、功能,生态植草沟的坡度可偏平缓,并设立相应的警示标志,防止意外及人为活动的影响。

(3)植物配植

适用于广场的功能型生态植草沟需要兼顾降雨径流水量水质控制需求和景观及游憩、需求。因此,可在选择去污能力强、根系发达、茎叶繁茂的灌木和草本地被的基础上,增加植物物种的丰富度和层次,适当配植宿根花卉和开花灌木。适于广场的功能型生态植草沟的植物在抗逆性和耐贫穷能力上相对较差,需要较多的养护和管理。可适用于停车场的功能型生态植草沟的植物有:狗牙根、葱兰、细叶麦冬、金叶苔草、细茎针茅、血草、花叶蔓长春、鸢尾、紫娇花、杜鹃和千屈菜等。

(4)环境效能

对于不透水铺装和透水铺装广场,均可应用结构为 30 cm 种植土+20 cm 砌块砖+10 cm 碎石的生态植草沟,其 1 m^2 生态植草沟平均 1 年均可处理 1~1.5 m^3 的降雨径流,对降雨径流削减率分别为20%~28%和23%~30%。对不透水铺装的广场的总悬浮物(TSS)、化学需氧量(COD)、氨氮(NH_4^+—N)和总磷(TP)的削减率分别为90%~95%、75%~78%、80%~85%、90%~92%。对透水铺装的广场的 4 种污染物削减率分别为90%~95%、75%~78%、75%~80%、88%~92%。

3.适用于道路的功能型生态植草沟模式

根据道路降雨径流的特征和污染物控制标准,提出适用于绿色道路(greenstreet)构建的生态植草沟模式,以削减道路径流中较高的污染物含量,同时营造良好的景观效果(图4-38)。

表 4-38　适用于道路的功能型生态植草沟模式

地面停车场分类	交通型道路	生活型道路
结构参数	20 cm 种植土+40 cm 砌块砖	30 cm 种植土 + 20 cm 砌块砖 +10 cm 碎石

地面停车场分类		交通型道路	生活型道路
结构示意图		200 mm厚种植土 土工布 400 mm厚φ20~40砌块砖 φ50渗透管、接雨水管 素土夯实	300 mm厚种植土 土工布 200 mm厚φ20~40砌块砖 φ50渗透管、接雨水管 100 mm厚φ10~20碎石层 素土夯实
适用规模		面积为服务道路面积的1/4 宽度为汇水道路宽度的1/4 每段长度为6~15 m	面积为服务道路面积的1/4 宽度为道路宽度的1/4,不小于0.4 m
植物配植		狗牙根、葱兰、细叶麦冬、细叶芒、中华常春藤和络石	马蹄金、葱兰、金叶苔草、八宝景天、花叶蔓长春、鸢尾、小叶栀子和茶梅等
环境效能	径流削减率	大雨情况下削减率为30%~35% 暴雨情况下削减率为27%~29%	—
	污染物削减率	—	—

图4-38　适用于交通型道路的生态植草沟设计模式效果

（1）结构参数

由于交通型道路（机动车道）产生的降雨径流量大，降雨径流中的 TSS 和 COD 污染极其严重，而砌块砖对 TSS 浓度的削减效果最好，因此适用的生态植草沟结构为 20 cm 种植土 +40 cm 砌块砖。而生活型道路（非机动车道）的径流系数较小，降雨径流污染物浓度较低，除雨洪功能还要求景观功能。因此，适用的生态植草沟结构为 30 cm 种植土 +20 cm 砌块砖 +10 cm 碎石。

（2）适用规模

对于交通型道路，生态植草沟可沿道路布局，通过道路的两侧排水收集处理降雨径流。生态植草沟的宽度为汇水道路宽度的 1/4，每段的长度为 6～15 m。生活型道路相对交通型道路较窄，可设置单侧排水进入生态植草沟中，生态植草沟面积为道路面积的 1/4。生态植草沟可沿道路布局，其宽度即为道路宽度的 1/4，且不小于 0.4 m。

（3）植物配植

适用于交通型道路的功能型生态植草沟的植物有狗牙根、葱兰、细叶麦冬、细叶芒、中华常春藤和络石等。适用于生活型道路的功能型生态植草沟的植物有马蹄金、葱兰、金叶苔草、葱兰、八宝景天、花叶蔓长春、鸢尾、小叶栀子和茶梅等。

（4）环境效能

根据上海市的降雨径流情况，在交通型道路中，1 m² 生态植草沟平均 1 年可处理 4～5 m³ 的降雨径流，在大雨和暴雨强度下的降雨径流削减率分别为 30%～35% 和 27%～29%，对径流中总悬浮物（TSS）、化学需氧量（COD）、氨氮（NH_4^+—N）和总磷（TP）的削减率分别为 90%～95%、75%～78%、80%～85%、90%～92%。对于生活道路，1 m² 生态植草沟平均 1 年可处理 2～3 m³ 的降雨径流，在大雨和暴雨强度下降雨径流削减率分别为 25%～30% 和 17%～19%，对径流污染物削减率分别为 90%～95%、75%～78%、75%～80%、88%～92%。

第三节　雨水花园技术研究

一、雨水花园的特征概述

雨水花园（rain garden）是自然形成的或人工挖掘的浅凹绿地，往往被用于汇聚和吸纳来自屋面或地面的雨水，通过蓄积、吸收、净化等过程，推迟洪峰，减少径流水量和污染物含量，并促进雨水的下渗，涵养地下水，或使之补给景观用水和厕所用水等城市用水，是一种生态可持续的雨洪控制与雨水利用设施。已有研究表明，雨水花园可以比常规草坪草多吸收

30%～40%的雨水径流,能忍受极端的湿度以及营养的集中,如雨水径流中的氮、磷等有机物。雨水花园中植物的种植发挥了重要的雨洪调节功能,有助于促进雨水的净化和渗透,同时也为鸟类、蝴蝶等昆虫提供了栖息地,丰富的生物多样性也减少了蚊虫的危害。雨水花园的植物选择一般为抗性较强、低维护的乔木、灌木丛或者是宿根植物和一年生的草本植物。一般植物要能够忍受干旱和短暂的雨水洪涝,即有发达的深根,并且耐住暴雨、污染以及营养过剩的影响。

在城市雨水资源利用方面,绿色基础设施系统为雨水花园的建设提供了网络框架,即将城市化过程中被分割的绿色空间连接起来,以发挥更大的生态效益。而作为城市低影响开发设施的一部分,雨水花园不仅是自然排水过程的呈现,也成为与灰色基础设施耦合的关键性对接节点。雨水花园通过汇集屋顶或地表的雨水,以减轻灰色基础设施的负荷。为保护建筑地基,雨水花园建在离房屋至少3 m以外地势低洼的地方;而在阳光充足或者是有部分阳光照射的地方,可以将大型的雨水花园分散为小型的雨水花园,以实现雨水径流的分散性源头控制。此外,雨水花园的垂直结构包含蓄水层、覆盖层、种植土层、人工填料层及砾石层。其中,蓄水层滞留雨水,沉淀、去除部分污染物;覆盖层缓解径流对土壤的冲刷,保持较高的渗透率;种植土层通过植物根系吸附污染物;填料层促进下渗;砾石层埋集水管排水。

二、雨水花圈的降雨模拟实验

为满足城市中雨水花园的降雨蓄积和污染物削减需求,根据已有研究,雨水花园的基本结构包含预处理设施、蓄水层、覆盖层、种植层、过滤层、填料层、排水层、渗水设施和溢流设施9部分。其中,预处理设施包括环形边坡和砾石,环形边坡位于雨水花园的周边,砾石覆盖于环形边坡上(实验不设置)。蓄水层能为收集的暴雨径流提供暂时的滞留空间,发挥雨洪调蓄作用;同时使径流中的污染物在此沉淀,并起到去除附着在沉淀物上的有机物和金属离子的作用;其深度一般为100～250 mm。覆盖层一般由3～5 cm的细石(粒径1 cm)或者有机覆盖物铺设而成,主要为了缓冲雨水径流对于雨水花园结构层的侵蚀作用,并可以有效保持土壤湿度,避免土壤板结而导致的土壤渗透性能下降;同时其可以作为微生物生长的环境场所促进径流中存在有机物的降解,并且可以过滤部分悬浮物。

种植层包括种植土以及种植于土中的植被。种植土常选用渗透系数较大的砂质土壤,其中砂子含量以60%为宜,有机成分为5%～10%。黏土含量最好不超过5%;该层主要是为植物的生长提供必要的水分及营养物质,此外其也可通过过滤、植物吸收、土壤吸附、微生物作用等方式去除径流中的有机物、金属离子、氮素、磷素等污染物。种植草本植物时种植土的厚度一般为25 cm左右,种植灌木则需要50～80 cm厚。植被一般选取乡土物种,外来物种在驯化的前提下也可谨慎选用;另外,根系发达、生物量大、净化能力强的植物应该优先选用;而且雨水花园是连续运作的缩小版旱地生态系统,其中的植物要经历丰水期和枯水期,并且会接触到浓度较高的污染径流,为了保证其全年都能正常运行,应选择耐涝、抗旱、抗污染、抗病虫害等的多年生草本或灌木,植被的高度为25～75 cm。

过渡层由中砂铺设而成,过渡层的厚度一般为 5 ~ 10 cm,中砂的粒径以 0.35 ~ 0.5 mm 为宜。沙层的目的主要是防止土壤等悬浮颗粒进入填料层或者排水层而引起堵塞,同时也起到通风作用。由于中砂的粒径较难筛沥,但实验选取两层土工布作为替代,同样可以起到截留防堵的作用。填料层常选用渗透性较强且去污能力较高的天然或人工材料。具体厚度根据当地的降雨特性、雨水花园的服务面积等确定,多为 0.2 ~ 0.5 m。由于现有雨水花园常用的填料较多,结合上海地区现状,本模拟实验选取改良种植土、瓜子片、沸石以及砌块砖作为研究对象,厚度以 100 mm 为梯度取 100 ~ 500 mm 作为研究范围。排水层多选用粒径 10 ~ 30 mm 的砾石组成,其可以加速雨水径流的排出,并起到一定的净化水质作用,厚度一般取 200 ~ 300 mm。本书选取粒径为 12 cm 的砾石作为排水层材料,厚度以 50 mm 为梯度取 100 ~ 300 mm 作为研究范围。

渗水设施由渗水管和渗水排水管构成;渗水管位于排水层的底部,常采用直径为 100 mm 的穿孔管,经过系统处理过的雨水径流由穿孔管收集进入渗水排水管,渗水排水管具有 1% ~ 3% 的坡度,渗水排水管的较高的一端与渗水管连通,较低的一端与附近的排水支管或雨水井连通,也可收集净化后的雨水径流进行再利用。本模拟实验在排水层底部安装直径为 100 mm 的穿孔管,穿孔管连接外部集水器。

雨水花园对雨水径流的调蓄能力是有限的,超过其最大处理径流流量时,就需要通过溢流设施将过量的雨水排走。模拟实验在蓄水层上端安置溢流口,溢流口通过溢水管连接到外部排水体系。

为估测雨水花园对雨水径流水量和污染物的削减作用,并结合上海城市社区的降雨条件和场地特征,人工降雨模拟实验将以不同填料(因素 A)、不同填料层厚度(因素 B)、不同排水层厚度(因素 C)所构建的雨水花园开展其削洪去污能力的正交试验(各因素选取 5 个水平,共形成 25 个实验组)(表 4-39)。

表 4-39 雨水花园 3 因素 5 水平正交实验组设计

实验组	填料层	填料层厚度/cm	排水层厚度/cm
1	种植土	10	15
2	种植土	20	25
3	种植土	30	10
4	种植土	40	20
5	种植土	50	30
6	碎石	10	20
7	碎石	20	30
8	碎石	30	15
9	碎石	40	25
10	碎石	50	10
11	沸石	10	10

实验组	填料层	填料层厚度/cm	排水层厚度/cm
12	沸石	20	20
13	沸石	30	30
14	沸石	40	15
15	沸石	50	25
16	砌块砖Ⅰ	10	30
17	砌块砖Ⅰ	20	15
18	砌块砖Ⅰ	30	25
19	砌块砖Ⅰ	40	10
20	砌块砖Ⅰ	50	20
21	砌块砖Ⅱ	10	23
22	砌块砖Ⅱ	20	10
23	砌块砖Ⅱ	30	20
24	砌块砖Ⅱ	40	30
25	砌块砖Ⅱ	50	15

1. 雨水花园的实验材料选择

在不同填料(因素 A)的 5 个水平中,改良种植土由50%粒径0.35~0.5 mm 黄沙、30%上海市黄色粉质黏土、15%泥炭、5%有机肥按比例混合均匀而成;瓜子片选取建筑施工常用瓜子片,将其用清水冲洗5遍左右,筛沥后得到粒径为1~2 cm 的实验用瓜子片;沸石选取水处理常用沸石材料,粒径为1~2 cm;选用经济、环保的建筑材料砌块砖,其主要成分为粉煤灰,而作为雨水花园填料层的材料。将砌块砖打碎为粒径为2~4 cm 以及5~7 cm 的两种碎料,分别为砌块砖Ⅰ以及砌块砖Ⅱ。此外,实验组中的排水层均使用冲洗筛选后的粒径为1~2 cm 的砾石。

2. 雨水花园的模拟实验设计

为保证人工降雨模拟实验的可控性,选择在联动温室内进行,以保证日照充足且不受自然降雨影响,室内温度设置为恒定 26 ℃,湿度设置为恒定 60%。模拟雨水花园装置(图4-39)放置于平坦的地面,使雨水可以均匀通过整个体系。其中,实验装置分为模拟降雨器及雨水花园装置两部分,模拟降雨器包括水箱、可调控进水量的水泵、流量计、入水口、喷头以及支架;雨水花园装置包括6个结构层,其中填料层和排水层为变量,常量从上到下依次为蓄水层(15 cm)、覆盖层(3 cm,铺设粒径为1~2 cm 的砾石)、种植土层(25 cm,种植铜钱草)、过渡层(3 cm,铺设2层土工布)以及位于蓄水层上部的溢水口和位于排水层下部的渗水设施(包括渗水管、出水口与集水器)。

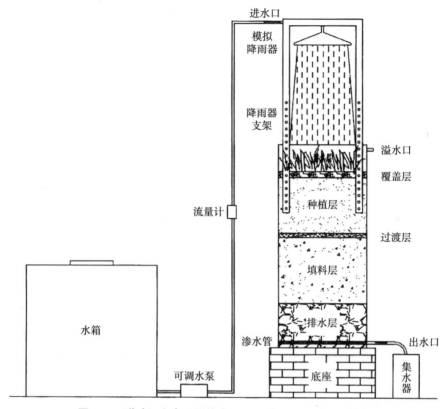

图 4-39　联动温室内设置的人工降雨模拟器及雨水花园装置

此外,参考上海地区近 30 年来降雨事件的变化特征,针对水文特征、水质情况的模拟实验设计降雨量均设置为 16 mm/h,进入模拟降雨器的进水量为 14 mL/s。

$$Q_{模拟} = h_{模拟} \cdot a \cdot K \tag{4-9}$$

式中　a——仪器底面积 1 600 cm²;

　　　K——雨水花园服务面积与其设计面积的比值;

　　　$h_{模拟}$——设计计降雨量 16 mm/h。

参考上海市区非渗透性地面径流污染特性研究中径流事件平均浓度中值使用葡萄糖、硝酸铵、过磷酸钙等化学药剂调配 COD 浓度为 205 mg/L、TN 浓度为 7.23 mg/L、TP 浓度 0.40 mg/L 径流模拟液。在进行不同结构参数的雨水花园对水文特征影响的模拟实验时,使用自来水模拟雨水径流。

(1)雨水花园对雨水径流削减率的数据采集和计算

将模拟雨水径流放置于水箱中,通过水泵上的旋钮调节进水量为 14 mL/s,每分钟测一次集水器中的流出的径流体积 $V_{出流}$,持续降水 60 min,每分钟记录 1 次。同时,如果有溢流则记录每分钟溢流径流体积 $V_{溢流}$。若在 60 min 的实验过程中,可取到相对稳定的最大 $V_{出流}$ 值,则到达该值所用的时间作为出流洪峰延迟时间 $T_{洪峰}$(min);若在 60 min 内未达到 $V_{出流}$ 的相对稳定最大值,则持续降水直至稳定。

洪峰时刻累积削减率 $\eta_{洪峰}$ 为从实验开始到了以 $T_{洪峰}$ 时刻时间段内,实际进入装置的径流量 $Q_{入流}$ 与通过渗流设施流出装置的径流量 $Q_{出流}$ 的差值占实际进入装置的径流量 $Q_{入流}$ 的比例,计算公式为:

$$\eta_{洪峰} = \frac{Q_{入流} - Q_{出流}}{Q_{入流}} \times 100\% \tag{4-10}$$

总削减率 $\eta_{总}$ 为在 1 h 的实验内总进水量 $Q_{总入}$ 与通过渗流设施流出装置的总径流量 $Q_{总出}$ 的差值占进水量 $Q_{总入}$ 的比例,计算公式为:

$$\eta_{总} = \frac{Q_{总入} - Q_{总出}}{Q_{总入}} \times 100\% \tag{4-11}$$

式中　$\eta_{总}$——总削减率;

$\quad\quad Q_{总入}$——总进水量;

$\quad\quad Q_{总出}$——通过渗流设施流出的总径流量。

（2）雨水花园渗透率及渗水率的数据采集和计算

将模拟雨水径流放置于水箱中,通过水泵上的旋钮调节进水量为 140 mL/s,每分钟测一次集水器中的出流径流体积 $V_{出流}$,持续降水 60 min,即记录每分钟出流体积。同时,若有溢流情况,则记录每分钟溢流径流体积 $V_{溢流2}$。若在 60 min 的实验过程中,出现了溢流情况,且可取到相对稳定的最大 $V_{出流2}$ 值,则可计算该结构参数雨水花园的渗透率 K_{max};若在 60 min 内未出现溢流情况,或未达到 $V_{出流2}$ 的相对稳定最大值,则缓慢增加单位时间进水量并持续降水直至稳定。雨水花园的渗透率 K_{max}(m/d)为该结构参数的雨水花园体系内所蓄积的径流相对饱和的情况下出流的下渗速率,即当该雨水花园出现持续溢流情况时,此刻装置内径流的下渗情况。其计算公式为:

$$K_{max} = \frac{V_{max}}{t \cdot a} \tag{4-12}$$

式中　K_{max}——雨水花园渗透率;

$\quad\quad V_{max}$——相对稳定的最大 $V_{出流2}$ 值;

$\quad\quad t$——收集 V_{max} 所用时间;

$\quad\quad a$——仪器底面积。

雨水花园蓄水率 θ_{max} 指的是该结构参数的雨水花园体系内所蓄积的径流相对饱和的情况下体系内存在的径流占体系总体积的比例,即当该雨水花园出现持续溢流情况时,且可取到相对稳定的最大 $V_{出流2}$ 值,到此刻流入体系的总进水量 $Q_{累积入}$ 与总出水量 $Q_{累积出}$ 的差值占雨水花园总体积 $V_{结构}$ 的比例。其计算公式为:

$$\theta_{max} = \frac{Q_{累积入} - Q_{累积出}}{V_{结构}} \times 100\% \tag{4-13}$$

运用 SPSS 18.0 软件对试验结果进行方差与极差分析,找出三因素分别对流洪峰延迟时间、洪峰时刻累积削减率、总削减率、渗透率、蓄水率影响的显著性及排序。

（3）雨水花园对径流污染物削减的数据采集和计算

将配制后的模拟液放置于水箱中,通过水泵上的旋钮调节进水量,实验开始 60 min 后取出水水样 500 mL,分别参照《水质化学需氧量的测定快速消解分光光度法》(HJ/T 399—2007)、《水质总氮的测定碱性过硫酸钾消解紫外分光光度法》(HJ 636—2012)、《水质总磷的测定钼酸铵分光光度法》(GB 11893—89)测量水样中 COD、TN、TP 的浓度。将实验数据换算为污染物去污率,计算公式为:

$$\eta = \frac{\omega_{\text{出流}} - (\omega_{\text{入流}} - \omega_{\text{体系}})}{\omega_{\text{入流}}} \times 100\% \tag{4-14}$$

式中 η ——去除率;

$\omega_{\text{出流}}$——出流污染物含量;

$\omega_{\text{入流}}$——模拟液污染物含量;

$\omega_{\text{体系}}$——装置中原先存在的污染物含量。

运用 SPSS 18.0 软件对试验结果进行方差与极差分析,找出 A、B、C 因素分别对有机物、总氮、总磷影响的显著性及影响排序。

3. 雨水花园的实验结果分析

对不同结构的雨水花园对降雨径流的水文特征(出流洪峰延迟时间、洪峰时刻累积径流削减率、总削减率、渗透率、蓄水率)进行模拟实验采集的数据使用 SPSS 18.0 进行不同因素(A 填料层填料、B 填料层厚度、C 排水层厚度)的显著性分析、不同因素在不同水平下的差异性分析,并分析其可能的原因,从而获得针对不同测量指标适用于上海市的雨水花园的不同结构参数,为构建上海城乡绿地中不同功能及类型的雨水花园提供理论支撑。

(1)雨水花园结构差异对径流的峰延迟时间的影响

通过模拟实验测定不同实验组对出流洪峰延迟时间,并进行方差分析,结果表明,因素 A、因素 B、因素 C 的 Sig 值均小于 0.01,可见雨水花园填料层填料、排水层厚度以及填料层厚度对出流洪峰延迟时间的影响都极显著。基于方差检验的结果可知,对于出流洪峰延迟时间的影响排序为:填料层填料>填料层厚度>排水层厚度。因此,当构建适用于上海城市社区的雨水花园并需要着重考虑其对洪峰延迟的效果时,可优先考虑填料种类的选择。

根据 A、B、C 因素分别在正交试验中所得的对于出流洪峰延迟时间的均值(图 4-40)。由图可知,实验误差浮动均较大,即填料内容、填料厚度、排水层厚度对于出流洪峰延迟时间的影响均较不稳定。应用 Tukey HSD a,b 方法对因素间不同水平两两比较得知,因素 A 中

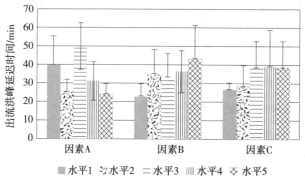

图 4-40　不同因素在不同水平下对出流洪峰延迟时间的影响

不同水平对于出流洪峰延迟时间两两差异较为显著,其中沸石对出流洪峰延迟时间最高为49 min,瓜子片、砌块砖Ⅱ对出流洪峰延迟时间最低分别为26 min、25 min。可能的原因是沸石相较于其他填料其表面粗糙程度较高,增加了填料对径流的黏滞效应,因此相较于其他几种填料出流洪峰延迟时间较长。而砌块砖Ⅱ的粒径较大,对于径流下渗过程可产生的阻力较小,因此对洪峰延迟的时间较短。综上,在构建适用于上海气候条件的雨水花园以提升出流洪峰延迟时间的效率时,建议采用沸石作为填料层填料,其次改良种植土。

因素B即填料层厚度不同水平对于出流洪峰延迟时间差异较为明显,填料层厚度为50 cm时,最高为43 min,厚度为10 cm时,最低为23 min,且随着填料层厚度的增加出流洪峰延迟时间也增加的趋势较为明显。可能的原因是随着填料层厚度的增加,对等体积的流体在同样的压强下所产生的阻力也会增加,所以对出流洪峰的延迟时间也会增加。因此,适用于上海城市社区的雨水花园以提升出流洪峰延迟时间的效率时,建议采用填料层厚度范围为50 cm。

因素C即排水层厚度,不同水平对于出流洪峰延迟时间相较于另外两个因素较不明显。当排水层厚度越大时,其对于出流洪峰延迟时间越高,厚度为30 cm时,最高为39 min,厚度为10 cm时,最低为26 min。可能是因为填料层对于径流的黏滞能力高于排水层,对于径流的滞留主要发生在填料层,所以排水层厚度对出流洪峰延迟时间的影响波动不大。在后续相关实验中,可适当增加排水层厚度范围,再进行对出流洪峰延迟时间的实验,进一步验证两者相关性。因此,在构建适用于上海气候及土壤条件的雨水花园以提升出流洪峰延迟时间的效率时,建议采用排水层厚度范围为20~30 cm。

(2)雨水花园结构差异对径流洪峰时刻累积削减率的影响

通过模拟实验测定不同实验组的洪峰时刻累积径流削减率,并进行方差分析,结果表明,因素A、因素B、因素C的Sig值均小于0.01,可见填料层填料、排水层厚度以及填料层厚度对洪峰时刻累积径流削减率的影响都极显著。基于方差检验的结果,进行三因素的极差分析可知,对洪峰时刻累积径流削减率的影响排序为:填料层填料>填料层厚度>排水层厚度。

由图4-41可知,填料种类在对洪峰时刻累积径流削减率的影响方面较为稳定,而填料厚度、排水层厚度对洪峰时刻累积径流削减率的影响均较不稳定。应用Tukey HSD a,b方

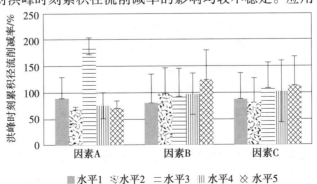

图4-41 不同因素在不同水平下对洪峰时刻累积径流削减率的影响

法对因素间不同水平两两比较得知(表4-40),因素 A 不同水平间差异显著,沸石对洪峰时刻累积径流削减率最高为189%,瓜子片最低为41%。可能的原因是沸石相较于其他填料其表面粗糙程度较高,增加了填料对径流的黏滞效应,因此相较于其他几种填料其到达洪峰时刻所经历的时间较长,因此其在洪峰时刻所累积的削减量也相对较多。综上,在构建适用于上海气候条件的雨水花园并以提升对洪峰时刻累积径流削减率的效率为目标时,建议采用沸石作为填料层填料,其次改良种植土。

表4-40　不同水平的洪峰时刻累积削减率的两两比较(因素 A)

填料内容	N	子　集		
		1	2	3
瓜子片	15	68.098 0		
砌块砖 II	15	71.264 0		
砌块砖 I	15	75.774 0		
改良种植土	15		89.856 0	
沸石	15			188.972 0
Sig		0.504	1.000	1.000

填料层厚度5水平对于洪峰时刻累积径流削减率差异较明显,且随着填料层厚度的增加而增加,填料层厚度为50 cm时,最高为125%,厚度为10 cm时,最低为81%。原因可能是填料孔隙内携带许多泥沙、粉尘等悬浮颗粒,随着填料层厚度的增加,对等体积的流体在同样的压强下所产生的阻力增加,所以对出流洪峰的延迟时间也会增加,相应的其到洪峰时刻对于径流的削减率也相对较高。因此,在上海城乡绿地中应用雨水花园以提升洪峰时刻累积径流削减时,建议采用填料层厚度为50 cm。

排水层厚度5水平对于洪峰时刻累积径流削减率差异较不明显,当排水层厚度为30 cm时,最高分别为113%,厚度为10 cm、15 cm时,最低分别为88%、82%。该差异出现的原因可能是因为填料层对于径流的黏滞能力高于排水层,对于径流的滞留主要发生在填料层,所以排水层厚度对出流洪峰延迟时间的影响波动不大。因此,在上海城市社区中应用雨水花园以提升其对洪峰时刻累积径流削减率时,建议采用排水层厚度范围为20~30 cm。

(3)雨水花园结构差异对径流总削减率的影响

通过模拟实验测定不同实验组的径流总削减率,并进行方差分析,结果表明,因素 A、因素 B 的 Sig 值均小于0.01,可见填料层填料以及填料层厚度对径流总削减率的影响都极显著。而因素 C 的 Sig 值大于0.05,因此排水层厚度对于径流总削减并没有显著的影响。基于方差检验的结果,进行三因素的极差分析,其对径流总削减率的影响排序为:填料层填料>填料层厚度>排水层厚度。

由图4-42可见填料内容在对总削减率的影响方面较为稳定,而填料厚度、排水层厚度对总削减率的影响均较不稳定。应用 Tukey HSD a,b 方法对因素间不同水平两两比较得知,因素 A 中不同水平对于径流总削减率两两差异较为显著,其中沸石对径流总削减率最高为43%,改良种植土其次为28%,砌块砖Ⅰ、砌块砖Ⅱ对径流总削减率最低分别为17%、15%。可能的原因是沸石相较于其他填料具有较高的表面粗糙度,相较于其他填料在同样厚度下径流在其间下渗速率较慢,因此在相同降雨情况下,相等的时间段内,其通过渗流设施流出体系的总径流量少于其他填料,因此其对于径流的总削减率较高。综上,在构建适用于上海地区的雨水花园并优先考虑对径流总削减率的效率时,建议采用沸石作为填料层填料,其次是改良种植土。

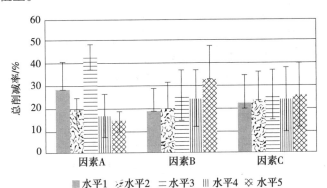

图4-42 不同因素在不同水平下对总削减率的影响

因素B即填料层厚度不同水平对于径流总削减率差异较明显,填料层厚度为50 cm时最高为33%,厚度为10 cm、20 cm最低为19%、20%,且随着填料层厚度的增加径流总削减率也增加的趋势同样比较明显。可能的原因是随着填料层厚度的增加,对等体积的流体在同样的压强下所产生的阻力也会增加,所以其对径流总量的削减能力也会增加。因此,对于提升径流总削减率的雨水花园,建议采用填料层厚度为50 cm。

因素C即排水层厚度,不同水平对于径流总削减率相较于另外两个因素较不明显。当排水层厚度越大时,其对于径流总削减率越高,厚度为30 cm时,总削减率最高为26%,厚度为10 cm时,最低为22%。可能是因为填料层对于径流的黏滞能力高于排水层,对于径流的滞留主要发生在填料层,所以排水层厚度对径流总削减率的影响波动不大。在后续相关实验中,可适当增加排水层厚度范围,再进行对径流总削减率的实验,进一步验证两者相关性。因此,对于提升径流总削减率的雨水花园,建议采用排水层厚度范围为10~30 cm。

（4）结构参数差异对雨水花园渗透率的影响

通过模拟实验测定不同实验组的雨水花园渗透率,并进行方差分析,结果表明,因素A、因素C的Sig值均小于0.01,可见填料层填料以及排水层厚度对雨水花园渗透率的影响都极显著。而因素B的Sig值大于0.05,因此填料层厚度对于雨水花园渗透率并没有显著的影响。基于方差检验的结果,进行三因素的极差分析,填料层填料＞排水层厚度＞填料层厚度。

由图4-43可知,填料内容、填料厚度、排水层厚度对于雨水花园渗透率的影响均较不稳定。应用Tukey HSD a,b方法对因素间不同水平两两比较得知,因素A中不同水平对雨水花园渗透率两两差异较为显著,其中沸石对雨水花园渗透率最高为80 m/d,砌块砖Ⅱ其次为65 m/d,瓜子片对雨水花园渗透率最低为34 m/d。可能的原因是瓜子片在5种填料中孔隙率最低,其内部掺杂许多泥沙成分,所以径流在其间下渗速率较慢,而其他4种材料的渗透率均较好。综上,为提升雨水花园的渗透率,建议采用沸石作为填料层填料,其次砌块砖Ⅱ。

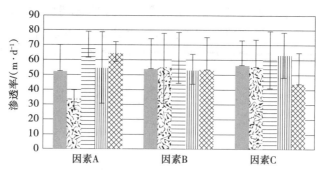

图4-43 不同因素在不同水平下对雨水花园渗透率的影响

填料层厚度水平对雨水花园渗透率差异不明显,填料层厚度为30 cm时,雨水花园渗透率最高为61 m/d,厚度为40 cm、50 cm时,最低为53 m/d、54 m/d,并未随着填料层厚度的增加雨水花园渗透率呈现相关趋势。可能的原因是在设计降雨量较大并且蓄水层满溢的情况下所产生的水压也相对较大,而填料层厚度的变化对体系内正在下渗的径流产生的黏滞力不如材料本身的变化和排水层厚度变化所产生的影响大,所以填料层厚度变化对雨水花园渗透率的影响并不显著。因此,在设计和建设过程中,如提升雨水花园渗透率时,建议采用填料层厚度为10~50 cm。

因素C即排水层厚度的不同水平对雨水花园渗透率较为明显。但就目前的实验结果而言,排水层厚度变大与雨水花园渗透率的趋势无明显的线性关系,即当排水层厚度为25 cm时,渗透率最高为63 m/d;厚度为30 cm时,最低为13 m/d。在后续相关研究中,可适当增加排水层厚度范围,再次进行雨水花园渗透率的实验,进一步验证两者相关性。综上所述,在构建适用于上海地区的雨水花园时,如果需要考虑雨水花园渗透率时,建议采用排水层厚度的范围为10~30 cm,以提升雨水花园的渗透速率和降雨径流的入渗效率。

(5)结构参数差异对雨水花园蓄水率的影响

由图4-44可知,即填料内容、填料厚度、排水层厚度对雨水花园蓄水率的影响均较稳定。经因素间不同水平两两比较得知,因素A中不同水平对雨水花园蓄水率两两差异较为显著,其中砌块砖Ⅱ、沸石对雨水花园蓄水率较高,分别为36%、34%,砌块砖Ⅰ、瓜子片、改良种植土对雨水花园蓄水率较低分别为29%、30%、30%。可能的原因是沸石、砌块砖Ⅱ相较于其他填料具有较高的孔隙率,且砌块砖Ⅱ的粒径为35 cm,即其堆积密度较小,在雨水花园体系内蓄水能力相对饱和的情况下,同样厚度下孔隙率越大、堆积密度越小其所能蓄水的空间越大,因此砌块砖Ⅱ和沸石作为雨水花园填料时蓄水能力较强。

因素B即填料层厚度对雨水花园蓄水率差异较为明显,且具有随着填料层厚度的增加雨水花园蓄水率相应地降低的趋势,填料层厚度为10 cm时,蓄水率最高为36%,厚度为40 cm时,最低为28%。可能的原因是随着填料层厚度的增加导致总体积增加但是其相对蓄水量的贡献率较低,反而导致了其他层所贡献的蓄水量的比重减少,因此填料层厚度的增加反而使雨水花园蓄水率降低。因此,提升雨水花园蓄水率的建议填料层厚度范围为 10 ~ 20 cm。

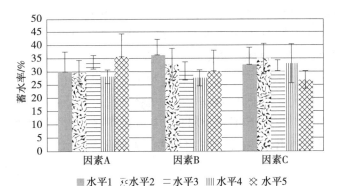

图 4-44　不同因素在不同水平下对雨水花园蓄水率的影响

因素 C 即排水层厚度不同水平对于雨水花园蓄水率较为明显。当排水层厚度为 15 cm 时,最高为 35%,厚度为 30 cm 时,最低为 26%。提升雨水花园蓄水率的建议排水层厚度范围为 10 ~ 25 cm。

(6)雨水花园对降雨径流中污染物 COD 的去除率

径流中的有机物分为可溶性有机物和不溶性有机物,其中不溶性有机物主要通过吸附沉降作用被截留在种植层、填料层的表层和中层;可溶性有机物则通过植物根系以及填料表面形成的生物膜的吸附去除,最终两种形态的有机物均通过微生物代谢作用彻底分解。通过模拟实验测定不同实验组对 COD 的去除率,并进行方差分析,结果表明,因素 A、因素 B、因素 C 的 Sig 值均小于 0.01,可见雨水花园填料层填料、排水层厚度以及填料层厚度对 COD 去除率的影响都极显著(表 4-41)。基于方差检验的结果,进行三因素的极差分析,因素 A、因素 B、因素 C 的极差依次为 40、7、12,因此对于 COD 去除率的影响排序为:填料层填料>排水层厚度>填料层厚度。所以在构建适用于上海城市社区的雨水花园并优先考虑对 COD 去除率的效率时,优先考虑填料内容,其次排水层厚度,再次填料层厚度。

表 4-41　不同因素对径流 COD 去除率的方差检验

源	Ⅲ型平方和	df	均　方	F	Sig
校正模型	1.866a	12	0.155	55.967	0.000
截距	13.604	1	13.604	4 897.322	0.000
填料层填料	1.665	4	0.416	149.821	0.000
填料层厚度	0.047	4	0.012	4.204	0.004
排水层厚度	0.154	4	0.039	13.876	0.000
误差	0.172	62	0.003		
总计	15.642	75			
校正的总计	2.038	71			

由图 4-45 可知,针对因素 A、因素 B 的实验误差控制在较好的范围内,而针对因素 C 的实验误差浮动较大,即填料内容、填料厚度对 COD 去除率的影响较为稳定,而排水层对于 COD 去除率的影响较不稳定。对因素间不同水平两两比较得知,因素 A 中不同水平对 COD 的去除率两两差异较为显著,其中沸石对 COD 的去除率最高为 61.1%,砌块砖Ⅰ、砌块砖Ⅱ 对 COD 的去除率最低分别为 27%、25%。可能的原因有:

①沸石孔隙率最高,同样厚度下其形成的生物膜表面积最大。

②其材料表面粗糙程度高于其他填料,为有机物的截留和分解都创造了更好的条件。

③砌块砖的孔隙率也较高,但是该材料打碎后孔隙中存在粉尘状颗粒,这些细小的颗粒极易与有机物结合然后流出,导致出流中 COD 的溶解浓度较高。

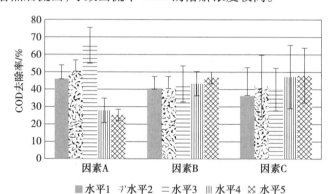

图 4-45 不同因素在不同水平下对 COD 去除率的影响

因素 B 即填料层厚度不同水平对 COD 的去除率相较于另外两个因素较不明显,填料层厚度为 50 cm 时,去除率最高为 47%,厚度为 10 cm 时,最低为 40%。可能是因为去除有机物的主要场所发生在填料层的中上部,所以填料层厚度对 COD 去除率的影响波动不大。因此,为提升雨水花园对 COD 去除率,建议采用填料层厚度范围为 30 ~ 50 cm。

因素 C 即排水层厚度不同水平对于 COD 的去除率差异较为明显,当排水层厚度越大时,其对 COD 的去除率越高,厚度为 30 cm 时,去除率最高为 48%,厚度为 10 cm 时,最低为 36%。可能由于排水层出砾石构成,随着砾石的厚度增加,相应的总生物膜表面积增加,可溶性有机物被吸附的概率增加,因此相应的 COD 去除率也会增加。因此,在上海城乡绿地提升雨水花园对 COD 去除率,建议采用排水层厚度范围为 25 ~ 30 cm。

(7)雨水花园对降雨径流中污染物 TN 的去除率

径流中存在的氮主要以无机氮和溶解态有机氮组成,雨水花园主要通过微生物硝化—反硝化作用去除,此外也有部分借助植物吸收、介质吸附、氨的挥发等作用去除。雨水花园对雨水径流中 NO_3-N 的去除主要依靠土壤中的反硝化细菌进行反硝化反应,大多数反硝化细菌为厌氧微生物。

通过模拟实验测定不同实验组对 TN 的去除率,并进行方差分析,结果表明,因素 A、因素 B、因素 C 的 Sig 值均小于 0.01,可见填料层填料、排水层厚度以及填料层厚度 TN 去除率的影响都极显著。基于方差检验的结果,进行三因素的极差分析,因素 A、因素 B、因素 C 的极差依次为 34、20、17,因此对于 TN 去除率的影响排序为:填料层填料>填料层厚度>排水层厚度。所以在构建适用于上海城市社区的雨水花园并优先考虑对 TN 去除率的效率时,应优先考虑填料内容。

由图 4-46 可知,填料内容、填料厚度、排水层厚度对于 TN 去除率的影响均较不稳定。经因素间不同水平两两比较可得,因素 A 不同水平间差异显著,瓜子片对 TN 的去除率最高为 75%,砌块砖 Ⅱ 最低为 41%。可能是因为瓜子片在 5 种填料中孔隙率最低,其内部掺杂许多泥沙成分,所以径流在其间下渗速率较慢,较易形成干湿交替的土壤环境,有利于氮的去除。砌块砖 Ⅱ 在 5 种填料中粒径最大,相应的径流在其间下渗速率最快,难以形成厌氧环境,不利于反硝化反应的发生,导致其对于 TN 的去除效果不理想。综上,为优先考虑对 TN 去除率的效率时,建议采用瓜子片作为填料层填料,其次沸石、改良种植土,再次粒径为 2 ~ 4 cm 的砌块砖。

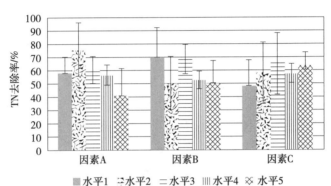

图 4-46　不同因素在不同水平下对 TN 去除率的影响

因素 B 即填料层厚度不同水平对 TN 的去除率差异较明显,且随着填料层厚度的增加去除率降低,填料层厚度为 10 cm 时,去除率最高为 70%,厚度为 50 m 时,最低为 50%。原因可能是:填料孔隙内携带许多泥沙、粉尘等悬浮颗粒,由于径流在体系内下渗速率较快,当填料厚度增加时,随径流冲刷出的悬浮颗粒会相应增多,当出流所携带氮素的增加量大于随反应面增加氮素被吸附或被硝化—反硝化的增加量,则出流中 TN 的去除率随填料厚度增加而减少。因此,为提升雨水花园对 TN 去除率,建议采用填料层厚度范围为 10 ~ 30 cm。

因素 C 即排水层厚度不同水平对于 TN 的去除率差异较为明显,当排水层厚度为 20 m、30 cm 时,去除率最高分别为 65%、63%,厚度为 10 cm 时,最低为 48%。该差异出现的原因可能有:

①随着排水层的厚度增加,体系中参与反应的表面积也相应增加。

②径流在体系内滞留的时间越长,体系内厌氧的时间越长,给予反硝化反应更多发生时间,因此 TN 的去除效果越好。因此,为提升雨水花园对 TN 的去除率,建议采用排水层厚度范围为 15 ~ 30 cm。

(8)雨水花园对降雨径流中污染物 TP 的去除率

径流中的 TP 主要是以可溶性磷和颗粒结合态磷存在,其中,可溶性磷所包括 H_3PO_4 和 $H_2PO_4^-$ 等无机磷及可溶性有机磷,大部分是以颗粒结合态磷为主。雨水花园对磷的去除主要依靠填料介质的过滤吸附作用以及植物根系的吸收利用,其中以填料介质的过滤吸附为主。填料对于磷的吸附包括物理吸附、化学吸附和微生物吸附,物理吸附时间短,吸附量小,易饱和;化学吸附主要通过填料中的金属元素 Al、Fe、Ca 等于磷素形成沉淀或者络合物实现,吸附较为稳定。

通过模拟实验测定不同实验组对 TP 的去除率,并进行方差分析,结果表明,填料层填料、填料层厚度的 Sig 值均小于 0.01,说明其对 TP 去除率的影响极显著;排水层厚度对 TP 去除率 0.01<Sig<0.05,表明其对 TP 去除率的影响显著。基于方差检验的结果,进行三因素的极差分析,因素 A、因素 B、因素 C 的极差依次为 24、12、7,因此对于 TP 去除率的影响排序为:填料层填料>填料层厚度>排水层厚度。填料内容对于 TP 去除率的影响大于填料层厚度,而上述两因素的影响均大于排水层厚度。所以在构建适用于上海地区的雨水花园并优先考虑对 TP 去除率的效率时,优先考虑填料内容,其次填料层厚度,最后排水层厚度。

由图 4-47 可知,因素 A、因素 B、因素 C 的实验误差均控制在较好的范围内,即填料内容、填料厚度与排水层厚度对于 TP 去除率的影响较为稳定。经因素间不同水平两两比较得知,因素 A 中水平 3 与其他水平差异非常明显。即沸石对 TP 的去除率最低为 44%,改良种植土、瓜子片、砌块砖 I 以及砌块砖 II 的去污效果都较好。可能的原因是沸石孔隙率较高,易形成较多生物膜,由于其积累了大量生物膜和有机物,阻碍了磷素由径流向介质传导的过程,因此其对 TP 的去除效果欠佳。综上,为提升雨水花园对 TP 的去除率,建议采用瓜子片、改良种植土、粒径为 5~7 cm 的砌块砖或者粒径为 2~4 cm 的砌块砖。

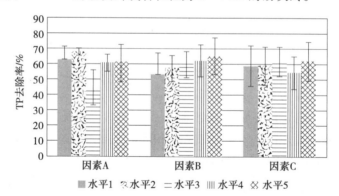

图 4-47　不同因素在不同水平下对 TP 去除率的影响

因素 B 即填料层厚度不同水平对于 TP 的去除率的差异较明显,随着填料层厚度的增加去除率也随之增加,填料层厚度为 10 cm 时,去除率最低为 53%,厚度为 50 cm 时,最高为 65%。可能是由于雨水花园对磷的去除主要依靠填料介质的过滤吸附作用,当填料层厚度增加时,径流所接触的吸附面积就会增加,所以其对磷素的吸附效果更好。因此,在上海城乡绿地中提升雨水花园对 TP 的去除率,建议采用填料层厚度范围为 30~50 cm。

因素 C 即排水层厚度不同水平对于 TP 的去除率的差异相较于另外两个因素较不明显,当其厚度为 30 cm、50 cm 时,去除率较大分别为 61%、62%,厚度为 40 cm 时,最低为 55%。可能因为排水层由砾石构成,对磷素的处理能力较低,两者未呈现相关趋势。因此,为提升对 TP 去除率时,建议采用排水层厚度范围为 10~20 cm。

三、雨水花园的雨水管控效能

1. 雨水花园对雨水径流的调蓄效能

（1）对水文特征影响的稳定性

填料内容、填料厚度、排水层厚度对出流洪峰延迟时间的影响均较不稳定；填料内容在对洪峰时刻累积径流削减率的影响方面较为稳定，而填料厚度、排水层厚度对其影响较不稳定；填料内容在对总削减率的影响方面较为稳定，而填料厚度、排水层厚度对其影响较不稳定；填料内容、填料厚度、排水层厚度对于雨水花园渗透率的影响均较不稳定；填料内容、填料厚度、排水层厚度对于雨水花园蓄水率的影响均较稳定（表4-42）。

表4-42　不同因素对水文特征影响的稳定性和影响程度

因　素	出流洪峰延迟时间		洪峰时刻累积径流削减率		总削减率		渗透率		蓄水率	
	ST	EF	ST	EF	ST	EF	ST	EF	ST	EF
A	低	高	高	高	高	高	低	高	高	高
B	低	中	低	中	低	中	低	低	高	低
C	低	低	低	低	低	低	低	中	高	中

（2）影响程度排序

雨水花园填料层填料、填料层厚度以及排水层厚度对出流洪峰延迟时间的影响都极显著影响排序为：填料层填料>填料层厚度>排水层厚度。填料层填料、填料层厚度以及排水层厚度对洪峰时刻累积径流削减率的影响都极显著，影响排序为：填料层填料>填料层厚度>排水层厚度。填料层填料以及填料层厚度对径流总削减率的影响都极显著影响排序为：填料层填料>填料层厚度>排水层厚度。填料层填料以及排水层厚度对雨水花园渗透率的影响都极显著，填料层厚度没有显著的影响，影响排序为：填料层填料>排水层厚度>填料层厚度。雨水花园填料层填料、排水层厚度以及填料层厚度对雨水花园蓄水率的影响都极显著，影响排序为：填料层厚度>排水层厚度>填料层填料。

（3）雨水花园结构优化设计参数

雨水花园对总削减率的主要影响因子有：填料层选用材料的粗糙程度越大，径流在其间下渗速率较慢，在同等时间段内，其通过渗流设施流出体系的总径流量少于其他填料，因此其对于径流的总削减率较高；可随着填料层厚度的增加，对等体积的流体在同样的压强下所产生的阻力也会增加，出流洪峰的延迟时间也会增加。

对雨水花园渗透率的主要影响因子有：填料层选用材料的孔隙率最低，径流在其间下渗速率较慢；在设计降雨量较大并且蓄水层满溢的情况下所产生的水压也相对较大，而填料层厚度的变化对于体系内正在下渗的径流产生的黏滞力不如材料本身的变化和排水层厚度的变化造成的影响大，所以填料层厚度变化对于雨水花园渗透率的影响并不显著。

对雨水花园蓄水率的主要影响因子有：在雨水花园体系内蓄水能力相对饱和的情况下，

同样厚度下所选用的填料孔隙率越大、堆积密度越小其所能蓄水的空间越大;随着填料层厚度的增加,在其他层蓄水量相同的情况下,其增加导致总体积增加,但是其相对蓄水量的贡献率较低,反而导致了其他层所贡献的蓄水量的比重减少,因此填料层厚度的增加反而使雨水花园蓄水率降低。

根据对三因素出流洪峰延迟时间、洪峰时刻累积径流削减率、总削减率、雨水花园渗透率、雨水花园蓄水率的处理效果,得到适用于上海城市社区绿色基础设施系统构建的、以雨洪调蓄功能为基础的雨水花园的优化设计结构参数(表4-43)。

表4-43 上海城市社区适用的雨水花园优化设计结构参数

组合	出流洪峰延迟时间			洪峰时刻累积径流削减率			总削减率			渗透率			蓄水率		
	A	B	C	A	B	C	A	B	C	A	B	C	A	B	C
最优	沸石	50 cm	30 cm	沸石	50 cm	30 cm	沸石	50 cm	30 cm	沸石	30 cm	25 cm	砌块砖Ⅱ	10 cm	15 cm
次优	改良种植土	40 cm	25 cm	改良种植土	30 cm	20 cm	改良种植土	30 cm	20 cm	砌块砖Ⅱ	20 cm	20 cm	沸石	20 cm	25 cm
再次	砌块砖Ⅰ	20 cm	20 cm	砌块砖Ⅰ	40 cm	25 cm	砌块砖Ⅰ	40 cm	25 cm	砌块砖Ⅰ	10 cm	10 cm	改良种植土	30 cm	10 cm

采用计分方法来评价适用于上海城市社区的雨水花园应用模式,为了平衡出流洪峰延迟时间、洪峰时刻累积径流削减率、总削减率、渗透率、蓄水率这5方面的影响,对这5项的权重均定为20%;对于填料层内容、填料层厚度、排水层厚度这三因素的影响程度按照影响程度高(极其显著)为100%、中(极其显著)为75%、低(极其显著)为50%、显著为25%、不显著为0%计分;不同因素不同水平改善水文的处理能力按照处理能力最优为5、次优为3、再次为1、其他为0计分。

由表4-44可知,适用于上海城市社区且提升雨水花园对降雨径流水文特征的改善能力的结构是:沸石作为填料层填料,厚度为50 cm,排水层厚度为30 cm。

表4-44 具有改善水文特征功能的雨水花园结构参数的评价表

因素	水平	出流洪峰延迟时间	洪峰时刻累积径流削减率	总削减率	渗透率	蓄水率	总分	加权后得分
	因素影响程度	100%	100%	100%	100%	50%		
填料层填料	改良种植土	3	3	3	0	1	9.5	1.9
	瓜子片	0	0	1	0	0	1	0.2
	沸石	5	5	5	5	3	21.5	4.3
	砌块砖Ⅰ	1	1	0	1	0	3	0.6
	砌块砖Ⅱ	0	0	0	3	5	5.5	1.1

续表

因素	水平	出流洪峰延迟时间	洪峰时刻累积径流削减率	总削减率	渗透率	蓄水率	总分	加权后得分
填料层厚度	因素影响程度							
	50 cm							
	40 cm							
	30 cm							
	20 cm	1	3	0	3	3	6	1.2
	10 cm	0	0	0	1	5	5	1
排水层厚度	因素影响程度	50%	50%	0%	75%	75%		
	30 cm	5	5	5	5	0	8.75	1.75
	25 cm	3	1	1	0	3	4.25	0.85
	20 cm	1	3	3	3	0	4.25	0.85
	15 cm	0	0	0	0	5	3.75	0.75
	10 cm	0	0	0	1	1	1.5	0.3

2. 雨水花园对雨水径流的净化效能

(1)雨水花园结构因素对径流污染物去除率的稳定性

由表4-45可知,填料内容、填料层厚度和排水层厚度对于降雨径流污染物中COD、TN、TP去除率的影响稳定性存在显著差异。

表4-45　不同因素对COD、TN、TP去除率影响的稳定性和影响程度

因素	COD 去除率		TN 去除率		TP 去除率	
	稳定性	影响程度	稳定性	影响程度	稳定性	影响程度
填料层内容	高	高	低	高	高	高
填料层厚度	高	低	低	中	高	中
排水层厚度	低	中	低	低	高	低

(2)雨水花园结构因素对径流污染物去除率的影响程度

填料内容、排水层厚度以及填料层厚度对COD、TN和TP的去除率的影响都是显著的。其中,对COD去除率的影响:填料层内容>排水层厚度>填料层厚度;对于TN去除率的影响:填料层内容>填料层厚度>排水层厚度;对于TP去除率的影响:填料层内容>填料层厚度>排水层厚度。

（3）基于径流污染物削减的雨水花园结构优化参数

采用计分方法评价雨水花园结构参数,为平衡雨水花园对 COD、TN、TP 去除能力的影响,权重均定为 33%;对于填料层内容、填料层厚度、排水层厚度的影响程度按照影响程度高(极其显著)为 100%、中(极其显著)为 75%、低(极其显著)为 50%、显著为 25%、不显著为 0% 计分;不同因素不同水平改善水文的处理能力按照处理能力最优为 5、次优为 3、再次为 1、其他为 0 计分(表4-46)。

表 4-46　基于径流水质改善的雨水花园结构参数

因　素	水　平	COD 去除率	TN 去除率	TP 去除率	总分	加权后得分
填料层填料	因素影响程度	100%	100%	100%		
	改良种植土	1	1	3	5	1.67
	瓜子片	3	5	5	13	4.33
	沸石	5	3	0	8	2.67
	砌块砖Ⅰ	0	0	0	0	0
	砌块砖Ⅱ	0	0	1	1	0.33
填料层厚度	因素影响程度	50%	75%	75%		
	50 cm	5	0	5	6.25	2.08
	40 cm	3	1	3	4.5	1.50
	30 cm	1	3	1	3.5	1.17
	20 cm	0	0	0	0	0
	10 cm	0	5	0	3.75	1.25
排水层厚度	因素影响程度	75%	50%	25%		
	30 cm	5	3	5	6.5	2.17
	25 cm	3	0	0	2.25	0.75
	20 cm	0	5	3	3.25	1.08
	15 cm	1	1	1	1.5	0.50
	10 cm	0	0	0	0	0

四、上海雨水花园的应用模式

针对上海市城市降雨条件及城乡绿地的雨洪调蓄需求,提出了适于上海地区的海绵城市构建的 3 种雨水花园模式,分别为调蓄型雨水花园、净化型雨水花园与综合功能型雨水花园。其中,调蓄型雨水花园适用于地表径流较多、但径流污染较轻的场地;净化型雨水花园适用于硬质化程度高,径流污染严重的区域;综合功能型雨水花园适用于径流量较大且污染较严重的区域。

调蓄型雨水花园应具有较好的径流水文方面的改善能力。采用计分方法筛选了对水文特征(出流洪峰延迟时间、洪峰时刻累积径流削减率、总削减率、渗透率、蓄水率)改善能力较强的结构参数:填料层填料为沸石,其分数最高为4.3;填料层厚度50 cm最好,得分为2.25;排水层厚度30 cm最好,得分为1.75。因此,建议采用沸石作为填料层填料,填料层厚度为50 cm,排水层厚度为30 cm的结构参数来构建对水文特征改善能力较强的调蓄型雨水花园。

净化型雨水花园应具有较好的改善水质的能力。同样采用计分方法筛选了对水质改善能力(对COD、TN、TP去除能力)较强的结构参数:最适合的填料层填料为瓜子片,其分数最高为4.33;填料层厚度50 cm最好,得分为2.08;排水层厚度30 cm最好,得分为2.17。因此,建议采用瓜子片作为填料层填料,填料层厚度为50 cm,排水层厚度为30 cm的结构参数来构建对水质改善效果较强的净化型雨水花园。

综合功能型雨水花园既具有良好的水文、水质改善能力,并且造价相对较低,适于大范围的推广和使用。为了构建功能型雨水花园,采用计分方法来筛选雨水花园的结构参数。由于雨水花园主要的功能为就地滞留雨水,因此水文、水质方面的权重分别确定为70%、30%。水文方面的取值为前文关于具有改善水文特征功能的雨水花园结构参数评价表加权后得分,水质方面的取值为前文基于径流水量及水质改善的雨水花园结构参数评价表加权后得分(表4-47)。

表4-47 基于径流水量及水质改善综合功能的雨水花园结构参数评价

因　素	水　平	水文方面	水质方面	加权后得分
填料层填料	改良种植土	1.9	1.67	1.83
	瓜子片	0.2	4.33	1.44
	沸石	4.3	2.67	3.81
	砌块砖Ⅰ	0.6	0	0.42
	砌块砖Ⅱ	1.1	0.33	0.87
填料层厚度	50 cm	2.25	2.08	2.2
	40 cm	0.75	1.5	0.98
	30 cm	0.65	1.17	0.81
	20 cm	1.2	0	0.84
	10 cm	1	1.25	1.08
排水层厚度	30 cm	1.75	2.17	1.89
	25 cm	0.85	0.75	0.82
	20 cm	0.85	1.08	0.92
	15 cm	0.75	0.5	0.68
	10 cm	0.3	0	0.21

适用于上海城市社区的功能型雨水花园应用模式的结构筛选计分结果显示,综合能力最好的填料层填料为沸石,其分数最高为3.81,其次为改良种植土,分数为1.83;填料层厚度50 cm最好,得分为2.2;排水层厚度30 cm最好,得分为1.89。但由于沸石材料的造价相对较高,不利于功能型雨水花园的大范围推广。因此,建议采用改良种植土作为填料层填料,厚度为50 cm,排水层厚度为30 cm,构建适用于上海城市社区的功能型雨水花园。

1.调蓄型雨水花园设计参数及应用模式

调蓄型雨水花园可以在暴雨、大暴雨甚至特大暴雨的情况下快速下渗雨水径流,因此适用于地表径流较多,但径流污染较轻的场地,如公园绿地。调蓄型雨水花园结构包括:预处理设施、蓄水层、覆盖层、种植层、过渡层、填料层、排水层和溢流设施。应在雨水花园四周安置简易预处理设施,可将砾石覆盖于其环形缓坡上,用来防止暴雨情况下导致的水土流失和结构层破损。蓄水层为0.2 m厚,种植层采用由50%粒径0.35~0.5 mm黄沙、30%黄色粉质黏土、15%泥炭、5%有机肥按比例混合均匀而成改良种植土;在种植层表面铺设3 cm厚粒径为1 cm左右的砾石或者有机覆盖物作为覆盖层,防止雨水花园渗透速率过快导致的干旱情况。过渡层由中砂铺设而成,过渡层厚度一般为5~10 cm,中砂的粒径0.35~0.5 mm为宜(表4-48)。

此外,根据模拟实验的分析结果,为了提升雨水花园的调蓄能力,填料层应采用沸石,填料层厚度为0.5 m,排水层铺设粒径为1~2 cm的砾石,厚度以0.3 m为宜。站直流设施包括贯穿蓄水层厚度方向的溢流管和位于雨水花园底部的溢流排水管,溢流管与溢流排水管是连通的。溢流管具有溢流口,溢流口上常安装有孔隙大小为1~2 cm的蜂窝型挡板,蜂窝型挡板高出蓄水层12~17 cm,溢流管的管径为12~17 cm。溢流排水管具有1%~3%的坡度,溢流排水管的较高的一端与溢流管连通,较低的一端与附近的排水支管或雨水井连通。同时,调蓄型雨水花园可以与导流设施串联,从而形成分散联系的绿色基础设施系统。例如,在绿地中设置植草沟、明沟、暗沟等传输装置连通至雨水花园中,增加流入雨水花园的径流量(图4-48、表4-48)。

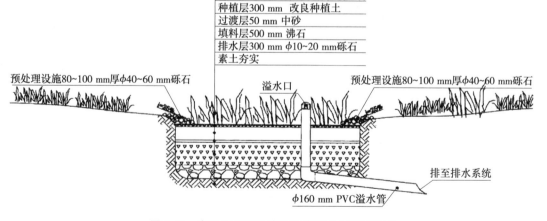

图4-48 应用于公园绿地的调蓄型雨水花园剖面

表 4-48 调蓄型雨水花园的结构参数

设计因素		相关参数	
结 构	预处理设施	环坡砾石	$\phi 4 \sim 6$ cm 砾石
	蓄水层		0.2 m
	覆盖层	砾石、有机覆盖物等	0.05 m
	种植层	改良种植土	0.3 m
	过渡层	中砂	0.05 m
	填料层	沸石	0.5 m
	排水层	$\phi 1 \sim 2$ cm 砾石	0.3 m
汇流面积/表面积		$20 \sim 25$	
面积范围		(30 ± 10) m^2	
深度 h		0.2 m	
边坡 i_0		1/4	

2.净化型雨水花园设计参数及应用模式

净化型雨水花园可以较小的面积处理较大汇流面积所收集的径流,且对污染严重的径流有非常良好的处理能力,因此其可以应用于广场、道路、停车场等污染较严重的区域。净化型雨水花园在特定的场地中可以与导流设施串联,从而起到更好的协同作用。例如,在道路与人行道的交接处可在路牙处设置雨水筐子,快速地引导雨水径流流入雨水花园,提升雨水花园对道路上产生的雨水径流的处理效率。

净化型雨水花园的结构包括:预处理设施、蓄水层、覆盖层、种植层、过渡层、填料层、排水层、渗水设施和溢流设施。应在雨水花园四周安置初期雨水弃流装置,将前 15 min 汇集的雨水径流直接排放至污水管网。蓄水层为 0.2 m 厚,种植层采用由50%粒径0.35~0.5 mm黄沙、30% 黄色粉质黏土、15% 泥炭、5% 有机肥按比例混合均匀而成改良种植土雨水花园应用于其中;在种植层表面铺设 3 cm 厚粒径为 1 cm 左右的砾石或者有机覆盖物作为覆盖层,防止雨水花园渗透速率过快导致的干旱情况。过渡层由中砂铺设而成,过渡层的厚度一般为 5~10 cm,中砂的粒径以 0.35~0.5 mm 为宜。调蓄型雨水花园在暴雨情况下的预计功效见表4-49。

表 4-49 调蓄型雨水花园在暴雨情况下的预计功效

功 能	预计指标
出流洪峰延迟时间/min	50
洪峰时刻累积削减率/%	180
前 1 h 削减率/%	40
渗透率/(m·d^{-1})	70

续表

功　能	预计指标
蓄水率/%	30
COD 去除率/%	65
TN 去除率/%	60
TP 去除率/%	45

此外,根据模拟实验的结果,为提升雨水花园对径流中污染物的净化功能,填料层采用瓜子片,填料层厚度为 0.5 m。排水层建议铺设粒径为 1～2 cm 的砾石,厚度以 0.3 m 为宜。雨水花园的渗水设施由渗水管和渗水排水管构成;渗水管位于排水层的底部,常采用直径为 100 mm 的穿孔管,经过系统处理过的雨水径流由穿孔管收集进入渗水排水管,渗水排水管具有 1%～3% 的坡度,渗水排水管较高的一端与渗水管连通,较低的一端与附近的排水支管或雨水井连通,也可收集净化后的雨水径流进行再利用。溢流设施包括贯穿蓄水层的厚度方向的溢流管和位于雨水花园底部的溢流排水管,溢流管与溢流排水管是连通的。溢流管具有溢流口,溢流口上常安装有孔隙大小为 1～2 cm 的蜂窝型挡板,蜂窝型挡板高出蓄水层 12～17 cm,溢流管的管径为 12～17 cm。溢流排水管具有 1%～3% 的坡度,溢流排水管较高的一端与溢流管连通,较低的一端与附近的排水支管或雨水井连通(表 4-50、表 4-51、图 4-49)。

表 4-50　调蓄型雨水花园的结构参数

设计因素		相关参数	
结　构	预处理设施	环坡砾石	φ4～6 cm 砾石
	蓄水层		0.2 m
	覆盖层	砾石、有机覆盖物等	0.05 m
	种植层	改良种植土	0.3 m
	过渡层	中砂	0.05 m
	填料层	沸石	0.5 m
	排水层	φ1～2 cm 砾石	0.3 m
汇流面积/表面积		20～25	
面积范围		(30±10) m²	
深度 h		0.2 m	
边坡 i_0		1/4	

表 4-51　净化型雨水花园在暴雨情况下的预计功效

功　能	预计指标
出流洪峰延迟时间/min	30

续表

功 能	预计指标
洪峰时刻累积削减率/%	90
前 1 h 削减率/%	20
渗透率/(m·d⁻¹)	40
蓄水率/%	30
COD 去除率/%	50
TN 去除率/%	70
TP 去除率/%	65

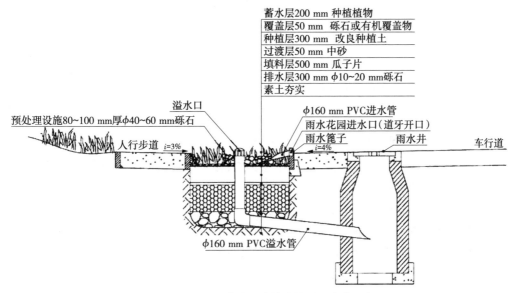

图 4-49 应用于道路绿地的净化型雨水花园剖面

3. 综合型雨水花园设计参数及应用模式

综合功能型雨水花园是对径流在流量与水质两方面处理能力都非常好的生态技术。因此适用于径流量较大且污染较严重的区域,可以应用于公园绿地中带状公园、街旁绿地以及居住小区绿地。综合功能型雨水花园可以与导流设施串联,如将居住小区建筑落水管直接或者通过植草沟等设施连通至雨水花园中,增加雨水花园对径流量的处理率(图 4-50)。当雨水花园用于承接屋面雨水径流或者建筑立面冲刷产生的径流等情况时,可在雨水花园预处理设施前端加设引流设施,引流设施可采用明沟、暗沟、植草沟等形式。此外,雨水花园也可以很好地与其他生态设施进行合作,如可渗透铺装、蓄水塘、屋顶花园等。

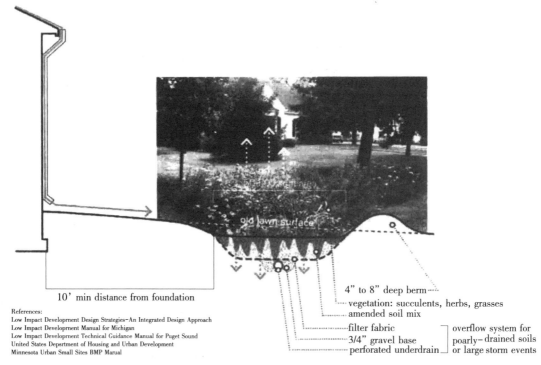

10' min distance from foundation

4" to 8" deep berm
vegetation: succulents, herbs, grasses
amended soil mix
filter fabric
3/4" gravel base
perforated underdrain

overflow system for
poorly-drained soils
or large storm events

References:
Low Impact Developrnent Design Strategies-An Integrated Design Approach
Low Impact Developrnent Manual for Michigan
Low Impact Developrnent Technical Guidance Manual for Puget Sound
United States Depsrtment of Housing and Urban Development
Minnesota Urban Small Sites BMP Marual

图4-50　居住小区建筑落水管与雨水花园的连通效果

综合功能型雨水花园的结构包括:预处理设施、蓄水层、覆盖层、种植层、过渡层、填料层、排水层、渗水设施和溢流设施。应在雨水花园四周安置简易预处理设施,可将砾石覆盖于其环形边坡上,用来防止暴雨情况下导致的水土流失和结构层破损。蓄水层为0.2 m厚,种植层采用由50%粒径0.35～0.5 mm黄沙、30%黄色粉质黏土、15%泥炭、5%有机肥按比例混合均匀而成改良种植土雨水花园应用于其中;在种植层表面铺设3 cm厚粒径为1 cm左右的砾石或者有机覆盖物作为覆盖层,防止雨水花园渗透速率过快导致的干旱情况。过渡层由中砂铺设而成,过渡层的厚度一般为5～10 cm,中砂的粒径为0.35～0.5 mm为宜。根据模拟实验的结果,兼顾调蓄与净化功能且经济可行填料层可采用改良种植土,厚度为0.5 m。排水层建议铺设粒径为1～2 cm的砾石,厚度以0.3 m为宜(表4-52)。

表4-52　综合功能型雨水花园的结构参数

设计因素		相关参数	
结　构	预处理设施	环坡砾石	ϕ4～6 cm 砾石
	蓄水层		0.2 m
	覆盖层	砾石、有机覆盖物等	0.05 m
	种植层	改良种植土	0.3 m
	过渡层	中砂	0.05 m
	填料层	改良种植层	0.5 m
	排水层	ϕ1～2 cm 砾石	0.3 m

续表

设计因素	相关参数
汇流面积/表面积	20
面积范围	$(30\pm10)\,m^2$
截面	盆型
深度 h	0.2 m
边坡 i_0	1/4

渗水设施由渗水管和渗水排水管构成;渗水管位于排水层的底部,常采用直径为100 mm的穿孔管,经过系统处理过的雨水径流由穿孔管收集进入渗水排水管,渗水排水管具有1%~3%的坡度,渗水排水管较高的一端与渗水管连通,较低的一端与附近的排水支管或雨水井连通,也可收集净化后的雨水径流进行再利用。溢流设施包括贯穿蓄水层厚度方向的溢流管和位于雨水花园底部的溢流排水管,溢流管与溢流排水管是连通的。溢流管具有溢流口,溢流口上常安装有孔隙大小为1~2 cm的蜂窝型挡板,蜂窝型挡板高出蓄水层12~17 cm,溢流管的管径为12~17 cm。溢流排水管具有1%~3%的坡度,溢流排水管的较高的一端与溢流管连通,较低的一端与附近的排水支管或雨水井连通(图4-51、表4-53)。

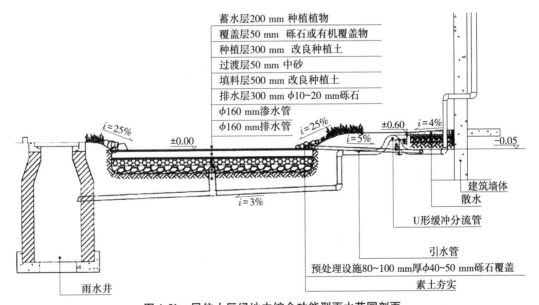

图 4-51 居住小区绿地中综合功能型雨水花园剖面

表 4-53 综合功能型雨水花园在暴雨情况下的预计功效

功 能	预计指标
出流洪峰延迟时间/min	40
洪峰时刻累积削减率/%	110

续表

功　能	预计指标
前 1 h 削减率/%	30
渗透率/(m·d^{-1})	55
蓄水率/%	30
COD 去除率/%	45
TN 去除率/%	60
TP 去除率/%	60

此外,上海地区雨水花园的设计与建设过程中植物选择应考虑安全性、植物抗性和适应性及观赏效果。其中,安全性包括生态安全性和社区居民的安全性。例如,尽可能采用复层群落结构,提升雨水花园生态系统的稳定,更好地抗病虫害并抵御外来物种侵略。优先选择乡土植物,以保证成活率,降低对后期维护的要求。但是,外来植物物种在试验驯化的前提下可以谨慎选用。另一方面,当雨水花园设置在游人或者市民会经常经过,甚至接触到的地方时,应设置必要的隔离植物,并且避免使用有刺、有毒植物或是容易引发过敏反应的植物。

雨水花园中应用的植物应选择根系发达、净化能力强的植物。研究表明,生长速度快、生物量大的植物净化水体和抗污染能力更好。在此进程中,植物根系的生长状况对其去污抗污能力有非常显著的影响,并且植物根系越发达,其净化能力越强。同时植物根系可以吸收土壤中累积的地表径流污染物,恢复土壤的吸附、净化能力。另外,植物发达的根系可以防止在雨水冲刷过程中出现倒伏现象。但是,雨水花园中也不适合使用根系过长的植物,以避免其根系的生长穿过过渡层,破坏填料层和排水层,甚至堵塞排水层中的渗水管,导致雨水花园的渗透、排水能力下降。

雨水花园应选择耐涝、耐旱、抗污染、抗病虫害的植物。因为其雨水处理净化消纳系统是全年连续运作的旱地生态系统,植物要经历丰水期和枯水期。为了保证雨水花园全年都能运行,应选择既耐涝又有一定抗旱能力的植物。同时,因为植物根系有时要接触浓度较高且变化较大的污染物,如各种沉积物、营养物、油污、重金属等,所选用的植物应抗水污染。又因,雨水花园在积水的情况下易滋生蚊虫,所以应该选择具有抗病虫害能力的植物。

同时,雨水花园应选择季相特征明显的或者姿态优美、有质感的植物从而提高观赏性,避免过多使用单季生长的植物。若降低养护成本,可在雨水花园内种植多年生常绿植物,搭配部分季相特征明显的植物。同时,可选择蜜源植物吸引昆虫和小动物,在城市营造富有自然野趣的景观群落。

第四节　植物冠层截留技术研究

由于城镇化进程的加快,城市地表覆盖形式的改变,导致地表径流大幅度增加,从而引发了城市内涝、河流水系生态恶化、水污染加剧等城市水环境问题。作为缓解城市水环境问题的应对策略,海绵城市的概念应运而生,其目标是截留和蓄积雨水、循环利用水资源、削减地表径流及初期雨水中的污染,以协调城镇化与水环境保护之间的关系,缓解城市建成区地表径流增加的问题,使城市具有弹性和适应性。而这种低影响的开发设施的实现途径之一即为植物群落的生态化构建。

一、微尺度低影响开发设施的特征概述

植物群游作为低影响开发设施的基本构成元素,成为在微观尺度上实现城市绿地可持续雨水管理的媒介之一。既有研究表明,有植被覆盖的土地降雨下渗量可达70%~90%,而不透水地表的下渗量仅有10%左右,可见植物群落对于截留雨水、促进降雨下渗、减少地表径流、缓解城市内涝等城市水环境问题具有积极的作用。其中,植被叶片可以有效截留降雨并减缓径流洪峰。因此,对上海城市绿地景观中常用园林植被冠层的降雨截留能力的分析、比较、筛选、排序及模拟可以有效建设具有环境、艺术等综合功能的绿色基础设施。目前,对植物冠层截留的研究对象以自然植被为主,包括热带雨林、灌丛、针叶林群落及城市森林等,主要测定方法是水量平衡法和浸水法。

二、植物冠层雨水截留能力测定实验

1.冠层雨水截留能力测定实验研究对象

由于上海城市绿地覆盖率约为38%,主要植被种类是常绿阔叶植物。采用法瑞学派典型选样的原则,选取上海3处呈现不同城市化程度的社区(瑞金社区、莘城社区、方松社区)中的不同类型城市绿地(道路绿地、公园绿地、居住绿地、其他绿地)中的156个植物群落进行群落学调查,包括高度(H)、冠幅(Cw)、胸径(DBH)、叶面积指数(LAI)等形态学特征因子。在群落范围界定上,以道路、水系等界线为边界,设计400~600 m² 的标准样地。根据调查结果,选取70种出现频率大于10%的园林植物作为叶片雨水截留实验的对象。

2. 冠层雨水截留能力测定实验计算方法

（1）植被冠层雨水截留容量计算

根据植物冠层雨水截留容量测定方法，调整后确定植物冠层雨水截留容量计算公式如下：

$$S = L \cdot k \tag{4-15}$$

式中　S——植物冠层雨水截留容量，mm；

　　　L——植物叶面积指数，LAI；

　　　k——叶片单位叶面积蓄水量，mm 或 g/m^2。

（2）叶片单位面积蓄水量测定方法

根据群落学调查结果，选取长势良好的植株使用剪刀剪下成熟枝条，放入自封袋内带回实验室，在 4 ℃以下冷藏。试验时每个品种每棵树（20 棵）分别选取 5 个标准叶片（每品种取 100 片标准叶，将叶片放在 AM-300 手持式叶面积仪内，记录叶面积 A。叶片使用精度为 0.000 1 的电子天平快速称重，然后将叶片浸入水中 5 min，用镊子轻轻取出，擦干叶背面水分，并再次称重，2 次称重的差值为植被叶片蓄水量。用下式计算叶片单位面积蓄水量：

$$k = \frac{M_2 - M_1}{A} \tag{4-16}$$

式中　k——叶片单位面积蓄水量，mm 或 g/m^2；

　　　M_1——植株鲜重，g；

　　　M_2——植株浸水后重，g；

　　　A——叶片面积，m^2。

（3）植物叶面积指数测定方法

植物叶面积指数采用 LA-2200 冠层分析仪进行测定，测定时间选择阴天无风天气。其中，乔木叶面积指数测定方法如下：在贴近树干的枝下高位置，在仪器中设定 4 次 B 值采样序列，分别测定树冠东、西、南、北 4 个方位叶面积指数，由仪器计算出最终的叶面积指数。灌木和地被植物测定时在仪器中设定 5 次 B 值采样序列，在灌丛中按梅花布点方式进行测定。

三、植物冠层雨水截留能力测试分析

根据群落学调查结果，选取出现频率大于 10% 的植物种类约 70 种，分别分布在 44 科 63 属，结果见表 4-54，其中常绿阔叶乔木 11 种、落叶阔叶乔木 19 种、常绿针叶乔木 4 种、落叶针叶乔木 1 种、常绿阔叶灌木 19 种、落叶阔叶灌木 7 种、常绿针叶灌木 1 种、地被植物（草本及藤本）8 种。

1. 植物冠层雨水截留潜力估算与比较

根据公式（4-15）可知，植物冠层（单位覆盖面积）的蓄水量与植物叶片单位面积蓄水量和植物叶面积指数相关,两者的乘积越大,植物冠层蓄水潜力越大。

（1）常绿阔叶乔木雨水截留能力估算

就上海城市绿地景观中常用的 36 种植物（出现频率高于 15%）的冠层雨水截留能力进行比较分析,常绿阔叶乔木包括香樟（*Cinnamomum camphora*）、桂花（*Osmanthus fragrans*）、女贞（*Ligustrum lucidum*）、广玉兰（*Mangoloia grandiflora*）和棕榈（*Trachucarpus fortunei*）。其中,广玉兰的单位叶面积蓄水量较大,为 84.05 g/m²。香樟和桂花的单位叶面积蓄水量（走）较小,分别为 19.89 g/m² 和 20.95 g/m²。女贞和棕榈的单位叶面积蓄水量分别为 46.78 g/m² 和 42.28 g/m²[图 4-52（a）]。该结果可能与广玉兰等常绿阔叶植物的叶片结构（角质层、表皮、栅栏组织、海绵组织、气孔等）相关。然而,根据 LA-2200 冠层分析仪测定的结果,桂花的叶面积指数（*L*）较大,为 4.54,其次为广玉兰、香梅和棕榈,叶面积指数分别为 2.96,2.70 和 2.44,相对较小的是女贞（1.87）[图 4-52（b）]。由两者乘积可知[图 4-52（c）],常绿阔叶乔木中,广玉兰的冠层雨水截留容量（*S*）较大,为 2.5 mm,其次为棕榈、桂花和女贞,而香樟的冠层雨水截留容量相对较小（0.5 mm）。

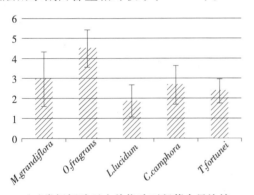

（a）常绿阔叶乔木单位叶面积蓄水量比较

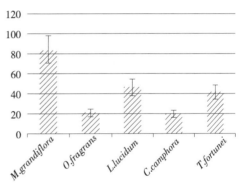

（b）常绿阔叶乔木叶面积指数比较

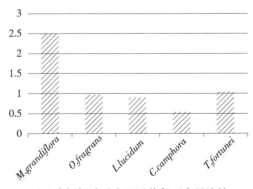

（c）常绿阔叶乔木冠层截留雨水量比较

图 4-52　常绿阔叶乔木单位叶面积蓄水量、叶面积指数和冠层截留雨水量比较

（2）落叶阔叶乔木雨水截留能力估算

由图 4-53 可知,落叶阔叶乔木中,悬铃木（*Platanus orientalis*）的单位叶面积蓄水量（*k*）相对较大,为 57.87 g/m²,其次为石榴（*Punica granatum*）、樱花（*Cerasus yedoensis*）和白玉兰

（*Michelia alba*），单位叶面积蓄水量分别为 47.52 g/m^2、39.96 g/m^2、38.40 g/m^2，而紫叶李（*Prunus cerasifera*）的单位叶面积蓄水量最小，仅为 25.98 g/m^2。但是，冠层分析仪测量的结果显示石榴的叶面积指数（L）最大（3.56），鸡爪槭（*Acer palmatum*）和紫叶李次之，分别为 2.53 和 2.55。由公式（4-15）可知，上海常见落叶阔叶乔木中，植株冠层雨水截留量（S）相对较大的是石榴（1.69 mm），其次为悬铃木（1.28 mm），而银杏（*Ginkgo biloba*）的冠层雨水蓄积能力相对较小，仅为 0.58 mm。原因可能与植物叶片的形态学特征相关，如石榴叶片的上表皮结构呈波纹网状结构，其气孔密度和叶脉结构均可能影响其叶片单位面积的容水量。

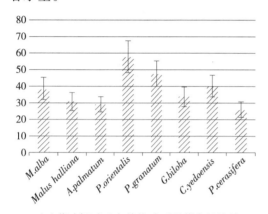

（a）落叶阔叶乔木单位叶面积蓄水量比较　　　　（b）落叶阔叶乔木叶面积指数比较

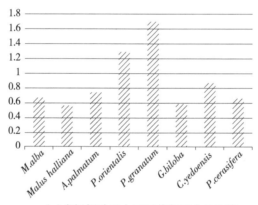

（c）常绿阔叶乔木冠层截留雨水量比较

图 4-53　落叶阔叶乔木单位叶面积蓄水量、叶面积指数和冠层截留雨水量比较

（3）针叶乔木雨水截留能力估算

叶片浸水实验的结果表明：在上海常见的针叶乔木中（图 4-54），落羽杉（*Taxodium distichum*）和雪松（*Cedrus deodara*）的单位叶面积蓄水量（k）最大，分别为 117.26 g/m^2 和 117.81 g/m^2，其次是水杉（*Metasequoia glyptostroboides*），为 87.40 g/m^2。龙柏（*Sabina chinensis*）和罗汉松（*Podocarpus macrophyllus*）的单位叶面积蓄水量相对次之，分别为 55.53 g/m^2 和 39.05 g/m^2。而冠层分析仪测量的结果显示常见针叶乔木中叶面积指数（L）较高的是龙柏（6.37）和落羽杉（5.10）。综合而言，落羽杉的植株冠层截留雨水量

（S）最大（5.98 mm），雪松、龙柏、水杉次之，而罗汉松的冠层雨水截留潜力相对较低（1.51 mm）。同样，实验结果可能与落羽杉等杉属植物的气孔类型（双面或单面）和气孔分布方式及密度相关。

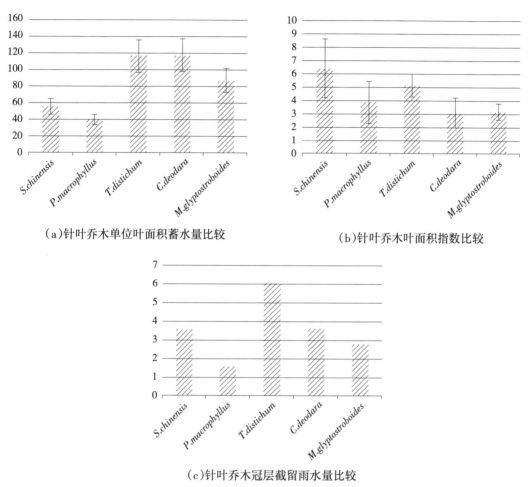

（a）针叶乔木单位叶面积蓄水量比较

（b）针叶乔木叶面积指数比较

（c）针叶乔木冠层截留雨水量比较

图4-54 针叶乔木单位面积蓄水量、叶面积指数和冠层截留雨水量比较

（4）灌木植物雨水截留能力估算

灌木植物中（图4-55），杜鹃（*Rhododendronsimsii*）、小叶黄杨（*Burus sinica*）和红花檵木（*Lorepotalum chinense*）的叶片在浸水实验中显示出的单位叶面积蓄水量（k）较高，分别为75.30 g/m², 69.98 g/m² 和 69.23 g/m²。云南黄馨（*Jasminummesnyi*）、山茶（*Camellia japonica*）和洒金桃叶珊瑚（*Aucuba japonica*）相对较低，分别为 20.32 g/m², 21.60 g/m² 和 26.78 g/m²。冠层分析仪测量的灌木植物的叶面积指数（L）比较接近，数值为 3.95~5.65，较高的是洒金桃叶珊珊（5.65），与之接近的是日本珊瑚树（*Viburnumodoratissmum*）、云南黄馨、海桐（*Pittosporumtobira*）、大叶黄杨（*Buxus megistophylla*）和八角金盘（*Fatsia japonica*），杜鹃及红花檵木次之，较低的是南天竹（*Nandina domestica*）（3.97）和山茶。因此，灌木植物冠层截留雨水量较高的是杜鹃，为 3.94 mm，相对最低的是山茶（0.85 mm）。杜鹃较高的叶片

容水量可能与其异面叶的结构相关,如较厚的角质膜、排列紧密的栅栏组织、细胞间隙较大的海绵组织以及表皮附属物等。

(5)地被植物雨水截留能力估算

地被植物叶片的浸水实验结果表明(图4-55):美人蕉(*Canna indica*)叶片的单位面积蓄水量(k)明显偏低(7.54 g/m²),其余5种地被植物的叶片单位面积蓄水量比较接近,数值均为26.19~36.42 g/m²,较高的是细叶沿阶草(*Ophio pogon japonicus*)36.42 g/m²。冠层分析仪的测量结果显示络石(*Trachelos permum jasminoides*)的叶面积指数(L)最高(7.56),美人蕉和阔叶麦冬(*Liriope platyphylla*)次之,相对较低是鸢尾(*Iris tectorum*)和花叶蔓长春(*Vinca majorv*,*Varriegata*),叶面积指数约为3.35,根据公式(4-15)由两者乘积可知,常见地被植物中冠层(单位覆盖面积)截留雨水量最高的是细叶沿阶草(细叶麦冬),为2.39 mm,最低的为美人蕉(0.88 mm)。除了叶片的结构,实验结果可能也和植株形态相关,如美人蕉叶片直立,茎秆较高,这可能也是造成美人蕉的植物冠层蓄水能力相对较弱的原因。

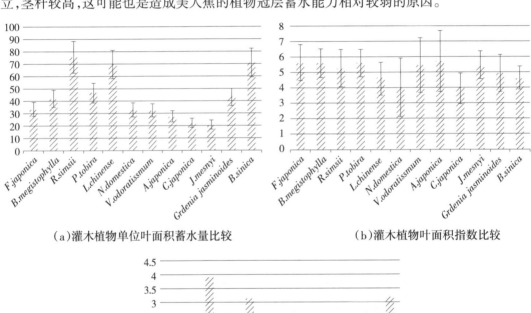

(a)灌木植物单位叶面积蓄水量比较   (b)灌木植物叶面积指数比较

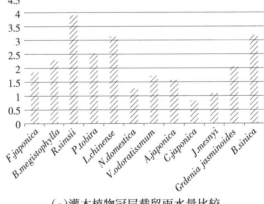

(c)灌木植物冠层截留雨水量比较

图4-55 灌木植物单位叶面积蓄水量、叶面积指数和冠层截留雨水量比较

(6)高频植物生活型综合雨水截留潜力比较

通过比较不同生活型植物单位叶面积和冠层蓄水量(图4-56)可知,针叶乔木的单位叶

面积蓄积量和植物冠层截留雨水量都相对较高,说明针叶乔木冠层的雨水蓄积潜力也相应最大,这可能与针叶植物叶片的结构(气孔形态、密度、栅栏组织和海绵组织的细胞形态、上表皮附属物)等相关。而阔叶乔木的叶片单位叶面积蓄积量高于灌木和地被,但是由于其叶面积指数较低,导致阔叶乔木植物的平均单位覆盖面积(植株冠层)雨水截流量反低于灌木和地被植物。

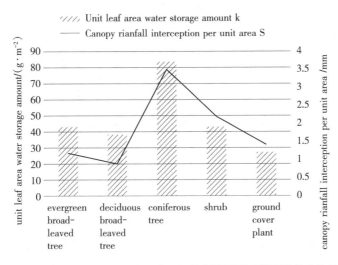

图4-56　不同生活型植物单位叶面积蓄水量及冠层截留量均值比较

此外,除了植物冠层的雨水截留能力与单位叶面积蓄水能力和叶面积指数直接相关之外,根据实验结果可以推出如下假设:植物冠层蓄积雨水的能力也很可能与植物叶片的结构和植株的形态特征有关系。

2. 基于植物冠层雨水截留能力的园林植物排序

根据公式(4-15)及公式(4-16),通过测定上海市城市绿地常用园林植物叶片单位面积蓄水量、叶面积指数,可以得到并比较植物冠层的雨水截留量,并根据冠层雨水蓄积量的排序将常见园林植物划分为强雨水截留能力型、中等雨水截留能力型及弱雨水截留能力型3种。

四、高雨水截留型园林植物群落构建

选取具有较高冠层雨水截留能力的园林植物复合种植,构建复层混交植物群落,包括水平结构和垂直结构。其中,水平结构包括雨水蓄留带、缓冲下渗带和径流延滞带(面积比例约为3:2:3);垂直结构分为上层、中层和下层。

1. 具有雨水截留功能的复层混交植物群落上层结构

就位于群落上层的植物而言,雨水蓄留带可间隔种植(间距5~6 m)具有较强冠层雨水截留能力的高大乔木,如落羽杉、雪松和龙柏等,高度>6 m,胸径为12~15 cm,郁闭度为

65% ~75%,常绿乔木与落叶乔木的数量比为6∶4,功能型植物和景观型植物的数量比约为8∶2(图4-57)。

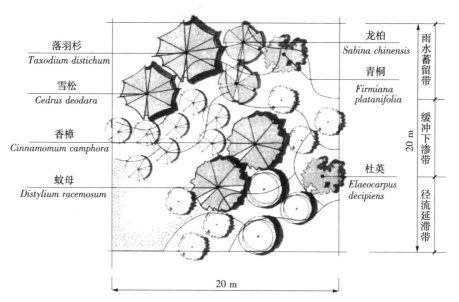

图4-57 具有雨水截留功能的复层混交植物群落中层结构

位于群落上层的缓冲下渗带,可间隔种植具有中等雨水截留能力的乔木和景观性的乔木,如香樟、桦树、蚊母树等,高度>5 m,胸径为8 ~ 10 cm,郁闭度为50% ~60%;具有中等雨水截留能力的功能型乔木∶景观型的乔木数量比约为6∶4,而常绿乔木∶所述落叶乔木数量比约为6∶4。

在位于上层的径流延滞带中,可间隔种植具有中等或弱雨水截留能力的乔木和观赏性的乔木,如杜英、合欢、白玉兰等,高度>5 m,胸径为8 ~ 10 cm,郁闭度为10% ~ 20%;中等或弱雨水截留能力的功能性的乔木∶具有观赏性的乔木数量比约为5∶5,常绿乔木∶落叶乔木数量比约为6∶4。

2.具有雨水截留功能的复层混交植物群落中层结构

位于植物群落中层的雨水蓄留带的植物,可间隔种植(间距3 ~4 m)具有强雨水蓄积能力并兼具景观性的小乔木,如碧桃、鸡爪槭、垂丝海棠等,高度为1.5 ~3 m,胸径为4 ~6 cm,郁闭度为25% ~35%;具有强雨水截留能力的功能性的小乔木∶景观性的小乔木数量比可为6∶4;常绿小乔木∶落叶小乔木数量比为8∶2(图4-58)。就位于中层的缓冲下渗带的植物而言,种植间隔具有强及中等雨水截留能力的功能性(兼具景观性)的大灌木,如龙柏球、海桐、火棘、八角金盘和洒金桃叶珊瑚等,高度为60 ~120 cm,郁闭度为20% ~30%;具有强及中等雨水截留能力的功能性的大灌木∶景观性的大灌木数量比约为7∶3;常绿大灌木∶所述落叶大灌木数量比约为8∶20,此外,位于中层的径流延滞的植物可带种植小灌木和草本地被植物,如小叶黄杨、龟甲冬青和花叶蔓长春等。

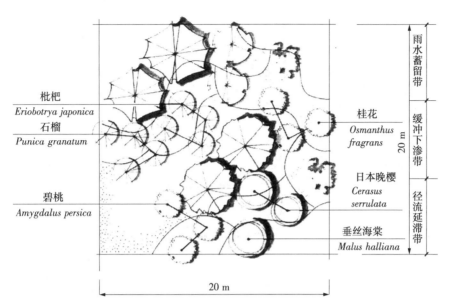

图4-58　具有雨水截留功能的复层混交植物群落中层结构优化平面

3. 具有雨水截留功能的复层混交植物群落下层结构

可在复层混交植物群落下层的雨水蓄留带种植耐阴且兼具雨水截留能力和观赏性的草本地被植物,如阔叶麦冬、络石等,郁闭度为100%,栽植密度为9~16株/m²(图4-59、图4-60)。同时,可在位于下层的径流延滞带种植具有强或中等雨水蓄积能力的功能性的小灌木、具有景观性的小灌木和草本地被植物,如红花橙木、小叶女贞、细叶沿阶草、大花马齿苋等。其中,选取的小灌木的高度<1.5 m,郁闭度为60%~70%;选择的草本地被植物的郁闭度为100%,具有强及中等雨水蓄积能力的功能性的小灌木:景观性的所述小灌木面积比约为5:5;小灌木:所述草本地被植物面积比约为3:7。此外,位于群落下层的缓冲下渗带地表可覆盖有机混合物,以促进雨水下渗。

通过对上海市城市绿地常见园林植物叶片单位面积储水能力以及叶面积指数的测定,估算单株植物对雨水潜在的截留能力。分析及比较的结果表明,在植物叶片单位面积蓄积雨水能力方面,针叶树种的平均值较高,如落羽杉(117.8 g/m²)和雪松(117.72 g/m²);其次为常绿阔叶乔木、灌木和落叶乔木,其叶片单位面积雨水蓄积量分别为42.78 g/m²、42.53 g/m²和37.94 g/m²。地被植物的叶片单位面积雨水蓄积量最小,约为26.83 g/m²。然而,就植株冠层雨水截留能力而言,虽然针叶树种的叶片单位面积雨水截留能力较强,但由于其叶面积指数较小,对植株冠层的雨水截留量将产生负向的影响。

根据对常见园林植物单位覆盖面积雨水截留量的估算,筛选截留容量较大的植物种类,并通过比较和排序对其进行有效的分级划分,为构建具有环境功能(雨洪管理功能)的城市绿地提供可参考的依据。在城市绿色基础设施的构建过程中,同等条件下,优先选择冠层雨水截留容量相对较大的园林植物,可以在微观尺度上实现雨水的可持续利用,减少地表径流,维持城市水文循环。

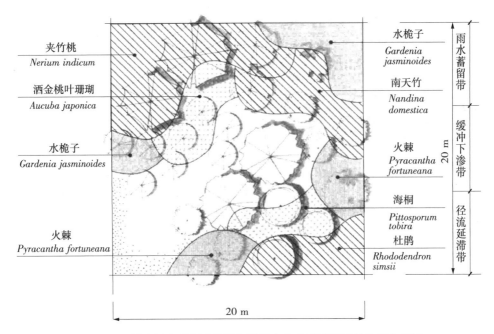

图4-59　具有雨水截留功能的复层混交植物群落下层结构优化平面

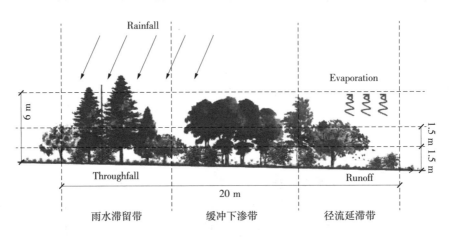

图4-60　具有雨水截留功能的复层混交植物群落优化立面

　　此外,由于植物冠层的降雨截留量是通过单个叶片对雨水的蓄积能力乘以植株的叶面积获得的,估算得到的是植物冠层降雨截留量理想化的最大数值,是在排除环境因素及叶片倾斜角度影响后而获得的,因此后续研究将考虑上述因素的影响,以提升估算结果的准确性。此外,研究已通过 SPSS 统计分析软件,根据群落学调查的结果,模拟常见园林植物的潜在雨水截留能力与植物本身的形态结构特征(高度、胸径和冠幅)之间的线性关系,从而得到植物冠层雨水截留能力的预测模型,可为单株植物整体雨水截留能力的测定和计算提供简单易行的估测方法,也为具有较高雨水蓄积能力的植物群落及低影响开发设施的构建提供理论的依据和实践的可能方向。

第五章　海绵城市的技术应用

第一节　保护修复技术

　　生态驳岸指在河道驳岸处理过程中,将硬化驳岸恢复为自然河岸或具有自然河流特点的可渗透性的人工驳岸,以减少人工驳岸对河流自然环境的影响。生态驳岸的建设首先要保证城市的防洪排涝对驳岸侵蚀、冲刷和防洪标高的要求;并采用碎石、石笼、生态混凝土等具有一定抗冲刷能力的材料和结构作为基础,栽植耐水湿乔木、灌木和水生、湿生植物(图5-1);根据常水位及储存水位等不同水位的变化幅度,选择适宜的植物种类。

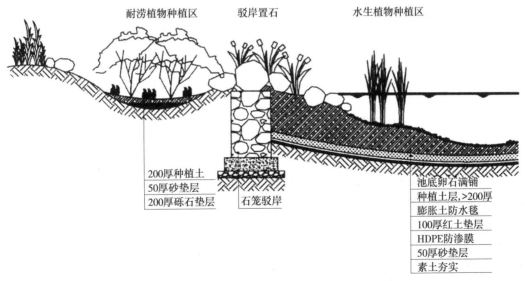

图5-1　生态驳岸结构

第二节　渗透技术

透水铺装可由透水混凝土、透水沥青、可渗透连锁铺装和其他材料构成。透水铺装结构应符合《透水砖路面技术规程》(CJJ/T 188—2012)《透水沥青路面技术规程》(CJJ/T 190—2012)和《透水水泥混凝土路面技术规程》(CJJ/T 135—2009)相关规定。透水铺装使路基强度和稳定性存在较大风险时,可采用半透水铺装;土壤透水能力有限时,应在透水基层内设置排水管或排水板;当透水铺装设置在地下室顶板上时,其覆土厚度不应小于 600 mm,并应增设排水层(图 5-2)。

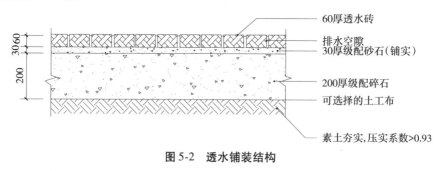

60厚透水砖
排水空隙
30厚级配砂石(铺实)
200厚级配碎石
可选择的土工布
素土夯实,压实系数>0.93

图 5-2　透水铺装结构

第三节　储存技术

一、雨水调蓄池

雨水调蓄水池指具有很大的蓄水能力,兼具良好滞洪、净化等生态功能的雨洪集蓄利用设施。蓄水池可采用混凝土池、塑料模块蓄水池、硅砂砌块水池等。蓄水池可分为开敞式和封闭式、矩形池和圆形池(图 5-3)。蓄水池的有效储水容积应大于集水面重现期 1～2 年的日径流总量扣除设计初期径流弃流量。蓄水池典型构造可参照《海绵型建筑与小区雨水控制及利用》(17S705)

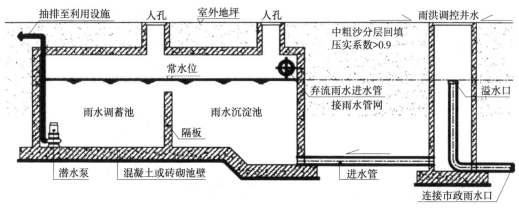

图 5-3　雨水调蓄池结构

二、湿塘

湿塘是指具备雨水调蓄和净化功能的景观水体,雨水是其主要补水水源。由于上海地区水流往复波动,无定向水流,湿塘一般沿驳岸边标高位置设置一定碎石或植被缓冲区,接纳汇水区径流,削减大颗粒污染物,在暴雨时发挥调蓄功能。湿塘长宽比一般为 3∶1 到 4∶1,有效水深为 0.5 ~ 1 m,总面积为 750 ~ 1 500 m²,BOD₅ 负荷为 4 ~ 12 g/(m²·d)(图 5-4)。湿塘的建设应接纳汇水区径流处,采用碎石、消能坎等设施,防止水流冲刷和侵蚀;采用碎石或水生植物种植区作为缓冲区,削减大颗粒沉积物;主塘包括常水位以下(或暴雨季节闸控最低水位)的永久容积,永久容积水位线以上至最高水位为具有峰值流量削减功能的调解容积。

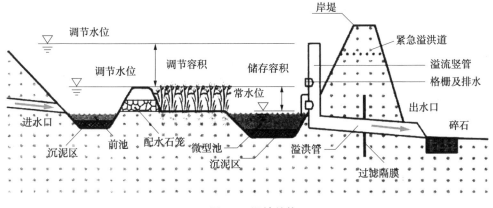

图 5-4　湿塘结构

三、人工湿地

利用湿地净化原理设计为表面流或垂直流的高效雨水径流污染控制设施,一般应用于可生化降解的有机污染物和 N、P 等营养物质,颗粒物负荷较高的雨水初期径流应设置前端调节或初期雨水弃流设置。人工湿地结构如图 5-5 所示。潜流人工湿地表面没有水,表流人工湿地表面水深一般为 0.6～0.7 m,水力停留时间为 7～10 d,水力坡度为 0.5%,表面积约为 4 000 m²。人工湿地需要一定的地形高差形成定向水流,选择具备一定耐污能力的水生湿生植物。

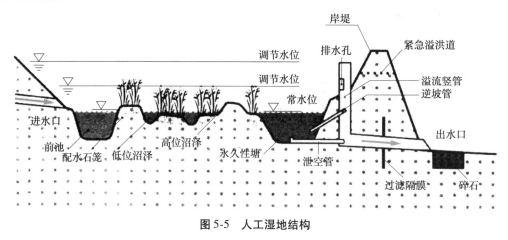

图 5-5　人工湿地结构

第四节　传输净化技术

一、绿色屋顶

绿色屋顶是用植物材料代替裸露的屋顶材料,植物覆盖能够滞留和蒸发雨水,其功能是减少雨水径流。基质深度可根据植物需求及屋顶荷载确定,除种植层外,应有净化过滤层,厚度不小于 50 cm,种植坡度不大于 11°。一般设施规模为高层阳台面积为 5～15 m²,单户楼顶面积 60～150 m²,别墅为 20～120 m² 绿色屋顶的设计可参考《种植屋面工程技术规程》(JGJ 155—2013),其栽培基质应轻质、渗透性良好,富含有机质和矿物质;植被层的植物选择应以浅根系植物为主,以防植物根系刺穿防水层。根据种植基质深度,可种植景天科、禾本科等多年生草本植物,以及部分花灌木、小乔木等植物材料(图 5-6)。

二、生态植草沟

植草沟是通过种植密集的植物来处理地表径流的设施,利用土壤、植被和微生物来过滤雨水、减缓径流,可用于衔接其他各单项设施、城市雨水管渠和超标雨水径流排放系统。主要有传输型植草沟、渗透型的干式植草沟和常有水的湿式植草沟,可分别提高径流总量和径流污染控制效果。

对于不透水铺装停车场,植草沟面积约为停车场面积的 1/4,中小型停车场中宽度为 1.5～2 m,大型停车场中宽度约为 2 m;对于透水铺装或草坪的停车场,植草沟面积为停车场面积的 1/10～1/8,中小型停车场中宽度为 0.6～1 m,大型停车场宽度约为 1 m。对于不透水铺装广场,植草沟面积约为广场面积的 1/4,宽度为 1.5～2 m;对于透水铺装广场,植草沟面积为广场面积的 1/10～1/8,宽度>0.6 m。对于交通型的道路,植草沟面积为服务道路面积的 1/4,宽度为汇水道路宽度的 1/4,每段的长度为 6～15 m;对于生活型的道路,植草沟面积约为服务道路面积的 1/4,宽度为汇水道路宽度的 1/4,但不小于 0.4 m。

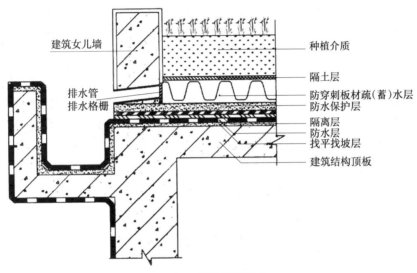

图 5-6　绿色屋顶结构

植草沟的浅沟断面形式宜采用倒抛物线形、三角形或梯形;植草沟的边坡坡度(垂直:水平)不宜大于 1:3,纵坡不应大于 4%。纵坡较大时宜设置为阶梯型植草沟或在中途设置消能台坎;植草沟最大流速应小于 0.8 m/s,曼宁系数宜为 0.2～0.3;传输型植草沟内植被高度宜控制在 100～200 mm(图 5-7)。

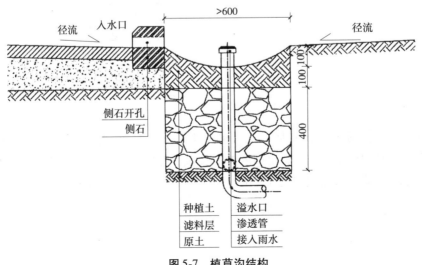

图 5-7　植草沟结构

三、雨水花园

雨水花园是自然形成或人工挖掘的浅凹绿地,种植灌木、花草,形成小型雨水滞留入渗设施,用于收集来自屋顶或地面的雨水,利用土壤和植物的过滤作用净化雨水,暂时滞留雨水并使之逐渐渗入土壤。

其中,地形开敞、径流量大的区域适用调蓄型雨水花园,可采用沸石作为填料层填料,厚度为 50 cm,排水层厚度为 30 cm;硬质铺装密集、径流污染严重的区域适用净化型雨水花园,可采用瓜子片作为填料层填料,厚度为 50 cm,排水层厚度为 30 cm;径流量较大、径流污染严重的区域适用综合功能型雨水花园,可采用改良种植土作为填料层填料,厚度为 50 cm,排水层厚度为 30 cm。

雨水花园的边线距离建筑物基础至少 3 m,防止雨水侵蚀建筑基础;雨水花园的位置不能选在靠近供水系统的地方或是水井周边;雨水花园应选在地势平坦、土壤排水性良好的场地上,雨水下渗速度较快,对植物生长有利,且不易滋生蚊虫。雨水花园内应设置溢流设施,溢流设施顶部一般应低于汇水面 100 mm。

雨水花园应分散布置,规模不宜过大,汇水面积与雨水花园面积之比一般为 20~25。常用雨水花园面积为 30~40 m²,蓄水层 0.2 m,边坡 1/4(图 5-8)。

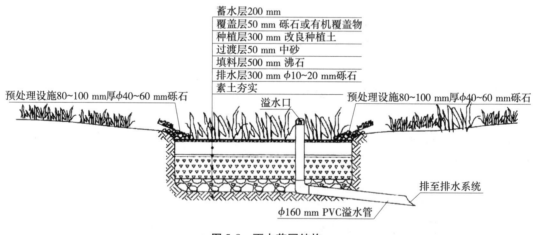

图 5-8 雨水花园结构

四、种植池

种植池是有立体墙面、开放或闭合底部的城市下沉式绿地,吸收来自步行道、停车场和街道的径流。种植池中水位高出一定高度可通过设在种植池内的溢流口进入雨水径流排放系统。种植池在密集城市区域中是理想的节约空间的街景元素(图 5-9)。

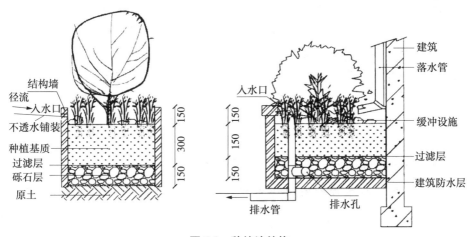

图 5-9 种植池结构

五、植被缓冲带

植被缓冲带为坡度较缓的植被区,经植被拦截和土壤下渗作用减缓地表径流流速,并去除径流中的污染物。植被缓冲带可采用道路林带与湿地沟渠相结合的形式。植被缓冲带坡度一般为 2% ~6% ,宽度不宜小于 2 m(图 5-10) 。

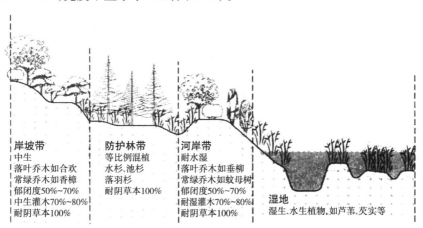

图 5-10　植被缓冲结构

第五节　低影响开发技术组合应用

低影响开发设施的选择应结合不同地块的水文地质、建筑密度、土地利用情况等实际条件,结合上海市总体规划、专项规划及详细规划制订的控制目标,充分考虑设施的主要功能、经济适用性、景观效果等因素选择效益最优的单项设施及其组合设施。设施组合系统中各设施的适用性应符合场地的土壤渗透性、地下水位、地形地势、空间条件等特点。雨水入渗设施不应对地下水造成污染,不应对居民的生活造成不便,不应对卫生环境和建筑安全产生负面影响。组合系统中各设施的主要功能应与规划控制目标相对应。在满足控制目标的前提下,要考虑组合系统中各设施的总成本最低,并综合考虑设施的环境效益和社会效益。

一、公共绿地中低影响开发技术组合应用

公共绿地(公园绿地、街旁绿地)是相对较为封闭的绿地系统,绿地内部包含了绿地、道路与建筑物等,公园绿地进行低影响开发应选择以雨水渗透、储存、净化为目的的设施。这些设施与区域内的雨水管渠系统和超标雨水径流排放系统相衔接,还可以根据场地条件不同,结合园林小品来灵活地进行适当设置。通过减少地表径流、增加雨水下渗、最大化利用雨水资源,实现公园绿地中可持续的雨水管理和利用。

公共绿地(含公园绿地和街旁绿地)应首先满足自身的生态功能、景观功能,在此基础上应达到相关规划提出的如径流总量控制率、绿地率、远水铺装率等低影响开发指标的要求。公园绿地适宜的低影响开发设施有植草沟、雨水花园、雨水调蓄池、种植池、透水铺装、植被缓冲带、生态驳岸、人工湿地、海塘等。

雨水利用以入渗及自然水体补水与生态净化应用为主,应避免采取建设维护费用高的净化设施。土壤入渗率低的公园绿地以储存、使用设施为主:公园绿地内景观水体应作为雨水调蓄设施,并与景观设计相结合。景观水体应设溢流口,超过设计标准的雨水可排入市政管网。景观水体可与蓄水设施,湿地建设有机结合,雨水经适当处理可用于公共绿地的灌溉、清洁用水(图5-11)。

低影响开发设施内植物宜根据设施水分条件、径流雨水水质进行选择,宜选用耐涝、耐旱、耐污染能力强的乡土植物。公共绿地低影响开发雨水系统设计应满足《公园设计规范》(CJJ 48—92)中的相关要求。有条件的河段可采用生态缓冲带、生态驳岸等工程设施,以降低径流污染负荷。

例如,建于2010年的美国波特兰市坦纳斯普林斯(唐纳溪水)公园(Tanner Spring Park, Portland, USA),面积约4 000 m²,曾获得2006年美国景观设计师协会俄勒冈州景观设计优胜奖,并入围2011年城市土地学会开放空间设计奖。该公园所在地原为一片湿地,后成为工业区,又改为商业区和居住区域。作为新的城市公园,唐纳溪水公园得以恢复原有的湿地面貌,收集街区的雨水,汇入由喷泉和自然净化系统组成的水景中,除了雨水资源的有效净化和利用之外,也为社区居民提供了休闲游憩的空间,同时,也为鱼鹰等野生动物提供了栖息的场所。这处由戴水道公司在工业废弃土地上重现的湿地景观,地形由南至北逐渐降低,以收集来自周边街道和铺装的雨水径流;种植的植物种类从位于坡地高处的水池到低处水池呈现明显的分布变化,反映了公园的土壤含水量从干到湿的变化过程,而收集的雨水经过池中植物过滤带的吸收、过滤和净化成为开敞的水体景观,溢出的雨水则被释放到地下的雨

水调蓄池中(图5-12)。唐纳溪水公园中应用的多种低影响开发设施将"人工化的自然"以生态化的方式介入,即通过模拟自然排水方式,修复并创造了近乎自然环境的、混合了居民休闲生活的、具有环境功能的城市水生态系统。

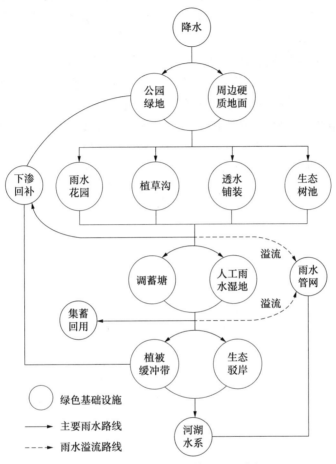

图5-11 公共绿地雨水控制利用流程

图5-12 美国波特兰市坦纳斯普林斯(唐纳溪水)公园

二、广场绿地中低影响开发技术组合应用

广场绿地是相对开放的绿地,该类型绿地选择的低影响开发设施应以雨水渗透、储存、净化等为主要功能,消纳自身及周边区域径流雨水,溢流雨水经雨水灌渠系统和超标雨水径流排放系统排入市政雨水管网。

广场绿地宜采用透水铺装、植草沟、雨水花园、种植池、人工湿地、绿色停车场等低影响开发设施消纳径流雨水。广场宜采用透水铺装,直接将雨水渗入地下,以有效回补地下水;除使用透水铺装外,应合理设置坡度,保证排水,使周围绿地能合理吸收利用雨水;机动车道等区域初期雨水有机污染物及悬浮固体污染物的含量较高道路雨水收集回用前应设初期雨水弃流装置,将该部分径流收集排至市政雨水管网。其中,绿色停车场是指通过一系列低影响开发技术的综合运用来减少停车场的不可渗透铺装的面积(图 5-13)。诸多常用的低影响开发单项技术均可综合运用到广场和停车场设计中,如植草沟、雨水花园、透水倒装等。

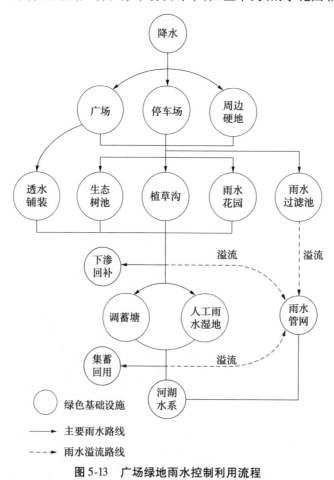

图 5-13 广场绿地雨水控制利用流程

例如,1998 年由戴水道公司设计的德国柏林波茨坦广场面积约 13 000 m³,是城市广场雨水利用的典范,其景观用水全部来自雨水收集后的再利用,即雨水资源的再利用率可达

100%。由于柏林市地下水位较浅,为了防止雨水成涝,要求商业区建成后既不能增加地下水的补给量,也不能增加雨水的排放量。为此,开发商对雨水利用采用了如下方案:将适宜建设绿地的建筑屋顶全部建成"绿顶",利用绿地滞蓄雨水,一方面防止雨水径流的产生,起到防洪作用,另一方面增加雨水的蒸发,起到增加空气温度、改善小气候的作用。对不宜建设绿地的屋顶,或者"绿顶"消化不了的剩余雨水,则通过专门的已带有一定过滤作用的雨漏管道进入主体建筑及广场地下的总蓄水箱,经过初步过滤和沉淀后,再经过地下控制室的水泵和过滤器,一部分进入各大楼的中水系统用于冲洗厕所、浇灌屋顶的花园草地;另一部分被送往地上人工溪流和水池,通过植物和微生物的净化生境(清洁性群落生境),形成雨水循环系统,完成二次净化和过滤。而地下总蓄水池又设有水质自动监测系统,当水面因蒸发而下降时,自动系统便会用蓄水箱中的水进行补充。此外,设施方应用计算机模拟水池中水的流动来确定植物净化生境的布置,以及进出水口位置以避免死角的出现。

雨水净化的景观展示途径由北侧水面、音乐广场前水面、三角形主水面和南侧水面4部分水景系统共同完成。通过人工水系将都市生活与自然元素融为一体,不仅净化了雨水,同时还为这个喧嚣拥挤的城市增添了亲近自然的公共空间。作为世界上雨水利用最先进的国家之一,德国的雨水用途很广泛。德国联邦和各州有关法律规定,新建或改建开发区必须考虑雨水利用系统,因此,开发商在进行开发区规划、建设或改造时,均将雨水利用作为重要内容进行考虑,尤其在进行大面积商业开发区建设时,更应结合开发区水资源实际,因地制宜,将雨水就地收集、处理和使用,并以景观的形式展现给居民和游人(图5-14)。

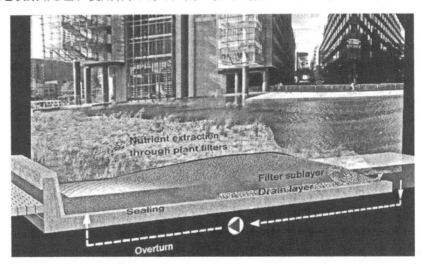

图5-14 德国柏林波茨坦广场的雨水收集和净化过程

三、道路绿地中低影响开发技术组合应用

道路绿地是相对开放的绿地,该类型绿地选择的低影响开发设施应以雨水渗透、储存、净化等为主要功能,消纳自身及周边区,域径流雨水,溢流雨水经雨水灌渠系统和超标雨水径流排放系统排入市政雨水管网。

道路绿地宜采用透水铺装、植草沟、雨水花园、种植池、人工湿地等低影响开发设施消纳径流雨水(图5-15)。人行道宜采用透水铺装,直接将雨水渗入地下,以有效回补地下水;除使用透水铺装外,应合理设置坡度,保证排水,使周围绿地能合理吸收利用雨水;机动车道等区域初期雨水有机污染物及悬浮固体污染物的含量较高,道路雨水收集回用前应设初期雨水弃流装置,将该部分径流收集排至市政雨水管网。城市道路绿化带内低影响开发设施应采取必要的防渗措施,防止径流雨水下渗破坏道路路面及路基,其设计应满足《城市道路工程设计规范》(CJJ 37—2012)相关要求。

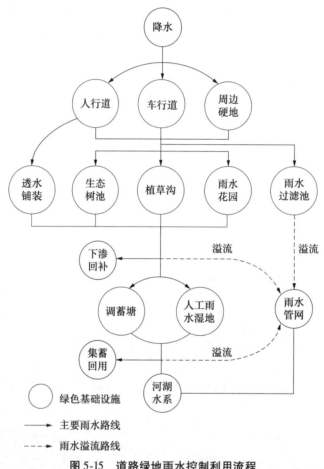

图5-15　道路绿地雨水控制利用流程

　　已建道路可通过降低绿化带标高、增加种植池、路缘石开口改造等方式将道路径流引到绿化空间的绿色基础设施,溢流设施接入原有市政排水管线或周边水系。新建道路可加宽人行道空间以预留绿色基础设施空间;结合道路纵坡及标准断面、市政雨水排放系统布局等,优先采用植草沟排水。自行车道、人行道以及其他承载要求较低的路面,优先采用透水铺装材料。人行道行道树应当采用生态树池来收集树干径流和路面径流。道路红线内的绿地,应确保种植土层的厚度,种植乔木时,必须将下层建筑垃圾、土壤滞水层等破除,保障植物生长。低影响开发设施内植物应根据设施水分条件、径流雨水水质进行选择,宜选用耐涝、耐旱、耐污染能力强的乡土植物。道路中交通环岛、公交车站的绿色基础设施的布置应结合相邻绿化带、雨水口位置综合考虑,尽可能利用绿化带净化、削减径流。当道路红线外绿地空间有限或毗邻建筑与小区时,可结合红线内外的绿地,采用植草沟、雨水花园等雨水滞蓄设施净化、下渗雨水,减少雨水排放。当道路红线外绿地空间规模较大时,可结合周边地块条件设置人工雨水湿地、调蓄塘等雨水调节设施,集中消纳道路及部分周边地块雨水径流,并控制径流污染。

绿色街道是一种集合了透水表层、树木覆盖、景观元素的相融街道,通过把绿色基础设施元素整合成街道的形式来储存、过滤和蒸发雨水。绿色街道可减少雨水径流和降低面源污染,缓解汽车尾气带来的空气污染,将自然元素纳入街道,为慢行交通系统的通行提供机会。透水铺装、植草沟、种植池等均可用于绿色街道的设计,例如美国波特兰区域雨洪管理和城市绿色街道建设。

波特兰市在 2003 年开始了城市"绿色街道"改造设计,首先在街道绿化改造中加入雨水管理和利用功能,同时,结合景观元素,形成了当地富有特色的街道景观元素。波特兰的"绿色街道"项目通过对部分街道两侧停车区域进行改造,将原有的硬质道路改建为绿色种植区域,根据功能的需要进行结构层设计,通过不同耐水植物的搭配,最终形成一个集雨水收集、滞留、净化、渗透、排水等功能于一体的生态处理设施,并营造出自然优美的街道景致(图 5-16)。雨水收集池与道路绿化相结合,地表径流在道路坡度造成的重力作用下流入收集池,首先经由水生植物和碎石构成的过滤池,碎石过滤掉大型的污染物,植物净化部分污染物,最后进入储水池;超出收集池容量的雨水进入城市雨水管道;排水系统实施雨污分流,污水进入净化装置,雨水重复利用。绿色街道的建设,有效增加了雨水的自然渗透,延缓了地表径流,减少了瞬时雨水径流对市政管网的压力,降低了城市内涝的发生概率,促进了城市建设区域内水系统的自然循环。

15 cm厚混凝土种植墙
30 cm深水洗砾石层
120 cm种植土
5 cm厚堆肥覆盖层
最大水深15 cm

图 5-16　波特兰城市雨洪管理系统(绿色街道)剖面

图 5-17 为蒙哥马利街道改造方案,并展示了 7 个区域的功能和服务面积。

位　置	11th to 10th	10th to 9th	Park Block	Park to Broadway	Broadway to 6th	Urban Center Plaza	5th to 4th	4th to 3rd	Park
汇水面积/m²	372	1 600	454	989	1 256	1 146	866	498	N/A
绿色基础设施面积/m²	78	78	73	73	153	94	135	88	N/A
景观与不透水铺装的水例/%	21	8	16	9	12	8	16	18	N/A
每年处理的径流量/m²	348	1 503	428	927	1 177	1 075	814	466	N/A
雨洪管理等级(1~5)	5	4	3	5	5	4	5	3	2

图 5-17　波特兰蒙哥马利绿色街道改造方案、功能指标及服务面积

四、附属绿地中低影响开发技术组合应用

附属绿地包括小区绿地、单位绿地等独立单元式的绿地,应将其建筑屋面和道路径流雨水通过有组织的汇流与传输,引入附属绿地内的雨水渗透、储存、净化等低影响开发设施。可通过对不透水铺装的面积限制、对屋顶排水的要求、植被浅沟和调蓄水池的设计等方面进行雨洪控制管理。

附属绿地可通过落水管截留、绿色屋顶、植草沟、雨水花园、种植池、透水铺装、人工湿地、温塘、蓄水池等低影响开发设施来消纳自身径流雨水;可采取落水管截留设施将屋面雨水引入周边绿地内分散的植草沟、雨水花园等设施,再通过这些设施将雨水引入绿地内的蓄水池、湿塘、人工湿地等设施;附属绿地适宜位置可建雨水收集回用系统用于绿地灌溉;道路应采用透水铺装路面,透水铺装路面设计应满足路基路面强度和稳定性等要求。

建筑小区绿地包括了居住用地、公共设施用地、工业用地、仓储用地的附属绿地,它们与绿色基础设施建设具有一定的相似性。建筑小区绿地绿色基础设施的目标以控制径流总量、雨水集蓄利用为主,污染较重区域辅以径流污染削减。适宜在建筑小区绿地使用的绿色基础设施主要有:落水管截留技术、植草沟、雨水花园、透水铺装、生态树池、绿色屋顶、雨水收集利用设备、调蓄塘和人工雨水湿地。既有建筑改造时,优先考虑雨落管断接方式,将建筑屋面、硬化地面雨水利用具有一定景观功能的明沟或者暗渠引入周边绿地中的绿色基础设施。坡度较缓(小于15°)的屋顶或平屋顶、绿化率较低、与雨水收集利用设施相连的建筑与小区(新建或改建)可考虑采用绿色屋顶。普通屋面的建筑可利用建筑周围绿地设置雨水花园等吸收和净化屋面雨水。居住区屋面表面应采用对雨水无污染或污染较小的材料,不宜采用沥青或沥青油毡。有条件时可采用种植屋面。屋面雨水收集回用前应设初期雨水弃流装置。低影响开发设施内植物宜根据设施水分条件、径流雨水水质进行选择,宜选用耐涝、耐旱、耐污染能力强的乡土植物。建议优先采用植草沟等自然地表排水形式输送、消纳、滞留雨水径流,减少小区内雨水管道的使用在空间局限且污染较重区域,若设置雨水管道,宜采用雨水过滤池净化水质(图5-18)。

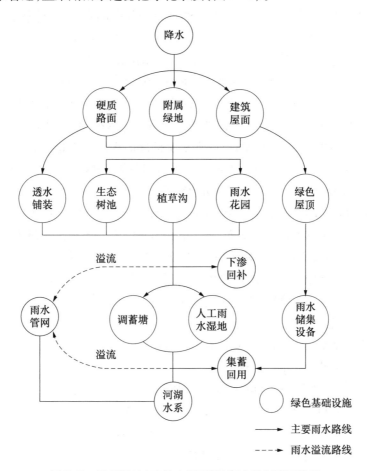

图5-18　附属绿地(建筑小区绿地)雨水控制利用流程

有水景的建筑小区绿地,应优先利用水景来收集和调蓄场地雨水,同时兼顾雨水蓄渗利用及其他设施。景观水体面积应根据汇水面积、控制目标和水量平衡分析确定。雨水径流经各种源头处理设施后方可作为景观水体补水和绿化用水。对于超标准雨水应进行溢流排放。无水景的建筑小区绿地,如果以雨水径流削减及水质控制为主,可以根据地形划分为若干个汇水区域,将雨水通过植草沟导入雨水花园,进行处理、下渗,对于超标准雨水溢流排入市政管道。如果以雨水利用为主,可以将屋面雨水经弃流后导入雨水桶进行收集利用,道路及绿地雨水经处理后导入地下雨水池进行收集利用。

对于大面积的停车场,应采用透水性铺装建设,并充分利用竖向设计,引导径流到场地内部或者周边的下沉式绿地中,下渗、调蓄、净化或利用雨水。

例如,美国High Point社区位于西雅图市制高点(35号大街和桃金娘大街的交叉口)的High Point社区面积约53 hm²,拥有约1 600个居住单元,65%的场地为不透水路面,雨季时会产生大量的雨水径流,并流向位置较低的街区。同时,携带城市污染物的雨水径流排入自然水体后对鱼类造成了不容忽视的生态影响。2003 年,High Point 社区开始了为期 6 年的重建工程,并引入了低影响开发 LID 的多项措施,以自然开放式排水系统(Natural Drainage System, NDS)的设计手法使具有高人口密度的城市居住空间在人居、休憩、环境改善、径流控制和雨水利用等多个方面取得了良好的平衡,曾获得 2007 年美国城市土地学会 ULI 全球卓越奖。具体措施包括利用植被浅沟、雨水花园、透水铺装、多功能调蓄池和 34 个街区的汇水线组成的多功能开放空间,以对不透水铺装面积予以限制、对屋顶雨水排放量的要求和对雨水排放点的管理。SvR 设计公司根据社区的场地条件,运用不同低影响开发技术的组合,模拟自然水文过程,即雨水及径流通过植被浅沟的引导和运输,汇入雨水花园及北部多功能调蓄池塘中,经过植被的净化及处理后,达到水质标准的雨水才能排放到自然河流中,以确保河流的生态平衡,保护生物的栖息生境。此外,低影响开发技术和风景园林设计得以融合,口袋公园及儿童游戏场等公共开放空间的地下部分设计为地下储水设施。

High Point 社区对雨水排放的控制以单栋住宅作为核算单元,对区域内的每一个单元建筑及其附属环境进行独立的雨水量的计算。如果单元住宅的雨水排放量不能达标,则可以通过更换透水材料、减少不透水铺装面积、增加区域绿地率等途径降低径流率,还可以利用雨水花园降低雨水径流中约 30% 的污染物。同时,美国排水公约和 High Point 社区管理委员会对屋面排水的要求是 100% 的屋顶雨水排放至自然开放式排水系统中或者公共的雨洪排水系统中。为了减缓雨水下落对地表的冲击,并削减雨水的瞬时流速,社区内采用导流槽、雨水桶、涌流式排水装置和敞口式排水管。此外,High Point 社区还采用了屋顶花园、渗透沟和土壤改良等多种低影响开发措施。

德国沙恩豪斯社区(Scharnhauser Park)位于斯图加特附近的奥斯菲尔敦(Ostfildern),占地面积约 150 hm^2,人口约 9 000 人,处于大西洋和东部大陆性气候之间的凉爽的西风带,降雨偏少,属于较干旱的地区,且地形北高南低。该社区建设所采用的生态设计模式获得 2006 年德国城市发展奖。其规划、设计和建造过程中运用了大量的节能建筑、可再生能源、雨洪管理、开放空间多功能利用等低影响开发技术。其中,雨洪管控系统分为 3 个等级,建筑屋面、道路的雨水径流首先进入一级组团生态设施,包括生态沟、雨水花园;各个组团间的雨水通过大型生态沟进入二级处理设施多功能蓄渗池、人工湿地,最终再进入三级设施城市河流或湖泊。通过系统的规划设计,沙恩豪斯居住区的雨水收集、净化、入渗、利用率达到了 95%,大大缓解了城市的排水设施压力,同时也回补了地下水(图 5-19)。此外,居住区以位于社区中央的"景观阶梯"作为中心公园和大型多功能雨水调蓄池,该区域的台阶式滞留带呈阶梯状分布,每个台阶内种植耐涝的草坪草,地表之下的结构层(砂砾)相互贯通,能够有效地将雨水滞纳、净化、蓄渗。雨季时,阶梯状的地面可以蓄积、净化和渗透大量的周边的雨水径流,当水量足够大时,可以形成瀑布景观,多余的雨水通过末端的大型生态沟排入区域外围的人工湿地,进而净化后排入城市河流。而在旱季时,"景观阶梯"和雨水调蓄池则可作为具有休闲娱乐(踢足球、野餐、散步)等多种功能的公共开放空间,满足居民的游憩需求(图 5-20)。

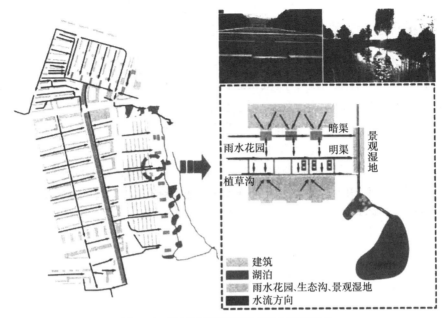

图 5-19　德国沙恩豪斯社区雨水管控模式

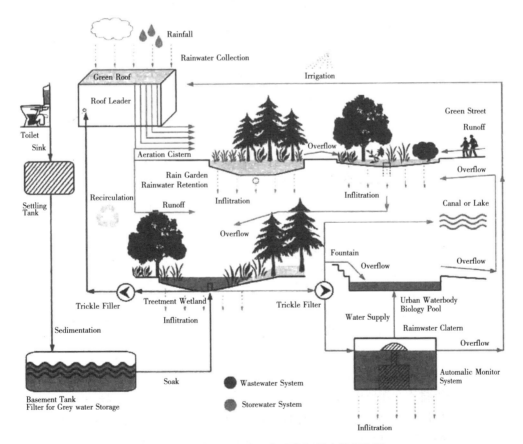

图 5-20　城市低影响开发设施与雨水管理流程

五、防护绿地中低影响开发技术组合应用

防护绿地是指城市中具有卫生、隔离和安全防护功能的绿地,包括卫生隔离带、道路防护绿地、城市高压走廊绿带、防风林、城市组团隔离带等。防护绿地绿色基础设施的目标以控制地表径流和削减径流污染为主,雨水调节和收集利用为辅。适宜在防护绿地使用的绿色基础设施主要有植草沟、雨水花园、调蓄塘、植被缓冲带和生态驳岸。将防护绿地周边汇水面(如广场、停车场、建筑与小区等)的雨水径流通过合理竖向设计引入防护绿地,结合排涝规划要求,设计雨水控制利用设施。防护绿地内部浇灌养护设施与排水设施应合理设计,结合雨水回收利用设施,蓄水用于干旱季节的灌溉。在植被规划方面,尽量选择乡土树种。此外,结合防护绿地的类型,选择具备不同防护功能(如污染物的去除)的植物(图5-21)。

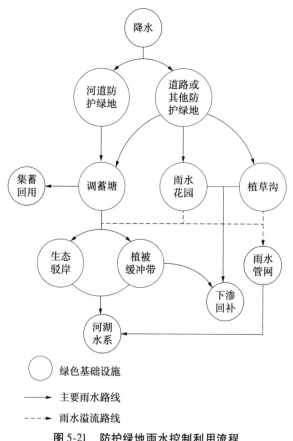

图5-21　防护绿地雨水控制利用流程

其中,防护林地作为上海平原河网地区重要的生态空间类型,在截留降雨、涵养水源、促进地表下渗、防洪排涝和滞留雨洪等方面发挥重要作用,是平原河网地区海绵城市建设的重要组成部分。林地自身及周边区域径流雨水应通过有组织的汇流与传输,引入林地内的雨水渗透、储存、净化等为主要功能的低影响开发设施。

林地可通过植被冠层截留、植草沟、植被缓冲带、林地排水渠、人工湿地、湿塘等低影响开发设施来消纳自身及周边区域径流雨水。林地具备海绵城市功能的技术包括林相改造抚育、林地土壤和雨水系统改造、植被过滤带、湿塘、人工湿地等。根据上海典型人工造林特征,合理选择乔木、灌木、草本植物种类,开展增强植被冠层截留降雨功能的复层混交林定向抚育的林相改造。根据林地的功能定位、植物种类、林相结构、土壤渗滤状况以及周边地形标高和水面标高情况,制订海绵城市建设的林地保护与改造方案。道路、水网等存在地形高差区域的林带建设,应结合地形高差设计形成径流定向汇集传输的植被过滤带,并与湿地、湿塘相结合,形成平原河网地区特征的林地和湿地相结合的绿色廊道,滞留径流和削减污染物。局部改善或改良土壤渗透性能,通过微地形改造、栽植耐淹植物、优化林地汇水路径等方法,提升林地滞留、渗滤地表径流功能。

第六节　设施规模计算与效益估算

一、设施规模计算的原则

①低影响开发设施的规模应根据控制目标及设施的主要功能通过计算确定。以综合控制目标进行设计的设施,应综合运用容积法、流量法或水量平衡法等方法进行计算,并选择其中较大的规模作为设计规模。

②顶部和结构内部有蓄水空间的渗透设施(如雨水花园)的渗透量应计入总调蓄容积。传输型植草沟、植被缓冲带等对径流总量削减较少的设施,其调蓄容积不计入总调蓄容积。透水铺装和绿色屋顶仅参与综合雨量径流系数的计算,其结构内的空隙容积一般不计入总调蓄容积。

③受地形条件、汇水面积等影响,实际调蓄容积远小于设计调蓄容积的以及无法有效收集汇水面径流的设施,其调蓄容积不计入总调蓄容积。

二、设施规模计算的方法

(1)以渗透为主要功能的设施规模计算

透水铺装等仅以原位下渗为主、顶部无蓄水空间的渗透设施,其基层及垫层空隙虽有一定的蓄水空间,但其蓄水能力受面层或基层渗透性能的影响很大,因此透水铺装可通过参与综合雨量径流系数计算的方式确定其规模。

(2)以储存为主要功能的设施规模计算

雨水桶、蓄水池、湿塘、人工湿地等设施以储存为主要功能,其储存容积应通过容积法和水量平衡法进行计算,并通过技术经济分析综合确定。首先通过容积法计算设施储存容积,如公式(5-1)所示,同时为保证设施正常运行(如保持设计常水位),再通过水草平衡法计算设施每月雨水补水量、外排水量、水量差、水位变化等相关参数,最后通过经济分析确定设施设计容积的合理性并进行调整。

$$V = 10H\varphi F \tag{5-1}$$

式中　V——设计调蓄容积,m^3;

　　　H——设计降雨量,mm;

　　　φ——综合雨量径流系数;

　　　F——汇水面积,hm^2。

其中,综合雨量径流系数可根据《海绵城市建设技术指南》进行加权平均计算。此外,蓄水池等雨水储存设施的有效储水容积可用公式(5-2)计算:

$$V = \sum \varphi_t F_t (H - a_t) \tag{5-2}$$

式中　a——设计初期径流弃流量。

湿塘总面积可用公式(5-3)计算:

$$A = \frac{QS_Q}{L_A} \tag{5-3}$$

式中　A——稳定塘的有效面积,m^2;

　　　Q——进水设计流量,m^3/d;

　　　S_Q——进水 BOD_5 浓度,mg/d;

　　　L_A——BOD_5 面积负荷,$g \cdot m^{-2} \cdot d^{-1}$。

(3)以传输净化为主要功能的设施规模计算

雨水花园、植草沟、屋顶绿化等传输设施,其设计目标是削减一定设计重现期下的雨水流量,可通过推理公式计算一定重现期下的雨水流量,如公式(5-4)。

$$Q = \varphi q F \tag{5-4}$$

式中　Q——雨水设计流量,L/s;

　　　φ——流量径流系数;

　　　q——设计暴雨强度;$L \cdot s^{-1} hm^2$。

根据总平面图布置植草沟并划分各段的汇水面积。城市雨水管渠系统设计重现期的取值及雨水设计流量的计算等还应符合《室外排水设计规范》(GB 50014—2006)的有关规定。流量径流系数的取值可参见《海绵城市建设技术指南》。根据工程实际情况和植草沟的应用对象及设计参数确定规模。

三、设施规模建议

经过人工降雨模拟试验,可知适合上海海绵城市绿地建设的低影响开发设施常用的规模,见表5-1。

表 5-1　适合上海海绵城市绿地建设的低影响开发设施常用规模建议

设施类型	低影响开发设施及适用范围		常用设施规模
渗透设施	透水铺装	透水性混凝土铺装;透水性沥青铺装;透水砖、天然砂砾	建成区新建、改造的人行道路、城市广场用地中透水铺装面积的比重>70%
储存设施	雨水桶	塑料、黏土、陶瓷、石材、橡木	50 cm×80 cm, 157 L 或者 40～50 加仑[1 加仑(美)＝3.785 L, 1 加仑(英)＝4.546 L]
	蓄水池	开敞式和封闭式矩形池和圆形池	雨水储存设施的有效储水容积不宜小于集水面上重现期为 1～2 年的日雨水设计径流总量扣除设计初期径流弃流量
	湿塘	生态塘　矩形　单塘	长宽比为 3∶1 到 4∶1,有效水深为 0.5～1 m,总面积 750～1 500 m²,BOD_5 负荷为 4～12 g/(m⁻²·d)
	人工湿地	表面流湿地潜流湿地	床深 D 一般为 0.6～0.7 m,水力停留时间为 7～10 d,水力坡度采用 0.5%,表面积为 4 000 m²
传输净化设施	屋顶绿化	拓展型适合不需人活动的屋顶半密集型适合建筑负荷>250 kg/m²;密集型适合建筑负荷>500 kg/m²	高层阳台面积为 5～15 m²; 单户楼顶面积 60～150 m²; 别墅为 20～120 m²
	雨水花园	径流量调蓄型(公园绿地)	截面盆形,面积 30～40 m²,深度 0.2 m,边坡 1/4
		污染物净化型(道路绿地)	截面盆形,面积 30～40 m²,深度 0.2 m,边坡 1/4
		综合功能型(街旁及居住绿地)	截面盆形,面积 30～40 m²,深度 0.2 m,边坡 1/4
	植草沟	适用于地面停车场的功能型	对于不透水铺装停车场,植草沟面积约为停车场面积的 1/4,中小型停车场中宽度为 1.5～2 m,大型停车场中宽度约为 2 m;对于透水铺装或草坪的停车场,植草沟面积为停车场面积的 1/10～1/8,中小型停车场中宽度为 0.6～1 m,大型停车场宽度约为 1 m
		适用于地面停车场的景观型	对于不透水铺装停车场,植草沟面积约为停车场面积的 1/3,中小型停车场中宽度>0.6 m,大型停车场宽度>1 m;对于透水铺装或草坪的停车场,植草沟面积约为停车场面积的 1/6,中小型停车场中宽度约为>0.6 m,大型停车场宽度>1 m

续表

设施类型	低影响开发设施及适用范围		常用设施规模
传输净化设施	植草沟	适用于广场的功能型生态植草沟 适用于广场的景观型生态植草沟	对于不透水铺装广场,植草沟面积约为广场面积的1/4,宽度为1.5~2 m;对于透水铺装广场,植草沟面积为广场面积的1/10~1/8,宽度>0.6 m
		适用于道路的功能型生态植草沟 适用于道路的景观型生态植草沟	对于交通型的道路,植草沟面积为服务道路面积的1/4,宽度为汇水道路宽度的1/4,每段的长度为6~15 m;对于生活型的道路,植草沟面积约为服务道路面积的1/4,宽度为汇水道路宽度的1/4,但不小于0.4 m

四、设施效益估算

1. 设施效益估算方法

(1)雨水滞蓄率

绿色基础设施对雨水的滞蓄率估算见公式(5-5)

$$\varphi = \frac{P - R}{P} \times 100\% \tag{5-5}$$

式中　φ ——雨水滞蓄率;

　　　P ——降雨量;

　　　R ——径流量。

(2)污染物削减率

由于污染物浓度在同一场降雨中会发生极大的变化,因此,为了更好地体现降雨事件中污染物的变化特征,通常采用雨水污染物的事件平均浓度(EMC)作为测定指标。EMC 是降雨全过程的径流加权平均浓度,计算方法见公式(5-6):

$$\text{EMC} = C = \frac{M}{V} = \frac{\int C(t)Q(t)}{Q(t)} \approx \frac{\sum C(t)Q(t)}{\sum Q(t)} \tag{5-6}$$

式中　M ——径流全过程中某一污染物的总量;

　　　V ——径流全过程中某一污染物的径流总体积;

　　　$C(t)$ ——某一污染物随径流时间变化的浓度;

　　　$Q(t)$ ——随径流时间变化的径流量。

对径流污染物的去除率计算见式(5-7)

$$R = \frac{C_i - C_o}{C_i} \times 100\% \tag{5-7}$$

式中　R——污染物去除比；

　　　C_i——进水浓度；

　　　C_o——出水浓度。

（3）峰值削减率

洪峰时刻累积削减率 $\eta_{洪峰}$ 为从实验开始到 $T_{洪峰}$ 时刻时间段内，实际进入设施的径流量 $Q_{入流}$ 与通过渗流设施流出的径流量 $Q_{出流}$ 的差值占实际进入设施的径流量 $Q_{入流}$ 的比例，计算公式为：

$$\eta_{洪峰} = \frac{Q_{入流} - Q_{出流}}{Q_{入流}} \times 100\% \tag{5-8}$$

式中　$\eta_{洪峰}$——洪峰时刻累积削减率；

　　　$Q_{入流}$——实际进入体系的径流量；

　　　$Q_{出流}$——通过渗流设施流出体系的径流量。

总削减率 $\eta_{总}$ 为在 1 h 内总进水量 $Q_{总入}$ 与通过渗流出设施的总径流量 $Q_{总出}$ 的差值占进水量 $Q_{总入}$ 的比例，计算公式为：

$$\eta_{总} = \frac{Q_{总入} - Q_{总出}}{Q_{总入}} \times 100\% \tag{5-9}$$

式中　$\eta_{总}$——总削减率；

　　　$Q_{总入}$——总进水量；

　　　$Q_{总出}$——通过渗流设施流出体系的总径流量。

（4）径流渗透率

若出现了溢流情况，且可取到相对稳定的最大 $V_{出流2}$ 值，则可计算该低影响开发设施的渗透率 K_{max}，设施的渗透率 K_{max}（单位为 m/d）为该设施内所蓄积的径流相对饱和的情况下出流的下渗速率，即当该设施出现持续溢流情况时，此刻径流的下渗情况。其计算公式为：

$$K_{max} = \frac{V_{max}}{t \cdot a} \tag{5-10}$$

式中　K_{max}——低影响开发设施渗透率；

　　　V_{max}——相对稳定的最大 $V_{出流2}$ 值；

　　　t——收集 V_{max} 所用时间；

　　　a——低影响开发设施底面积。

（5）峰值延迟时间

低影响开发设施对降雨径流的出水量 $Q_{出}$ 关于时间 t 的拟合方程：

$$Q = a \ln t + b \tag{5-11}$$

式中　Q——每分钟出水量；

　　　t——时间；

　　　a、b——常数。

分别令公式（5-11）中 $Q=0$、$Q=Q_m$，可分别计算得到出水时间和洪峰到达时间：

$$t_0 = e^{-\frac{b}{a}} \tag{5-12}$$

$$t_{\mathrm{m}} = \mathrm{e}^{\frac{Q_{\mathrm{m}}-b}{a}} \qquad (5\text{-}13)$$

式中　t_0——出水时间；

　　　a、b——常数；

　　　t_{m}——洪峰到达时间；

　　　Q_{m}——洪峰径流量。

2. 设施效益估算结果

（1）屋顶绿化

拓展型屋顶绿化能够显著提高上海市屋面的雨水滞蓄作用。在小雨情况下，雨水滞蓄率高达 100%；在暴雨情况下，雨水滞蓄率最高可达 63.54%，初始产流时间最长可推迟 34 min。拓展型屋顶绿化能够显著增强上海屋面对雨水污染物的净化作用。在暴雨情况下，上海市拓展型屋顶绿化对雨水污染物氨氮的最高去除率可达 92.78%，平均浓度最低可至 0.45 mg/L，远低于其在雨水中的平均浓度 5 mg/L，优于地表水 Ⅱ 类标准；对重金属 Pb 的最高去除率可达 98.81%，平均浓度最低可至 0 μg/L，优于地表 Ⅰ 类标准；对重金属 Zn 的最高去除率可达 94.55%，平均浓度可降低至 0.02 μg/L，远低于其在雨水中的平均浓度 60 μg/L，优于地表水 Ⅰ 类标准。

（2）雨水花园

雨水花园暴雨强度下对径流调蓄及污染物净化效能估算见表 5-2。

表 5-2　雨水花园暴雨强度下对径流调蓄及污染物净化效能估算

主要功能	调蓄型效能	净化型效能	综合功能型效能
洪峰延迟时间/min	50	30	40
径流峰值累计削减率/%	180	90	110
蓄水率/%	30	30	30
渗透率/(m·d⁻¹)	70	40	55
COD 去除率/%	65	50	45
TN 去除率/%	60	70	60
TP 去除率/%	45	62	60

（3）植草沟

生态植草沟大雨及暴雨强度下对径流调蓄及污染物净化效能估算见表 5-3。

表 5-3　生态植草沟大雨及暴雨强度下对径流调蓄及污染物净化效能估算

主要功能	适用于地面停车场的功能型		适用于地面停车场的景观型	
	不透水铺装	透水或草坪式	不透水铺装	透水或草坪式
洪峰延迟时间/min	34	23.5	32.2	21.0

续表

主要功能	适用于地面停车场的功能型		适用于地面停车场的景观型	
	不透水铺装	透水或草坪式	不透水铺装	透水或草坪式
径流峰值累计削减率/%	20～30	22～25	25～30	25～30
蓄水率/%	17～30	11～15	17～19	17～19
渗透率/(m·d^{-1})	95～97	90～95	90～95	90～95
COD 去除率/%	55～60	75～78	75～78	75～78
TN 去除率/%	67～79	75～80	80～85	75～80
TP 去除率/%	86～90	88～92	90～92	88～92
主要功能	适用于广场的功能型		适用于广场的景观型	
	不透水铺装	透水铺装	不透水铺装	透水铺装
洪峰延迟时间/min	30.7	20.0	29.8	19.2
径流削减率(大雨)/%	22～25	22～25	20～25	20～25
主要功能	适用于广场的功能型		适用于广场的景观型	
	不透水铺装	透水铺装	不透水铺装	透水铺装
洪峰延迟时间/min	30.7	20.0	29.8	19.2
径流削减率(大雨)/%	22～25	22～25	20～25	20～25
径流削减率(暴雨)/%	11～15	11～15	11～13	11～13
TSS 去除率/%	90～95	90～95	40～80	40～50
COD 去除率/%	75～78	75～78	50～51	46～50
NH$_4^+$—N 去除率/%	80～85	75～80	54～55	24～54
TP 去除率/%	90～92	88～92	53～70	26～53
主要功能	适用于道路的功能型		适用于道路的景观型	
	交通型道路	生活型道路	交通型道路	生活型道路
洪峰延迟时间/min	28.8	17.5	25.6	17.0
径流削减率(大雨)/%	30～35	25～30	28～30	22～25
径流削减率(暴雨)/%	27～29	17～19	17～19	11～15
TSS 去除率/%	90～95	90～95	90～95	50～80
COD 去除率/%	75～78	75～78	75～78	46～50
NH$_4^+$—N 去除率/%	80～85	75～80	90～85	25～55
TP 去除率/%	90～92	88～92	90～92	25～50

（4）下凹式绿地

不同设计参数下城市绿地的雨水蓄渗率见表5-4。

表5-4　不同设计参数下城市绿地的雨水蓄渗率

不同功能绿地	土壤稳定入渗率/(m·s⁻¹)	绿地下凹深度	雨水蓄渗率
科教文卫	$1.0×10^{-5}$	5	57.7
		10	94.2
居住邻里	$5.0×10^{-6}$	5	45.6
		10	79.1
社区公园	$3.0×10^{-6}$	5	40.8
		10	74.3
商业活动	$2.0×10^{-6}$	5	38.4
		10	71.9
道路交通	$1.5×10^{-6}$	5	37.2
		10	70.7

（5）人工湿地

水平潜流人工湿地对污染物浓度综合平均去除率约为54%,负荷综合评卷削减率约为58%,复合潜流人工湿地对污染物浓度综合平均去除率为60%,负荷综合平均削减率为65%,净化效果比水平流高7%左右。最佳水力停留时间约为48 h,最佳运行间隔天数为7~10 d。不同水深条件下人工湿地对地表径流污染物的净化效果见表5-5。

表5-5　不同水深条件下人工湿地对地表径流污染物的净化效果

水深/mm	湿地类型	污染物/%	COD	TN	NH_4^+—N	TP	DP
350	水平潜流	浓度去除率	45	54	23	28	21
		负荷削减率	48	57	28	33	26
	复合流	浓度去除率	59	61	38	41	27
		负荷削减率	62	64	42	45	32
550	水平潜流	浓度去除率	71	78	52	54	48
		负荷削减率	74	80	56	58	53
	复合流	浓度去除率	76	82	57	63	54
		负荷削减率	78	84	62	67	58
550	水平潜流	浓度去除率	75	81	61	58	57
		负荷削减率	78	83	65	62	61
	复合流	浓度去除率	81	84	64	65	62
		负荷削减率	83	86	70	70	66

水深/mm	湿地类型	污染物/%	COD	TN	NH$_4^+$—N	TP	DP
750	水平潜流	浓度去除率	75	81	61	58	57
		负荷削减率	78	83	65	62	61
	复合流	浓度去除率	81	84	64	65	62
		负荷削减率	83	86	70	70	66

第七节　海绵城市建设比选

一、低影响开发不同措施的优缺点

低影响开发的技术设施形式多种多样,具有不同的功能和优缺点,具体见表5-6。

表5-6　低影响开发设施的优缺点

技术措施	优　点	缺　点
绿色屋顶	有效减少径流总量、径流污染,节能减排	对屋顶荷载、空间条件等要求较高
透水铺装	应用广、施工简便、削减径流量、净化雨水	易堵塞、寒冷地区融冻风险高
植草沟	适用范围广、类型多样建设费用低、维护简单	易受空间地理因素的限制
雨水花园	易与景观结合、应用范围广、建设费用低、易维护	地下水位高、土壤渗透性差、地形陡的地区易造成次生灾害,产生费用
下沉式绿地	应用范围广、建设管理维护费用低	易受地形的影响
蓄水池	节省占地、管道易于接入、储水量大	初期的建设费用较高
渗管/渠	对空间要求小	场地要求严格、维护管理费用高
植被缓冲带	较大区域的削减径流量、减少径流的污染和洪涝灾害	对空间及坡度要求较高
初期雨水弃流设施	对空间要求小,建设费用低	径流污染物的弃流多少不易控制
渗透塘	建设维护费用低	场地要求高、后期维护较难

二、建设海绵城市效果比较

根据气候特征、土质与地形特点和社会状况,结合上述各类的低影响开发设施的优缺点和《海绵城市建设技术指南》,列表比选几种低影响开发设施,见表5-7、表5-8。

表5-7　不同用地类型适用的低影响开发设施

技术类型 （按主要功能）	单项设施	用地类型			
		建筑与小区	城市道路	绿地与广场	城市水系
渗透技术	透水砖铺	●	●	●	◎
	透水水泥混凝土	◎	◎	◎	◎
	透水沥青混凝土	◎	◎	◎	⊙
	绿色屋顶	●	⊙	⊙	⊙
储存技术	下沉式绿地	●	●	●	◎
	蓄水池	◎	⊙	⊙	⊙
	雨水罐	●	⊙	◎	⊙
转输技术	转输形植草沟	●	●	●	◎
	干式植草沟	●	●	●	◎
	湿式植草沟	●	●	●	◎
截污净化技术	初期雨水弃流设施	●		◎	⊙

注：●为宜选用，⊙为可选用，◎为不宜选用。

表5-8　低影响开发设施比选

单项设施	功能			控制目标			处置方式		经济性		污染物去除率（以SS计）/%	景观效果
	集蓄利用雨水	补充地下水	削减峰值流量	净化雨水	转输	径流总量	径流峰值	径流污染	分散	相对集中 建造费用 维护费用		
透水砖铺	⊙	●	◎	◎	⊙	●	◎	◎	√	— 低 低	80~90	—
透水沥青混凝土	⊙	⊙	◎	◎	⊙	◎	◎	◎	√	— 高 中	80~90	—
透水水泥混凝土	⊙	⊙	◎	◎	⊙	◎	◎	◎	√	— 高 中	80~90	好
绿色屋顶	⊙	⊙	◎	◎	⊙	●	◎	◎	√	— 高 中	70~80	好
下沉式绿地	⊙	●	◎	◎	⊙	●	◎	◎	√	— 低 低	—	一般
蓄水池	●	◎	◎	◎	⊙	●	◎	◎	—	√ 高 中	80~90	—
雨水罐	●	⊙	◎	◎	⊙	●	◎	◎	√	— 低 低	80~90	—
转输形植草沟	◎	⊙	⊙	◎	●	◎	⊙	◎	√	— 低 低	35~90	一般

续表

单项设施	功 能			控制目标			处置方式				经济性			污染物去除率（以SS计）/%	景观效果
	集蓄利用雨水	补充地下水	削减峰值流量	净化雨水	转输	径流总量	径流峰值	径流污染	分散	相对集中	建造费用	维护费用			
干式植草沟	⊙	●	⊙	◎	●	●	⊙	◎	√	—	低	低	35～90	好
湿式植草沟	⊙	⊙	⊙	●	●	⊙	⊙	●	√	—	中	低	—	好
初期雨水弃流设施	◎	⊙	⊙	●	—	⊙	⊙	●	√	—	低	中	40～60	—

注：●为宜选用，◎为可选用，⊙为不宜选用，√为较强，—为较弱。

第六章 城市雨洪资源开发利用理论与计算方法

第一节 面向城市水生态的雨洪排水工程设计模型

城市化进程给城市水生态带来一系列影响,改变了原有城市水体自然循环路径,导致形成了城市特有的水文效应和水环境效应。城市土地性状以及气候条件的改变使得城市雨洪的产汇流特性显著改变,雨洪致灾因素增多。但传统的城市雨洪排水模式会造成水体的单向循环流动,这样既会造成城市雨水资源浪费,又会造成受纳水体污染。因此,应在减少城市雨洪灾害和发挥雨水资源潜在价值间寻求平衡,并兼顾城市水生态系统健康循环,以开发新的城市雨洪排水模式。

一、城市化对城市水系的影响

城市化最主要的特征是人口、产业、物业向城市集中,城市人口增加,土地利用性质改变,建筑物增多,道路铺装,不透水面积增加,河道整治,排水管网建设等,直接改变了地面雨洪径流形成条件。随着工业化、都市化的推进,人类对自然的干扰加剧,城市水文现象受人类活动的强烈影响而发生明显的变化。城市社会经济发展对水的需求量增大,排放污废水增多。从而对城市水系中水的流动、循环、分布、水的物理化学性质以及水与环境的相互关系产生了各种各样的影响。

1.城市水系统概述

城市水系统的客体是城市水资源,城市水资源是城市生产和生活的最基础资源之一。同时由于城市功能的特殊性,城市水资源除了具有一般水资源固有的本质属性和基本属性外,还具有环境、社会和经济属性。严格意义上的城市水系统是指在一定地域空间内,以城市水资源为主体,以水资源的开发利用和保护为过程,并与自然和社会环境密切相关且随时空变化的动态系统。因此,从这个意义上说,城市水系统的内涵已经远远超出了通常所说的"水资源系统"或"水源系统"的范畴,这个系统不仅包含了相关的自然因素,还融入了社会、经济、政治等许多社会因素。

城市水循环系统(城市水系)包括自然循环系统和社会循环系统两部分。城市水系依靠自然循环系统,水体通过蒸发、降水和地面径流又与大气联系起来,蒸发降水又返回土壤地表水。但由于流域固有的特殊性和相互影响,范围远远超过城市边界。

城市水体和地下水通过土壤渗透及地下补给连接起来。城市水系的社会循环系统由水源、供水、用水和排水等四大要素组成。这四大要素的相互联合构成了城市水资源开发利用和保护的人为循环系统,每个要素都对这个循环系统起着一定的促进或制约作用。

城市水源是城市水系统的基础要素。随着现代城市规模的不断扩大,消耗水量也逐渐加大,在水资源有限的条件下,应增建净化中水道循环使用系统,作为城市的重要给水水源。城市供水是城市水系统的开发或生产要素,它是架在水源和用水要素之间的一座"桥梁"。如果没有供水要素,水源不能自动变为商品为消费者所利用。城市用水是城市水系统的需求或消费要素,供给与需求既对立又统一,没有需求,就不必供给,而满足需求是供给的永恒主题。

城市排水是城市水系中最敏感的要素,具有两面性,良性的排水经净化处理后排放可增加水源的补给量,不良的排水未经净化处理直接排放则污染水源水质,从而减少水源的可用水量。现代城市水循环系统如图6-1所示。

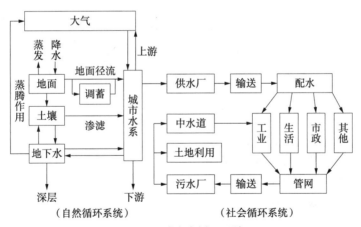

图6-1　城市水循环系统

2. 城市化对水系的影响

(1)城市化的水文效应

①城市化对水文循环过程的影响。水分的蒸发、凝结、降落降雨、输送径流循环往复的运动过程,称为水文循环。天然流域地表具有良好的透水性,雨水降落时,一部分被植物截留蒸发,一部分降落地面填洼,一部分下渗到地下,补给地下水,一部分涵养在地下水位以上

的土壤孔隙内,其余部分产生地表径流,汇入受纳水体。

据北美洲安大略环境部资料,都市化前,天然流域的蒸发量占降水量的40%,入渗地下水量占50%。都市化后,由于人类活动的影响,天然流域被开发、植被受破坏,土地利用状况改变,自然景观受到深刻的改造,混凝土建筑、柏油马路、工厂区、商业区、住宅区、运动场、停车场、街道等不透水地面大量增加,使城市水文循环状况发生了变化,城市化地区水文循环过程如图6-2所示。降水量增多,但降水渗入地下的部分减少,只占降水量的32%,填洼量减少,蒸发减少为25%,而产生地面径流的部分增大,由地表排入地下水道的地表径流量为43%,这种变化随着城市化的发展,不透水面积率的增大而增大。下垫面不透水面积的百分比越大,其储存水量越小,地面径流越大。

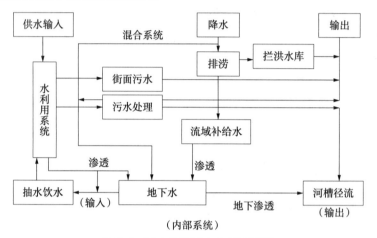

图6-2 城市化地区水文循环过程

②城市化对水量平衡的影响。城市化地区水量平衡方程式为

$$\Delta W = (P + R + G + T) - (E_1 + E_2 + R_1 + G_1 + S + T_1) \tag{6-1}$$

式中　P——降水量;

　　　R, R_1——地表径流流入与流出量;

　　　G, G_1——地下提取与渗入地下水量;

　　　E_1, E_2——地表蒸发和植物蒸腾水量;

　　　S——生态系统组分内储水量;

　　　T——上水管道输入水量;

　　　T_1——下水管道输出水量;

　　　ΔW——时段内区域储水量变化。

根据城市化地区的水文循环过程图,在城市化地区的水量平衡过程中,既包括天然水循环,也包括人工控制的上下水管道中的水循环(T, T_1)。城市化对上述公式中各项都会产生影响,从而改变了城市地区的水文特性。在输入项中,城市化对大气降水P的影响比较明显,城市地区的年降水量一般比郊区多5%~15%,雷暴雨多10%~15%,地表水流入量除径流流入量R外,还有上水管道进水量。此项有时可高达降水量的数倍以上。城市中地下水的提水量也是比较高的,特别是在一些缺水的城市中。在输出项中,城市地下水位低,地下径流和土壤含水量减少,地表干燥,可供蒸发的水量少,加之植被少、风速小,蒸发和蒸腾(E_1,E_2)都比市郊小,下渗量G_1也相应减少。城市地下水长期补给不足会使地下水含水层衰竭,导致地面沉降,建筑物地基破坏,从而引起城市生态环境恶化。由于城市耗水量一般比较大,径流流出量R_1比郊区小,所以增加了人工下水管道的出水量T_1。

表6-1为北京城市中心区与郊区水量特征值对比。可见,城市地区的降水量、径流总量、地表径流量及地表径流系数均大于周围郊区,而蒸发量、地下径流量及地下径流系数均小于周围郊区。

表6-1　北京城市中心区与郊区水量特征值对比

地　区	降水量 /mm	径流总量 /mm	地表径流 /mm	地下径流 /mm	蒸发量 /mm	地表径流 系数	地下径流 系数
城中心区	675	405	337	68	270	0.50	0.10
城外平原	664.5	267	96	171	377	0.15	0.26

(2)城市化的水环境效应

城市化后生活、生产、交通运输以及其他服务行业对水体排放污染物加重。近年来,虽然通过污染治理减少了城市生产、生活排放物对水体的污染,许多河流水质有了明显的改善,但城市水质的污染问题远没有得到彻底解决,城市河流的各项污染指标仍远高于非城市河流。此外,城市化发展使得城区不透水面积增大,使城市地表径流的流速、洪峰流量频率增加,因此地表径流的侵蚀和搬运能力将相应增强。地表径流冲刷堆积于街道、建筑物上的大量堆积物,会引起水体新的非点源污染。

根据北京市所实施的中德合作"城区水资源可持续利用——雨洪控制与地下水回灌"项目中对北京市暴雨径流水质的实测分析,城区初期暴雨径流含有较多污染物,其中屋面径流

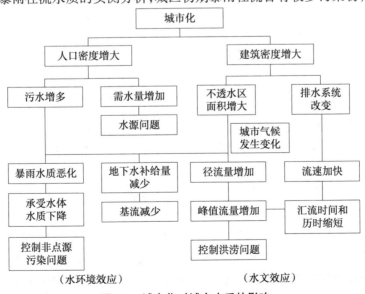

图6-3　城市化对城市水系的影响

雨水 COD 为 300～3 000 mg/L,SS 为 100～2 000 mg/L,且雨水水质浑浊,色度大。路面雨水径流的水质常受到灰尘、汽车尾气、燃油和润滑油、路面材料及路面磨损的影响,城区路面雨水径流水质和路面在城区中所处的地理位置有关,据北京市水利科学研究所的实测,机动车道上的初期暴雨径流中 COD_{mg} 为 22.7 mg/L,TP 为 1.02 mg/L,NH_4^+—N 为 0.79 mg/L,雨水悬浮物为 860 mg/L。城市化对水系的影响概念如图 6-3 所示。

二、城市化地区的雨洪特性及生态机理分析

1. 城市雨洪特性

城市地区的雨洪具有两重性,一方面,城市化改变了城市水文循环特性,从而使得城市雨洪特性改变,易引起短期内积水形成内涝;另一方面,城市雨洪是城市水资源的主要来源之一,科学合理的利用城市雨洪资源,可以节约城市水资源,保证城市功能的正常发挥。

(1)城市雨洪的灾害性

城市化改变了城市雨洪汇流特性,增加了城市雨洪排水系统压力,从而使得城市雨洪的灾害性更为明显,具体表现在以下几个方面。

①雨洪流量增加,流速加大。城市化进程的加快不但使降水量增加,雷暴雨增多,而且由于不透水地面多,植被稀少,降水的下渗量、蒸发量减少,增加了有效雨量形成径流的雨量,使地表径流量增加。城市化对天然河道进行了改造和治理,天然河道被裁弯取直,疏浚整治,设置路旁边沟,雨水管网排洪沟渠等,增加了河道汇流的水力学效应。雨水迅速变为径流,使雨洪流速增大。河道被挤占、束窄,也使得雨洪流速加大。

②洪峰增高,峰显提前,历时缩短。由于城市化进程的加快,流量增加,流速加大,集流时间加快,汇流过程历时缩短,城市雨洪径流增加,流量曲线急升急降,峰值增大,出现时间提前。同时由于地面不透水面积增大,下渗减少,故雨停之后,补给退水过程的水量也减少,使得整个洪水过程线底宽较窄,增加了产生迅猛洪水的可能性。城市排水管网的铺设,自然河道格局变化,排水管道密度大,以及涵洞化排水,排水速度快,使水向排水管网中的输送更为迅速,雨水迅速变为径流,必然引起峰值流量的增大,洪流曲线急升急降,峰值出现时间提前。城市化地区洪峰流量约为该城市城市化前的 1 倍,涨峰历时缩短,暴雨径流的洪峰流量预期可达未开发流域的 1 倍。这取决于河道整治情况和城市不透水面积率及排水设施等。随着城市化面积的扩大,这种现象也日益显著,如果既有城市化又有城市雨岛效应,则洪水涨落曲线更为陡急,如图 6-4 所示。

此外,如果河道被挤占,洪水时过水河道缩窄,故洪水频率增加。据估计,无控制地利用河滩地和扩大城市不透水面积,百年一遇洪水数量增加 6 倍。如北京市在 20 世纪 50 年代,连续降雨 100 mm,排水河道通惠河的出口流量为 40 m³/s,而 20 世纪 80 年代则为 80 m³/s。据 Stall 等(1970)对美国伊利诺伊州东中部不同城市化程度(不透水面积所占百分比)地区的雨洪排水量速度所作的观测研究指出,城市化级别越高,其不透水地面所占全区面积的百分比也就越大,雨水向下渗透量越小,地表径流量越集中,雨洪排水量洪越高,具体见表 6-2。

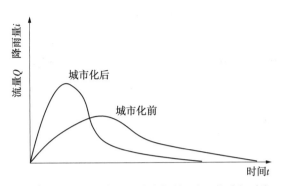

图6-4　相同降雨情况下城市化前、后雨洪过程对比

表6-2　美国伊利诺伊州东中部不同城市化地区对雨洪排水速度的影响

城市化程度	不透水面积所占比例/%	暴雨洪峰再现年限/a	2 h暴雨最高值	
			降水量/mm	雨洪排水速度/(m·s⁻¹)
郊区农村	3	2 10 50 100	43.2	4.1 6.9 12.5 32.4
1/3 郊区、2/3 城市化	25	2 10 50 100	53.3	8.7 16.3 17.3 45.3
全部城市化	50	2 10 50 100	80	14.4 16.6 23.2 60.2
高度城市化	75	2 10 50 100	91.4	18 21 26.3 68.4

③雨洪径流污染负荷增加。城市发展,大量工业废水、生活污水排放进入地表径流。这些污废水富含金属、重金属、有机污染物、放射性污染物、细菌、病毒等,污染水体。城市地面、屋顶、大气中集聚的污染物质,被雨水冲洗带入河流,而城市河流流速的增大,不仅加大了悬浮固体和污染物的输送量,还加剧了地面、河床冲刷,使径流中悬浮固体和污染物含量增加,水质恶化。无雨时枯水期,径流量减少,污染物浓度增大;暴雨时汛期,河流流速增大,加大了悬浮固体和污染物的输送量,也加剧了河床冲刷,使下游污染物荷载量明显增加。据美国检测资料,河流水质污染成分50%以上来自地表径流,城市下游的水质82%受地表径流控制,并受城市污染的影响。据2015年环境统计公报,自2004年以来,我国废污水排放

量每年增加,2014 年达到了 715.6 亿 m³,如图 6-5 所示。中国城市污水处理厂处理能力 2014 年达到了 90.18%,如图 6-6 所示。但仍有一部分污水未经处理,直接排入水域,使河流污染严重,水质恶化。此外,城市建设施工期间,大量泥沙被雨水冲洗,使河流泥沙含量增大。

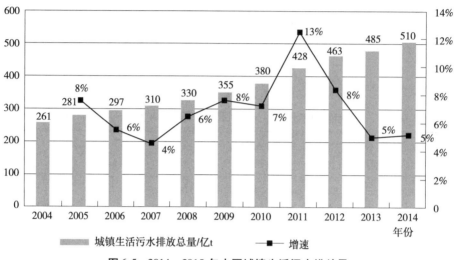

图 6-5 2014—2015 年中国城镇生活污水排放量

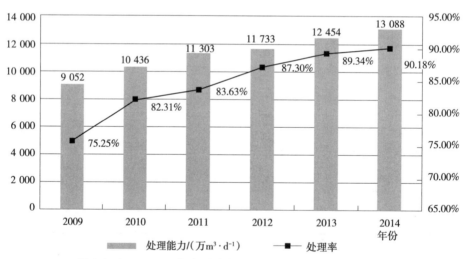

图 6-6 2009—2014 年中国城市污水处理厂处理能力及处理率

(2)城市雨洪的资源性

我国雨水资源丰富,年降雨量达 6.2 万亿 m³。但在城区,传统的雨水处理方式大多为直接排放。由于不透水地面比例不断增加,集蓄、利用设施缺乏,每年有大量雨水弃流排放。如北京 2016 年 7 月 19 日 1 点到 20 日早上 6 点的大降雨共形成水资源总量 33 亿 m³,超过"7·21"特大暴雨的降雨总量,而进入各大水库、立交桥调蓄池、砂石坑、雨洪利用等水利工程的水资源总量约为 7 555 万 m³,而北京市 1956 至 2000 年多年平均水资源总量为 37.39 亿 m³,近年来水资源总量更加偏少,仅有 21 亿 m³。雨水作为自然界水循环的阶段性产物,其水质优良,是城市中十分宝贵的水资源。只要在城市雨洪排水系统设计中采取相应的工程措施,就可将城区雨水加以利用。这样不仅能在一定程度上缓解城市水资源的供需矛盾,而且还能有效减少城市地面雨洪径流量,延滞汇流时间,减轻雨洪排涝设施的压力,减少防洪投资和洪灾损失。

城市雨洪利用通过国内外实践证明是行之有效的。美国加利福尼亚州弗雷斯诺市的地下回灌系统2010年地下水回灌量为1.34亿m^3,丹麦利用城市屋顶收集雨水冲洗厕所、洗衣服的水量占居民冲厕所、洗衣服总用水量的68%,相当于居民总用水量的22%。总之,发达国家通过制定一系列有关雨水利用的法律法规,建立完善的屋顶蓄水和由入渗池、井、草地、透水组成的地面回灌系统,收集雨水用于冲厕所、洗车、浇庭院、人造景观、洗衣服和回灌地下水。既缓解了城市水资源的供需矛盾,又减少了雨洪灾害。

据调查,在我国华北严重缺水的各城市中,年均降水均在400 mm以上。如石家庄市多年平均降雨量为540 mm,城市建筑物、道路等不透水铺装面的径流系数可达0.85,是形成城市暴雨径流的主产流区。石家庄市主城区在2015年,建筑、道路、工业等占地达119.19 km^2(按现代城市发展要求,其中绿地面积约占1/3,目前还达不到此数据),其中不透水面积约80 km^2,年均径流量为0.44亿m^3,绿地面积约50 km^2(包括上述区域1/3面积的绿地和特殊规划的绿地面积),径流系数为0.15~0.3,径流量0.08亿~0.16亿m^3。即主城区的多年平均径流量在0.5亿m^3以上,完全可以采用绿地渗透、透水地面、渗池、渗井以及蓄水池等工程,收集雨水利用、补充回灌地下水、滞洪防灾等。

绿地因表土层根系发达,土壤相对较疏松,其对降雨入渗性能较无草皮的裸地大,经测定有草地的土壤稳定入渗率比相同土壤条件的裸地大15%~20%。另一方面草地茎棵密布,草叶繁茂,一般在地表有2 cm深水层时,水不易流失。即使在日降雨量达100 mm,1 h暴雨量达30 mm时,也很少看到平地草地有地表径流出流,足见草地的滞流入渗作用很强。我国现代城市小区规划规范已有要求,小区绿地面积不应小于30%,建筑物、道路占地一般为40%~50%。

建筑物、道路等不透水铺装面,暴雨的径流系数可达0.9,是形成小区暴雨径流的主要产流区。因此,可合理设计透水地面(透水地面比不透水地面投资高10%)或渗井、渗池、渗沟,减少地表径流,增加入渗量,安全、合理地将剩余径流排出。还可以因地制宜的修建雨水蓄积处理池或人工湿地将雨洪资源、简单处理后的雨水,其成本比生活污水处理成本低得多,也可作为人工湖泊的景观用水、绿地灌溉用水、冲洗厕所用水、冷却水等。综合考虑,城市雨水利用既可节省投资、缓解水资源供需矛盾,也可涵养地下水,调节了城市生态环境,减轻了城市雨洪灾害。

2. 城市雨洪生态机理分析

城市地区的雨洪灾害,除了由上述城市地区水文性状改变引起雨洪特性改变外,还包括城市建设发展中的其他因素,是整个城市水生态系统耦合形成的结果,其形成生态机理包括以下几个方面。

（1）城市河湖流域植被破坏,涵养水源功能下降

草本植被具有很强的水源涵养功能,是水体蓄存的"绿色水库"。茂密的林冠能截留降雨量的15%~40%;地表的枯枝落叶层,如同厚厚的海绵,具有极强的吸水能力,林木还能改变土壤的结构,为水分渗透创造良好的条件,使大部分地表径流转变为地下径流,并显著延长降水流出时间,起到涵养水源的作用。据研究,与城市裸地相比,1 hm² 的林地可多储水300 m³ 以上。但在城市建设过程中,大量原有植被破坏,而被人为建筑物取代,并在建成后植被得不到恢复,绿化建设不配套,使得涵养水源功能下降。

（2）城市湿地系统破坏,对雨洪灾害的缓冲、净化处理功能丧失

城市湿地是指城市内部和城市近郊的湿地系统,大多位于低洼处,含有大量持水性良好的泥炭土和植物及质地带重的不透水层,具有巨大的蓄水能力。湿地可以在暴雨和雨洪季节储存过量的降水,并把径流均匀地放出,减弱雨洪对下游的危害,并净化水质,起到缓冲、净化处理作用,因此湿地系统是天然的储水、净水系统。但在城市建设中,一系列开发活动,如城郊的围垦造田,湿地作为城市垃圾堆积地,城市的扩展外延、路基建设以及工业开发占用湿地等,使得城市湿地生态系统干涸、退化,并丧失其雨洪灾害的缓冲及净化处理功能。

（3）城市河湖面积萎缩,雨洪调蓄能力降低

城市人口不断增加使得城市发展过程中围河湖建房,原有城市河湖水体日益减少,雨洪调蓄功能部分丧失。在经济利益驱动下,城市规划建设项目超标准建设,诸如滨江住宅、河湖小区等滨水建筑设施,使城市河湖雨洪调蓄功能得不到保障。一旦城区发生暴雨灾害,就会因雨洪无法蓄存而形成内涝灾害。

三、面向城市水生态的雨洪排水工程系统组成及其设计特点

1. 传统城市雨洪排水系统组成及特点

城市雨洪排水系统可用来减缓城市雨洪灾害,以保障市民安全,其功能分为分洪、调蓄和排水。传统的城市雨洪排水系统以雨洪的"尽快排除"为基本原则,将城市雨洪资源不加利用地全部排走。

传统的城市雨洪排水系统是人工形成引导水流的各种地面通道,包括路沿、边沟、衬砌的水道、铺砌的停车场、街道等。地下通道包括雨水排水道、污水排水道、合流式排水道等,以及所有附属设备,包括截留水池、蓄水池、下水道的进水口、检查孔、沉淀井、溢流口等,目的是把雨水从降落点输送到受纳水体。

根据其组成特性可以分为以下3个子系统。

（1）地表径流子系统

地表径流子系统一般是指排水系统地面以上的部分。在一建筑小区内,它包括庭院场地、街道、边沟、小下水道。通过雨水井汇入地下排水管网。小区的特性可分为完全滞蓄能力的不透水面积,如屋顶、沥青或水泥场地路面;降雨后直接产生径流存在滞蓄的不透水面

积如庭院场地、街沟、小下水道和透水面积,如绿地、裸地。降落到地面的雨水转化为地表径流,然后汇入主要管网。这一过程受地面、边沟、排水沟的调蓄而不断改变。

（2）传输子系统

各雨水收集系统将地面的雨洪径流及其中的污染物荷载,通过排水沟渠或地下管网,输送到一点或多点排放出去。在传输过程中不断汇集入流或其他支管的入流,使管网中的流量和水质不断发生变化。流量和污染物浓度在输送管网系统中,由于输水系统的蓄水或渠外蓄水流量的入流过程而产生相互作用和水力学特性而不断演进、扩散和衰减。

（3）受纳水体子系统

河流、湖泊、海洋等都可作为受纳水体。由排污口或合流制排水系统的溢流口所排出的水流及污染物,进入受纳水体后,受到重力和分子力的作用,向四周扩散。根据雨洪排水系统的设计形式,传统的城市雨洪排水系统可以分为合流制排水系统和分流制排水系统两类。

①合流制排水系统。合流制排水系统是雨洪排水管网与排污管网合并在一起设计,排放口处设有截流设施。无雨的旱季所排入的污水流量小于截流能力,截流送往污水处理厂贮水池,经过处理净化后排放。雨洪时期则通过雨水井汇集大量雨洪径流、排水流量超过截流能力的部分将从溢流口溢出,直接排入受纳水体,同时也将夹带部分污染物进入受纳水体。

②分流制排水系统。分流制排水系统是将污水和雨水分别在两套或两套以上各自独立的沟道内排除的系统。排除生活污水、工业废水或城市污水的系统称为污水排水系统,排除雨水的系统称为雨水排除系统。由于排除雨水的方式不同,分流制排水系统又分为完全分流制排水系统和不完全分流制排水系统。不完全分流制排水系统只设有污水排水系统,各种污水排水系统送至污水处理厂,经处理后排入水体。雨水则通过地面漫流进入不成系统的明沟或小河,然后进入较大水体。

2.面向城市水生态的雨洪排水系统组成及特点

面向城市水生态的雨洪排水系统,是基于对城市降雨径流的双重属性、灾害性和资源性的认识,认为对城市雨洪排水工程的设计应从综合削减暴雨径流的不利因素和发挥其潜在水资源价值的正反两方面寻求平衡,并兼顾城市水生态系统建设及其健康循环。

建立面向城市水生态的雨洪排水系统主要是建立城市雨洪就地利用系统和集中利用系统,城市雨洪通过就地利用后进入调蓄设施集中利用,就地利用设施包括居民小区集雨利用设施、城市下沉式绿地滞洪利用设施、地下渗透回灌设施等。就地利用后的雨洪径流经过管网汇流,进入人工湿地处理系统,经净化处理后的雨洪资源储存于城市人工湖或调蓄设施作为城市杂用水水资源。该系统的组成如图6-7所示。

由图6-7可以看出,面向城市水生态的雨洪排水系统,具有下述特点。

（1）资源高效利用性

该系统改变了传统雨洪排水系统设计单一"排放"原则,变雨洪"排放"为"资源再利用"。通过就地利用设施和集中利用设施将一场降雨的雨水资源尽可能充分利用,实现设计重现期的雨洪"零排放"。

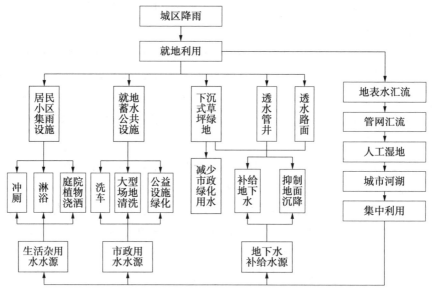

图 6-7　面向城市水生态的雨洪排水系统模型图

（2）减少城市雨洪污染

该系统对城市雨洪进行二次处理,雨水先通过城市下沉式绿地净化处理后,再经过雨水管网汇流进入人工湿地处理系统,然后进入城市受纳水体,该系统可以减少城市雨洪给城市河湖带来的污染。

（3）减少城市雨洪灾害和排涝压力

城区内的降雨经就地利用后,可削减管网汇流雨洪量,下沉式绿地和大型广场调蓄均可起到滞洪作用,减少城市地区雨洪灾害和排涝压力,并节约雨洪排水系统投资。

（4）实现城市水资源"生态循环"

该系统以城市雨水资源的循环利用为基本思路,通过建立雨洪就地利用设施和集中利用设施,对因城市化而改变的城市水循环加以恢复,从而恢复城市水生态系统。

（5）适合现代"生态城市"建设需要

建立居民小区屋顶集雨系统、下沉式绿地,建设城市生态小区。人工湿地和人工湖都是城市水生态系统建设的一部分,在满足城市水生态功能的同时又可实现景观功能,开发城市旅游业,发展涉水经济。

四、传统城市雨洪排水系统与面向城市水生态的雨洪排水系统技术比较

在传统的方法中,雨水径流通过排水系统直接排走,而面向城市水生态的雨洪排水系统,采取了雨水渗透、滞蓄、回用措施以恢复城市水循环。传统技术与现代技术的比较见表6-3。

表6-3　传统城市雨洪排水系统技术与面向城市水生态的雨洪排水系统技术比较

项　　目		传统城市雨洪排水系统技术	面向城市水生态的雨洪排水系统技术
战略思想		以当地、当前为目的	以区域、长远为目的
		以城市小环境为主	以自然界生态大循环为主
控制关键		减少洪灾	减少污染与减少洪灾并重,注重城市水生态建设
核心技术		排放、输送	渗透、利用、生态循环、污染控制、排放
解决途径		工程技术措施	工程技术措施与非工程技术措施(包括经济、法律、教育和公众参与等)并重
结果		水资源流失	水资源"生态循环"利用
		环境不断恶化	生态环境的保护和维持
		水生态破坏	减少防洪排涝投资
		防洪排涝投资大	带来水生态效益和水经济效益

第二节　城市雨洪利用调节能力计算

雨水是自然界水循环的阶段性产物,其水质优良,是城市中十分宝贵的水资源。据统计,一个地区的年降水量相当于该地区年水汽输入量的 1/3 左右,而在城区这部分水量的 40% ~50% 转化为河川径流量,该部分雨水径流一方面会造成水资源流失,另一方面也易造成在传输过程中的水体污染。因此,解决城市雨洪问题,应从源头上控制,保住该部分雨洪资源,以增加本地区水资源储量,尽可能延缓地表径流流出本地区的时间,采取工程措施将城区雨水加以充分利用。

一、城市雨洪资源化利用概述

城市雨洪资源化利用就是通过工程技术措施收集、储存并利用,同时通过雨水的渗透、回灌、补充地下水及地面水源,维持并改善城市水循环系统。它不是狭义的利用雨水资源和节约用水,还包括减轻城区雨洪排涝和减缓地下水位的下降、控制雨水径流污染、改善城市生态环境等多重作用。其内容涉及城市雨水资源的科学管理、雨水径流的污染控制、雨水等杂用水源的直接收集利用、采用各种渗透设施将雨水回灌地下的间接利用、城市生活小区水系统的合理设计及其生态环境建设的综合利用等方面,是一项涉及面很广的系统工程。

城市雨洪就地利用是指采取就地利用措施将雨洪资源尽可能地"就地消化",一方面,可以起到节约成本以利用雨洪资源的目的;另一方面,可以减少雨洪径流在传输过程中所受污染,减轻城市雨洪灾害威胁。

就地利用措施主要包括屋顶集雨系统、下沉式绿地、透水广场及路面、就地利用积蓄设施等。

二、不同利用模式雨水资源调节能力计算

1.屋顶集雨系统水资源调节能力

屋顶集雨系统水资源量通常以特定重现期如半年或一年的标准雨型的降雨过程线来计算,以全年平均降雨量乘上收集面积、径流系数、初期弃流系数、季节折减系数等得到,即

$$Q = \psi \alpha \beta A (H \times 10^{-3}) \qquad (6\text{-}2)$$

式中　Q——屋面年平均可收集雨水资源量,m^3;

ψ——径流系数;

α——季节折减系数;

β——初期弃流系数;

A——屋面水平投影面积,m^2;

H——年平均降雨量,mm。

其中折减系数 α 是考虑我国大多数地区降雨主要集中在汛期(如北京6—9月的雨量占全年的85%),其他月份不仅雨量少而且降雨的强度一般也比较小,有的降雨过程甚至不能形成径流,也就无法收集利用,因此乘上1个修正系数。初期弃流系数的确应根据初期雨水径流的水质和该部分雨洪回用用途综合考虑。据北京建筑工程学院车武等人结合北京市典型降雨实测,屋面初期降雨深控制量可定为3 mm。

除上述屋顶集雨利用系统外,可结合实际设计绿色屋顶雨水利用系统,该系统是一种削减城市暴雨径流量、控制非点源污染、减轻城市热岛效应、调节建筑物温度和美化城市环境的新技术,可作为雨水积蓄利用的预处理措施,如图6-8所示。该系统可用于平屋顶,也可用于坡屋顶。绿色屋顶的关键是植物和上层土壤的选择,植物不仅应根据当地气候和自然条件来确定,还应与土壤类型、厚度相适应。上层土壤应选择孔隙率高、密度小、耐冲刷、可供植物生长的洁净天然或人工材料。研究表明,绿色屋顶雨水利用系统可使屋顶径流系数减少到0.3,有效削减雨水径流量,并改善城市环境。

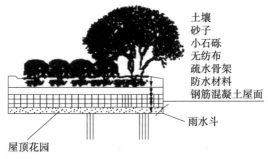

图6-8　绿色屋顶雨水利用系统示意图

2. 下沉式绿地水资源调节能力

（1）下沉式绿地雨水水量平衡分析

在降雨过程中，在下沉式绿地及其相关区域同时发生降雨、汇流、积蓄、入渗和溢流排放等多种水流运动，是一复杂的过程。图6-9所示为下沉式绿地计算模型示意图。

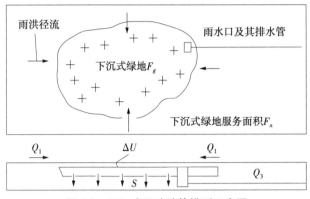

图6-9　下沉式绿地计算模型示意图

设想在计算区域 F 内包括下沉式绿地 F_g 和其他用地 F_n（如道路或建筑物占地等）两部分，即 $F = F_g + F_n$。F_n 也称为下沉式绿地的服务面积。

假定不考虑雨水收集利用，其他用地中的雨水径流首先汇入下沉式绿地，当水量超过下沉式绿地的积蓄和渗透能力时，开始溢流出该计算区域。此时，在一定时间内任一区域各水文要素之间均存在着水量平衡关系：

$$Q_1 + U_1 = S + Z + U_2 + Q_3 \tag{6-3}$$

式中　Q_1——计算时段内进入下沉式绿地的雨水径流量，m^3；

$\qquad U_1$——计算时段开始时下沉式绿地的蓄水量，m^3；

$\qquad S$——计算时段内下沉式绿地的雨水下渗量，m^3；

$\qquad Z$——计算时段内下沉式绿地的雨水蒸发量，m^3；

$\qquad U_2$——计算时段结束时下沉式绿地的蓄水量，m^3；

$\qquad Q_3$——计算时段内下沉式绿地的溢流外排量，m^3；通常计算时段可以按照一场降雨来
$\qquad\qquad$ 计算，此时，由于蒸发量较小，Z 可以忽略不计。

如果计算时段开始与终了时下沉式绿地内蓄水量以 ΔU 表示，即 $\Delta U = U_2 - U_1$，实际计算时可视时段开始时下沉式绿地无蓄水，即 $U_1 = 0$。令 $U_2 = S + \Delta U$，则有

$$Q_1 = S + \Delta U + Q_3 = Q_2 + Q_3 \tag{6-4}$$

式中　Q_2——计算时段内下沉式绿地的雨水蓄渗量，m^3。

对某一特定区域来讲，降落在区域内的径流量 Q_1 分为蓄渗 Q_2 和溢流外排 Q_3 两部分。由式（6-4）可得

$$1 = \frac{Q_2}{Q_1} + \frac{Q_3}{Q_1} \tag{6-5}$$

式中 Q_2/Q_1——计算时段内下沉式绿地蓄渗量占计算区域径流量的比例,称为下沉式绿地下渗率;

$\quad\quad$ Q_3/Q_1——计算时段内下沉式绿地雨水溢流外排量占计算区域径流量的比例,称为下沉式绿地的外排水率;令 $Q_3/Q_1 = C$,下渗率和外排水率均在 $0 \sim 1$ 的范围内变化,其和等于1。

Q_1 包括直接降落在下沉式绿地上的降雨量及其服务用地汇入下沉式绿地的径流量。可用式(6-6)计算:

$$Q_1 = Q_1' + Q_2'' = H_z F_g + H_z C_n F_n = H_z F \left[G + (1 - G) G_n \right]$$

$$= \frac{H_z F \left[1 + (M - 1) C_n \right]}{M} \tag{6-6}$$

其中

$$F = F_g + F_n$$

$$G = \frac{F_g}{F_g + F_n} \times 100\%$$

$$M = \frac{1}{G} = \frac{F_g + F_n}{F_g}$$

式中 Q_1'——降落在下沉式绿地上的降雨量,m^3;

$\quad\quad$ Q_2''——下沉式绿地服务用地产生的径流量,m^3;

$\quad\quad$ H_z——计算时段内单位面积的降雨量,m^3/hm^2;

$\quad\quad$ F_g——下沉式绿地的面积,hm^2;

$\quad\quad$ F_n——下沉式绿地服务用地的面积,hm^2;

$\quad\quad$ C_n——下沉式绿地服务面积的径流系数;

$\quad\quad$ F——计算区域面积,hm^2;

$\quad\quad$ G——计算区域内下沉式绿地面积占地比例,用百分数表示;

$\quad\quad$ M——下沉式绿地面积负荷率。

计算时段内单位面积的降雨量 H_z 可根据当地降雨强度 $q(t)$ 按一场雨通过积分求得

$$H_z = \int_0^T q(t) \, dt \tag{6-7}$$

式中 T——计算时段,min;

$\quad\quad$ t——降雨历时,min。

计算时段下沉式绿地的下渗量,可用式(6-8)计算:

$$S = KJFGT \times 10^4 \times 60 \tag{6-8}$$

式中 S——雨水渗透量,m^3;

$\quad\quad$ K——土壤渗透系数,m/s,与土质、土壤含水率等因素有关;

$\quad\quad$ J——水力坡度,对于垂直下渗,取 $J = 1$;

$\quad\quad$ T——计算时段,min;与 H_z 的计算时段相同。

当下沉式绿地中的径流量大于同时间的土壤渗透量时,必然在下沉式绿地形成蓄水,当雨水量超过下沉式绿地蓄水量和同时间的土壤渗透量之和时,雨水就会形成径流。下沉式

绿地蓄水量为

$$\Delta U = HFG \times 10^4 \tag{6-9}$$

式中　H——下沉式绿地和雨水溢水口的高程差，m。

由以上分析，可计算出时段内下沉式绿地的雨水溢流量 Q_3（即 $Q_3 = Q_1 - Q_2 = Q_1 - S - \Delta U$）、下沉式绿地的雨水蓄渗率 Q_2/Q_1 和外排率也 Q_3/Q_1；当 $Q_1 < S + \Delta U$ 时，下沉式绿地不产生溢流，此时也为零。如果土壤渗透能力好，基础、地下建筑物和地下水条件允许，应尽可能让雨水蓄渗在下沉式绿地中，增加入渗量，使外排水率减少。

（2）下沉式绿地雨洪分析

①设计暴雨过程。一般暴雨过程可用暴雨强度公式，即

$$I = \frac{s}{(t+b)^n} \tag{6-10}$$

式中　I——时段内的平均暴雨强度，mm/min；

　　　s——雨力，mm/min，由不同地区不同重现期 T 的雨力可查得出；

　　　b,n——为地区参数。

则时段 t 内的降雨总量为

$$H = It = \frac{st}{(t+b)^n} \tag{6-11}$$

瞬时降雨强度为

$$i = \frac{\mathrm{d}H}{\mathrm{d}t} = \frac{s[(1-n)t+b]}{(t+b)^{n+1}} \tag{6-12}$$

考虑在城区建造下沉式绿地，则绿地除滞蓄绿地本身降雨径流外，还可将建筑物或公共不透水铺装面的径流导入绿地。降雨径流导入绿地的范围可视为绿地的汇水区。汇水区的集流时间较短，为简化计算，设汇水区流入绿地的径流系数为日，假定其总的绿地的入流过程为绿地增加的净雨量，则绿地的总雨力为

$$s = \alpha\left(1 + C_n + \frac{F_n}{F_g}\right) \tag{6-13}$$

式中　s——绿地和汇水区叠加的总雨力，mm/min；

　　　C_n——下沉式绿地服务面积的径流系数；

　　　F_n——下沉式绿地服务用地的面积，hm^2；

　　　F_g——下沉式绿地的面积，hm^2。

②雨洪计算。绿地上的雨洪流量峰值为暴雨过程和汇水区的入流过程叠加后的峰值，考虑到汇水区入流过程与实际降雨过程有一定的时间差，故绿地的雨洪流量峰值仍按照暴雨公式计算的瞬时降雨强度最大值和汇水区径流叠加乘以一修正系数，计算得出，即

$$Q_m = \beta \cdot \frac{s}{b^n} \tag{6-14}$$

式中　Q_m——绿地的雨洪流量峰值，mm/min；

　　　β——修正系数，一般取 0.9；

其他符号含义同上。

③绿地雨洪调节计算。下沉式绿地构成一小型调节池,绿地地面到雨水口的顶坎深为拦洪部分,雨水口到周边路面的高差为滞洪部分。为简化计算,把进入绿地的雨洪流量过程线 $Q(t)$ 与雨水口下泄雨水流量过程 $q(t)$ 都化简为三角形法计算,根据相似三角形原理,可得当 $V_0 < rW$ 时,绿地溢流流量峰值为

$$q_m = \frac{Q_m\left(1 - \dfrac{V_0 + V_m}{W}\right)}{1 - \sqrt{\dfrac{rV_0}{(1+r)W}}} \tag{6-15}$$

当 $V_0 > rW$ 时,绿地溢流流量峰值为

$$q_m = \frac{Q_m\left(1 - \dfrac{V_0 + V_m}{W}\right)}{1 - \sqrt{\dfrac{W - V_0}{(1+r)W}}} \tag{6-16}$$

式中　W——雨洪总量,mm;

V_0——绿地最大调蓄量,mm,用水深表示即为雨水口与绿地的高程差 h_0,mm;

V_m——调洪量,mm,采用自由出流的矩形堰迭代计算,其最大值用水深表示,即为雨水口与路面高程差值,mm;

Q_m——绿地雨洪流量峰值,mm/min;

q_m——雨水口溢流量峰值,mm/min;

r——涨洪历时与雨洪历时的比值,取 0.36。

3. 渗透设施水资源调节能力

雨水渗透是雨水就地利用的方法之一,它一方面能促进雨水、地表水、土壤水及地下水"四水"之间转化,维持城市水循环系统平衡;另一方面可以减少地表雨洪径流,防止地面沉降。

雨洪渗透设施有多种类型,一般应结合不同场所规划设计,在规划建设的新城区可采用上述下沉式绿地作为渗透设施。除此之外,还应结合实际采取渗透路地面、渗透沟、井等作为渗透装置。

(1)渗透路(地)面

渗透路(地)面主要分为两类,一类为渗透性多孔沥青混凝土路面或渗透性多孔混凝土地面;另一类是使用镂空地砖(俗称草皮砖)铺砌的路面,可用于停车场、通行较少的道路及人行道,特别适合于居民小区,还可在空隙中种植草类。

(2)渗透沟管、渗透桩、池井

渗透管一般采用穿孔 PVC 管,或用透水材料制成。汇集的雨水通过透水性管渠进入四周的碎石层,再进一步向四周土壤渗透,碎石层具有一定的贮水、调节作用。

相对渗透池而言,渗透管沟占地较少,便于在城区及生活小区设置。当土壤渗透性良好

时,可直接在地面上布渗透浅沟,即覆盖植被的渗透明渠。

渗透桩一般用于该地区上层土壤渗透性不好,而下层土壤渗透性较好的情况,该设施是在地面上开挖比较深的坑,然后用渗透性较好的土壤将其填充,从而使雨水由此渗入地下。

土质渗透性能较好时可采用渗透池,设计时可结合当地的土地规划状况,考虑建在地面或地下。当有一定可利用的土地面积,而且土壤渗透性能良好时,可采用地面渗透池。池的容积设计可大可小,也可以几个小池综合使用,具体视地形条件而定。地面渗透池可采用季节性充水,如一个月中几次充水、一年中几次充水或春、夏季充水,秋、冬季干涸,水位变化很大,也可一年四季充水。在地面渗透池中宜种植景观水生植物,季节性池中所种植物既能抗涝又能抗旱,并视池中水位变化而定。常年存水池可种植耐水植物,还可作为野生动物栖息地,有利于改善城市生态环境。当土地紧张时,可采用地下渗透井,建筑结构和地上渗透设施相似。

在就地利用系统中,渗透设施的入渗量主要是由其渗透性来确定的,选定了渗透设施后可参照表6-4计算入渗量。

表6-4　不同渗透设施下渗量计算表

设施的形式	入渗流量计算公式	设施的形式	入渗流量计算公式
渗透管 	$W = f\beta PS$ f——土壤入渗率; β——渗透管空隙率; S——渗透管内表面积; P——次降雨量	渗透沟 	$W = fPS$ f——土壤入渗率; S——渗透管内表面积; P——次降雨量
渗透桩 	$W = f_3(f_1 S_1 + f_2 S_2)P$ f_1、f_2、f_3——土1、土2、土3的入渗率; S_1、S_2——土3与土1、土2的接触面积	透水铺装 	$W = kfPS$ f——下层土壤入渗率; k——透水铺装渗透系数; S——渗透管内表面积; P——次降雨量
渗透箱 	$W = f\beta w(h)S(h)$ f——土壤入渗率; β——渗透管空隙率; $S(h)$——箱体内侧表面积; $W(h)$——箱内蓄水量	渗透池 	$W = fwS$ f——土壤入渗率; S——渗透池与土壤的接触面积; w——池内蓄水量

第三节　城市雨洪径流传输过程模拟及洪涝分析

城市雨洪排水管网是人工的降雨径流排水系统。和天然河网相比,其边界条件和初始条件具有可知性。另外,由于一般降雨都具有有限的降雨历时,且降雨强度在时程上的分布是不均匀的,所以城市雨洪径流为非恒定流。本节结合城市降雨径流规律,运用城市雨洪径流模型,模拟城市雨洪地面汇流、管网入流过程,直至从出水口排入受纳水体,并得出城市雨洪量,以分析城区暴雨排涝能力。

一、城市雨洪径流传输过程模拟模型概述

城市雨洪径流传输过程模拟模型(Storm water management model,SWMM)是美国环保署(EPA)为设计和管理城市雨洪而研制的一个综合性数学模型,如图 6-10 所示。它可以模拟完整的城市降雨径流和污染物运动过程,包括地表径流和排水系统中的水流,雨洪的调蓄处理(并计算各种方案的投资和运行费用)过程,以及受纳水体模式和水质影响评价。模型输出可以显示系统内和受纳水体中各点的水流和水质状况。模型程序采用模块化设计,主要包括四大计算模块:径流模块、输送模块、扩展输送模块以及调蓄/处理模块等。各模块具有各自不同的功能,既可单独使用又可联合运用,便于解决处理多目标的城市雨洪问题。模型可用于规划阶段也可用于分析设计阶段。在模拟具有复杂下垫面条件的城区时,模型可将流域离散成多个子流域,根据各个子流域的地表性质逐个模拟,因此运用该模型可以很方便地解决多特征的城市雨洪径流模拟问题,特别适合于大型城市化地区。此外,该模型不仅可以用于单场降雨模拟,还具有连续模拟雨洪的功能。

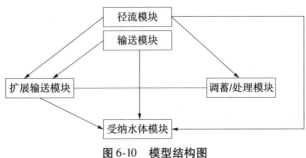

图 6-10　模型结构图

结合城市降雨径流基本规律,运用城市雨洪径流传输过程模拟模型模拟地面及雨水管渠中的水流运动过程,得到典型断面的流量过程线及洪峰流量、径流总量等,从而对所研究区域的雨洪排涝能力加以分析。

二、城市雨洪径流传输过程模拟模型原理

1.子流域概化

SWMM 模型在计算过程中将一个流域划分为若干子流域,根据各子流域的特性分别计算其径流过程,并通过流量验算方法将各子流域的出流组合起来。

为表示流域不同的地表特性,模型首先要把汇水区域划分成若干个矩形单元集水面积的子流域,使各单元区的土地利用、坡度和地面特性基本一致。每个单元面积都用相应于平均宽度的矩形来代表。图 6-11 所示为子流域概化图。

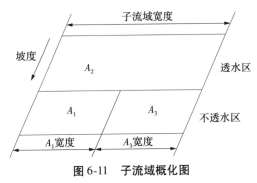

图 6-11　子流域概化图

每一矩形单元概化为透水面积、无洼地蓄水的不透水面积和有洼地蓄水的不透水面积 3 个部分组成。其中 A_2 为所有透水面积,A_1 为集中所有有滞洪库容的不透水面,A_3 为所有无滞洪库容的不透水面积(在暴雨初始就立即产生地表径流)。整个子流域的总出流量即为 A_1、A_2、A_3 的 3 个部分之和。

A_2 的宽度等于整个流域的宽度 W,而 A_1、A_3 的宽度 W_1、W_3 与其面积占总不透水面积的比例成正比,即

$$W_1 = \frac{A_1}{A_1 + A_3} \cdot W \tag{6-17}$$

$$W_3 = \frac{A_3}{A_1 + A_3} \cdot W$$

2.SWMM 计算模型建立

SWMM 模型包括坡面汇流、排水管边沟汇流、干管汇流和出流排水等部分。城市雨洪径流模型由地表径流子系统和传输子系统组成。地表径流子系统用于模拟所在区域的坡面汇流,从而得出排水管网入流过程传输子系统,主要用于渠系、排水管网及排水系统的分流建筑物中的雨洪径流传输过程模拟。

(1)地表径流子系统

该模型首先根据下垫面的特征、可能发生雨洪涝的范围以及排水管网布设状况,将研究的区域划分为若干集水区域,通过流量演算法将各集水流域的出流组合起来。

①地表产流计算。随着城市化的发展,不透水面积(屋面)和半透水面积(路面、人行道)比例不断增大。因此,这种下垫面上的蒸发、下渗、填洼等损失机制,区别于天然透水路面情况,参见表6-5。

表6-5 不同下垫面蒸发、下渗、填洼、植物截留损失特点

下垫面	蒸 发	下 渗	填洼(滞蓄)D	植物截留 I_j
水面	水面蒸发 E_o	0	工程调蓄	0
屋面	不透水面蒸发 E	0	工程调蓄	0
人行道	$E_0 E_1$	人行道入渗	路面填洼	决定于路边绿化
马路面	$E_0 E_1$	马路入渗	马路路面填洼	决定于路边绿化

该模型将流域地表面积分为如图6-11所示的3个部分,对于 A_3 区域,不透水地表净雨量等于降落在其上的降雨量;对于 A_2 区域有滞蓄的不透水地面的净雨量,只需从降雨过程中扣除初损,主要是填洼量即可。对于 A_1 这样的透水地表,不仅要扣除填洼量,还要扣除下渗引起的初损,因而为了求得该区上的净雨,必须计算出其下渗量。该模型采用 Horton 公式和 Green-Ampt 公式计算下渗量。

②地表汇流计算。地表汇流演算是通过把子流域的3个部分近似作为非线性水库而实现的,即通过联立求解曼宁公式和连续方程得到。

对于其中的透水地面,其水流剖面图如图6-12所示。

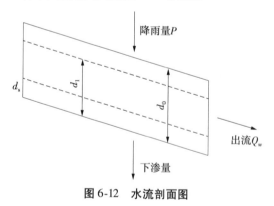

图6-12 水流剖面图

该方法采用运动波近似,即假定摩阻坡降等于地面坡度,联立求解连续方程和均匀流方程,可求得坡脚进入渠道的流量 Q 和水深 d,坡面流的连续方程为

$$\frac{d_1 - d_0}{\Delta t} = P - I - \frac{Q_{w1}}{A_{w1}} \tag{6-18}$$

式中 d_0、d_1——t 和 Δt 时刻的平均水深;

P——Δt 时段内的降水量;

I——Δt 时段内的下渗量,按 Horton 公式计算;

Q_{w1}——透水平面 Δt 时段内的出流流量;

A_{w1}——透水平面的面积。

坡面流的运动方程,按曼宁公式表示,即出流 Q_{w1} 为

$$Q_{w1} = \frac{1.49}{n} J^{\frac{1}{2}} W \left[\left(\frac{d_0 + d_1}{2} \right) - d_s \right]^{\frac{5}{3}} \quad (6-19)$$

式中　J——地面坡度;

　　　n——糙率;

　　　W——透水平面的宽度;

　　　d_s——透水地面最大滞蓄水深;

　　　1.49——长度单位为 ft,流量单位为 ft^3/s 的单位换算系数。

采用 Newton-Raphmon 迭代法,根据降雨过程联解式(6-18)和式(6-19),即得透水地面进入排水管网入口的流量过程。对于无地面滞蓄的不透水地表,取 $I = 0$,$d = 0$;对于有地表滞蓄的不透水地表,取 $I = 0$ 分别代入式(6-18)和式(6-19)计算得到出流,三者相叠加,即可得整个单元进入排水管网系统入口的流量过程 Q_w。

③支流管道汇流计算。每一矩形单元小区上的径流汇集成该小区排水沟渠的坡面径流 Q_w。对于典型排水区域,根据流量平衡,计算流量包括以下几部分:所推求区域的入水口的入流流量 Q,推求区域上游来的入流量 Q_1,该排水区域接纳本矩形单元的入流流量 Q_w,为排水管渠接纳的地下水补给流量 Q_{Gw}。该部分量由管材型号与尺寸决定。

采用与地表径流类似的计算方法,对每一时段联立求解连续方程和曼宁方程得

$$\frac{\Delta V}{\Delta t} = Q_1 + Q_w + Q_{Gw} - Q \quad (6-20)$$

$$Q = \frac{1.49}{n} R_n^{\frac{2}{3}} S^{\frac{1}{2}} A$$

式中　ΔV——与 Δh 相应的体积变化量;

　　　Q_1——上游之沟管道入流量;

　　　Q_w——邻近流域单元面积坡面入流量;

　　　Q_{Gw}——地下水入流量;

　　　Q——支沟管道得出流量;A 径流过水断面面积;

　　　s——子支沟管道坡度;

　　　R_n——水力学半径。

与地表流量演算类似,用牛顿迭代法求解上面两个方程式。计算出该段排水管(边沟)的出流后,就可以将其作为下游排水管(边沟)的入流向下演算。

通过地表流量演算和排水管(边沟)流量演算,可以将流域内观测到的降雨过程线转化为主排水管系统进水口处的流量过程。

(2)传输子系统

把由径流子系统得出的下水道进水口的径流过程和污染负荷过程作为输送子系统的输入,经地下管网调蓄计算和水质的迁移转化计算,可求得各个地点的水量、水质变化情况,为下一程序块的存蓄和水处理提供依据。

将排水支管、干管和交叉建筑物(如多个管道的交会点、检查井、沉淀井、泵站等)以及进水口、出水口、溢流、分流设施组成的地下排水系统,简化为出由连杆和节点连成的输水系统,如图 6-13 所示。其中的连杆,实际上就是系统中的管道,它把水流从一个节点输送到相邻的另一个节点,与连杆有关的特性是长度、糙率、断面面积、水力半径和水面宽度,后面 3个特性是瞬时水位的函数。连杆中基本相关变量是流量,假定只起输水作用,而无调蓄功能,即进入的流量在节点之间的管道中沿程不变,但水深、流速可以变化。

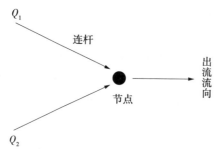

图 6-13　地下输水管道简单结构示意图

　　其中的节点,实际上相当于系统中的检查井或多个管道的连接点,是蓄水单元,与之相关的变量是蓄水量、水位和水面面积,随时间变化而变化。入流、出流都等于与其相邻的所有节点相连的半管长度里的蓄水量之和。以下将对这种简化情况讨论管网中流量的计算。

　　对于正常输水情况,下水道径流基本方程采用明渠缓变非稳定流方程:

$$\frac{\partial Q}{\partial t} = -gAS_f + 2v\frac{\partial A}{\partial t} + v^2\frac{\partial A}{\partial t} - gA\frac{\partial Z}{\partial x} \tag{6-21}$$

式中　Q——通过管道的流量;

　　　　A——过水断面面积;

　　　　Z——水位;

　　　　S_f——摩阻坡降;

　　　　g——重力加速度。

摩阻坡降近似由曼宁公式推求:

$$J_f = \frac{k}{gAR^{\frac{4}{3}}}Q\,|\,v\,| \tag{6-22}$$

$$K = g\left(\frac{n}{1.49}\right)^2$$

式中　n——糙率;

　　　　R——水力半径。

　　式中的流速使用绝对值符号,是因为 J_f 为一向量,与流速方向相反。将式表达为有限差形式:

$$Q_{t+\Delta t} = Q_t - \frac{K}{R^{\frac{4}{3}}}|\,v\,|\,Q_{t+\Delta t} + \frac{\Delta A}{\Delta t}\Delta t + v^2\frac{A_2-A_1}{L}\Delta t - gA\frac{Z_2-Z_1}{L}\Delta t \tag{6-23}$$

式中　L——管长；

　　　A_1、A_2——管段进口和出口的过水断面面积；

　　　Z_1、Z_2——管段进口端和出口端的水位；

　　　Q_t、$Q_{t+\Delta t}$——时段 Δt 的初、末时刻管道流量。

由于差分方程中的 v、R、A 应为管道两端的平均值 $\bar{v}$、$\bar{R}$、$\bar{A}$，代入式（6-23），得 $Q_{t+\Delta t}$ 的显示差分形式为

$$Q_{t+\Delta t} = \frac{1}{1 + K\,|\,\bar{v}\,|\,\Delta t \bar{R}^{\frac{4}{3}}}\left(Q_t + 2\bar{v}\Delta\bar{A} + \bar{v}^2\frac{A_2 - A_1}{L}\Delta t - g\bar{A}\frac{Z_2 - Z_1}{L}\Delta t \right) \qquad (6\text{-}24)$$

式中的未知数是 $t + \Delta t$ 时的 $Q_{t+\Delta t}$、Z_2、Z_1，而 $\bar{v}$、$\bar{R}$、$\bar{A}$ 都是它们的函数。显然还要列出连杆两端节点的连续性方程，才能解出这 3 个未知量，节点处的连续方程为

$$\left(\frac{\partial Z}{\partial t}\right) = \frac{\sum Q_t}{A_{st}} \qquad (6\text{-}25)$$

式中　A_{st}——t 时节点处的水面面积；

　　　$\sum Q_t$——t 时进、出节点的流量之和，流入为正，流出为负。

式（6-25）写成有限差形式：

$$Z_{t+\Delta t} = Z_t + \frac{\sum Q_t}{A_{st}} \qquad (6\text{-}26)$$

由管道流量方程和管道两端节点的节点连续方程，并根据流量的初始和边界条件，可以解得每一管段的流量和节点的水位。

当暴雨径流很大时，系统可能在超载情况下运行，一种产生了压力流，管道过水断面完全被充满，但节点水面尚未超出地面是超载更为严重的情况，节点处水流冲出地面，造成街面淹没。超载情况下，节点蓄水容积已满，节点的水面面积 A'' 为零，此时的节点连续方程变为

$$\sum Q_t = 0 \qquad (6\text{-}27)$$

$\sum Q_t$ 为 t 时刻从地面、管道、径流口、水泵和出水口的流量之和。由于 $A_{st} = 0$，此时不宜联解管道流量方程。这时，解决的方法是计算每一条与节点相连管道的 $\partial Q/\partial Z$，采用经验调整后的水位，这样式（6-27）可以写成：

$$\sum\left(Q_t + \frac{\partial Q_t}{\partial Z}\Delta Z_t \right) = 0 \qquad (6\text{-}28)$$

解得

$$\Delta Z_t = \frac{-\sum Q_t}{\sum \partial Q_t/\partial Z} \qquad (6\text{-}29)$$

根据经验，修正系数 h 取 0.5 较为合适。对于一个与节点相连的管道，$\partial Q/\partial Z$ 可按下式计算：

$$\frac{\partial Q_t}{\partial Z} = \frac{32.2}{1 - B_t} \Delta t \left(\frac{A_t}{L}\right)$$

$$B_t = -\Delta t \frac{32.2 n^2}{2.208 R^{\frac{4}{3}}} |v_t| \qquad (6\text{-}30)$$

式中 Δt ——时段长；

A_t ——管道过水断面积；

L ——管道长度；

n ——糙率；

R ——满管的水力半径；

v_t ——管道流速。

3.SWMM 计算模型输入及输出结果

该模型在计算机上运行,计算从上游管渠开始,依次向下进行,有支管汇入时先计算支管,该模型需要输入的资料包括下述几类。

①暴雨资料:若为设计暴雨,应输入暴雨公式参数,降雨总历时、雨型参数等;若为实际暴雨,输入雨量过程。

②管网资料:管段总数、各管段的编号、长度、坡度等,已建管网还应输入管渠尺寸。

③汇水区特征资料:各段管渠所对应的汇水子区面积、不透水区比例、地面汇流长度、坡度等。

④产汇流参数:地表填洼量、土壤下渗类别、地面和管渠糙率等。

⑤管渠设计所需资料:地面标高、埋深要求等。

模型的输出包括下述几类。

①各段管渠的水文水力要素:最大流量、输水能力、流速、水深、地面入流量、管渠的径流总量等。根据需要可得出典型断面的流量过程线及雨洪排水动态过程线。

②设计成果:各段管渠的长度、截面尺寸、坡度、沟底高程、埋深、覆土厚度等。输入、输出从上游管渠开始,直至出口。

SWMM 计算流程图如图 6-14 所示。

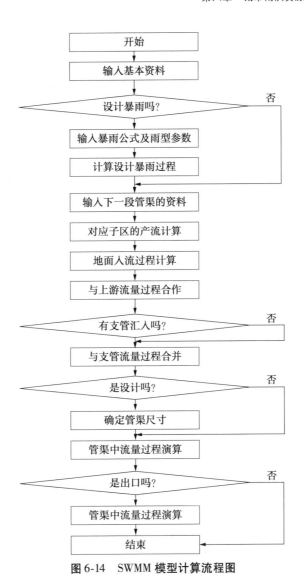

图 6-14　SWMM 模型计算流程图

参考文献

[1] 王思思,杨珂,车伍,等.海绵城市建设中的绿色雨水基础设施[M].北京:中国建筑工业出版社,2019.

[2] 杨弘.山地海绵城市道路建设创新与实践[M].北京:中国建筑工业出版社,2019.

[3] 雷晓玲,吕波.三峡库区黑臭水体治理理论与实践[M].北京:中国建筑工业出版社,2019.

[4] 吴兴国.海绵城市建设实用技术与工程实例[M].北京:中国环境出版社,2018.

[5] 梁留科,范钦栋,索志辉,等.城市雨洪灾害防治及新型海绵城市建设研究[M].北京:新华出版社,2018.

[6] 孙宝芸,董雷.北方地区海绵城市建设规划理论方法与实践[M].北京:化学工业出版社,2018.

[7] 崔长起,金鹏,任放,等.海绵城市概要[M].北京:中国建筑工业出版社,2018.

[8] 匡卫红.论海绵城市[M].北京:九州出版社,2018.

[9] 牛建宏.海绵城市十讲[M].北京:中国建筑工业出版社,2018.

[10] 贾海峰.海绵城市低影响开发技术与实践[M].北京:化学工业出版社,2018.

[11] 周振民,徐苏容,王学超.海绵城市建设与雨水资源综合利用[M].北京:中国水利水电出版社,2018.

[12] 卢海.设计我们的海绵社区[M].上海:上海教育出版社,2018.

[13] 刘德明.海绵城市建设概论——让城市像海绵一样呼吸[M].北京:中国建筑工业出版社,2017.

[14] 李冬梅.海绵城市建设与黑臭水体综合治理及工程实例[M].北京:中国建筑工业出版社,2018.

[15] 张书函,孟莹莹,陈建刚.海绵城市建设之城市道路雨水生物滞留技术研究[M].北京:中国水利水电出版社,2017.

[16] 斯考特·斯蓝尼.海绵城市基础设施雨洪管理手册[M].潘潇潇,译.桂林:广西师范大学出版社,2017.

[17] 王通.城市雨水管理理论、方法与措施[M].武汉:华中科技大学出版社,2018.